CRISE URBANA

Consulte nosso catálogo completo e últimos lançamentos em **www.editoracontexto.com.br**.

Ana Fani Alessandri Carlos
(organizadora)

CRISE URBANA

COLEÇÃO METAGEOGRAFIA

editoracontexto

Programa de Pós-graduação
em Geografia Humana
Departamento de Geografia
FFLCH-USP

Foto de capa
"Névoa em São Paulo", Jaime Pinsky

Montagem de capa e diagramação
Gustavo S. Vilas Boas

Preparação de textos
Ana Paula G. do Nascimento

Revisão
Lilian Aquino

Dados Internacionais de Catalogação na Publicação (CIP)
(Câmara Brasileira do Livro, SP, Brasil)

Crise urbana / Ana Fani Alessandri Carlos.
1. ed., 1ª reimpressão. – São Paulo : Contexto, 2018.

Vários autores.
Bibliografia.
ISBN 978-85-7244-880-2

1. Cidades 2. Espaços urbanos 3. Geografia
4. Geografia urbana 5. Urbanização 6. Relações sociais
I. Carlos, Ana Fani Alessandri.

15-01005 CDD-910.91732

Índices para catálogo sistemático:
1. Espaço e relações sociais : Geografia urbana 910.91732

2018

EDITORA CONTEXTO
Diretor editorial: *Jaime Pinsky*

Rua Dr. José Elias, 520 – Alto da Lapa
05083-030 – São Paulo – SP
PABX: (11) 3832 5838
contexto@editoracontexto.com.br
www.editoracontexto.com.br

"A resistência é indissociável daquilo que a confronta e do que se coloca como obstáculo. É, em primeiro lugar, um ato de conservação, a defesa encarniçada de uma integridade ameaçada pela destruição. É também um ato de insubmissão."

Daniel Bensaid

SUMÁRIO

METAGEOGRAFIA: ATO DE CONHECER A PARTIR DA GEOGRAFIA

Ana Fani Alessandri Carlos

A construção de um caminho de pesquisa denominado metageografia parte de uma questão inicial: desvendar o mundo a partir do espaço, isto é, a partir da espacialidade das relações socais seria a tarefa e destino da Geografia?

Estabelecendo como pressuposto que no âmbito da divisão das ciências humanas a geografia mergulhou na análise do espaço, o desafio a ser enfrentando é aquele de pensar o mundo e nossa condição no mundo através da compreensão do espaço. Mas de que espaço estamos falando?

Os matemáticos, certamente, produziram um conhecimento sobre o espaço, bem como os filósofos. Os geógrafos também percorreram um longo caminho na construção de um "espaço geográfico". Assim também, a Geografia (que se debruçou sobre ele como objeto disciplinar) tem muito a contribuir nesta compreensão, tanto no que se refere ao conhecimento acumulado a partir das pesquisas que têm sua matriz na relação homem-natureza, quanto da sua capacidade de elucidar o papel do espaço como elemento indispensável à compreensão do mundo moderno.

A produção geográfica brasileira (como de resto as outras disciplinas) encontra-se marcada por diferenças, ou seja, por diversos modos de pensar e fazer Geografia. Isso abre caminhos de pesquisa diferenciados trazendo, como consequência, formas diferentes de inserção da Geografia na totalidade da produção do conhecimento sobre a realidade. O que fundamenta uma determinada escolha é uma concepção de sociedade, uma visão de universidade e do papel da pesquisa no mundo moderno. Convém assinalar que a diferença, na abordagem teórico-metodológica, é condição para a produção do conhecimento sempre em movimento frente às transformações da sociedade.

Todavia, marcada pela especialização, a totalidade encontra-se – em muitos casos – apenas entrevista, não necessariamente problematizada nos trabalhos dos geógrafos, colocando-se como o grande desafio a ser superado, por dois motivos: primeiro porque a análise do mundo moderno – urbano – aponta para o papel do espaço como lugar e momento crucial da reprodução da sociedade capitalista. Isso porque o desenvolvimento das forças produtivas e a realização do capitalismo encontra seus limites, uma vez que as contradições se produzem no próprio processo de crescimento, exigindo novas estratégias de realização da acumulação. Neste momento, a produção do espaço urbano responde a elas. Isto é, diante das contradições internas do capitalismo em relação à tendência à baixa da taxa de lucro, a busca da realização da mais-valia desloca-se fundamentalmente para a produção do espaço, num contexto que passa a ser marcado pela hegemonia do capital financeiro. Desse modo, a urbanização aparece como momento determinado da reprodução do capital em função da abertura de novas possibilidades de valorização do capital.

Em segundo lugar, diante do fato de que as análises sobre nossa "condição pós-moderna" centram-se, hoje sobretudo, nas transformações do tempo e da cultura, construindo no limite uma compreensão *a-espacial da realidade*. Isso vai na contramão do fato – por exemplo – de que a ocupação dos espaços públicos, mundo afora, como lugar da contestação e do exercício de cidadania negada, tem insistentemente apontado para uma luta pelo espaço, tanto da realização da vida cotidiana, como aquele que concretiza a esfera pública em suas possibilidades. Neste raciocínio, os planos do político e da cultura, apesar de nada desprezíveis à compreensão dessa totalidade, são insuficientes, exigindo a dimensão espaço-temporal.

Nossa tese – fundadora de uma metageografia – é que a produção do espaço, como construção social é condição imanente da produção humana ao mesmo tempo que é seu produto. Neste raciocínio, a produção do espaço seria uma das obras do processo civilizatório. O espaço, em sua dimensão real, coloca-se como elemento visível, em sua materialidade, mas também como representação de relações sociais reais que a sociedade em cada momento da história. Na contramão do que apregoam os geógrafos poderíamos construir a hipótese segundo a qual não existiria um "espaço geográfico", mas uma dimensão espacial da realidade, acarretando a necessidade de um modo de entender o mundo através da compreensão do espaço como produção social (e histórica).

Este livro pretende contribuir para o desvendamento da produção do espaço e do papel da Geografia – no diálogo necessário com outras disciplinas – na compreensão do mundo moderno diante dos problemas de uma época, na qual o espaço vem assumindo um protagonismo inédito, na medida em que a reprodução da sociedade capitalista se realiza, hoje, através da produção do espaço urbano, como os capítulos que se seguem vão demonstrar. Eles centram a investigação na dimensão social da realidade, iluminando momentos da prática social como práxis espaço-temporal. São produto de um trabalho de pesquisa e de reflexão exercidos num ambiente de debate ainda possível na universidade.

Através de cada reflexão individual, o projeto coletivo de desvendar a realidade urbana vai se construindo, prolongando o pensamento de Karl Marx e de Henri Lefebvre, numa orientação teórico-metodológica desenvolvida no Departamento de Geografia da FFLCH-USP, denominada marxista-lefebvriana, como caminho da construção de uma geografia crítica e radical: a *metageografia*.

A metageografia se gesta ao longo de um tempo lento. De um logo processo de trabalho de pesquisa – iniciado no mestrado em 1976 e desdobrado no Programa de Pós-Graduação em Geografia Humana a partir de 1989, com a linha de pesquisa "a reprodução do espaço urbano" – apontando um caminho possível de compreensão do mundo moderno, através da Geografia, destrinchando os conteúdos do produção do espaço como necessidade de construção de um pensamento teórico que desvende os conteúdos por trás das formas espaciais. Ela repousa sobre um momento de interrogação e sobre a capacidade da geografia de interpretar a realidade em sua potencialidade e limites disciplinares. É permeada por muitas inquietações frente a uma realidade urbana em profundas transformações e de uma geografia em renovação.

Nos anos 1970, a Geografia se encontrava sob forte crítica exigindo uma posição dos geógrafos sobre o seu papel na compreensão daquele momento da história e da transformação da sociedade brasileira. O materialismo histórico foi o caminho que abriu as portas para um debate frutífero e estimulante. Fazer Geografia naquele momento era colocar em xeque não só um modo de pensar, mas de questionar a responsabilidade social do geógrafo. De um lado colocava-se a preocupação com o estatuto epistemológico da disciplina mas, de outro, havia questões derivadas da prática social e da necessidade de compreendê-la. Hoje, pouco dessa tradição permanece e o pensamento crítico é residual numa Geografia submersa na especialização – como as demais disciplinas das ciências humanas –, refém dos parâmetros da universidade neoliberal na qual a competitividade se impõe à reflexão e o tempo rápido da produtividade ao tempo da construção do conhecimento.

Esse encaminhamento possibilitou desviar nossa análise no sentido de permitir responder às questões postas por uma sociedade em transformação, sob um regime militar sufocante, exigindo um projeto de mudança da sociedade a partir de sua compreensão. Nessa perspectiva, *problematizou-se* a noção de "espaço como palco das atividades dos homens" e, como consequência, propôs-se a superação de noções generalizantes, e vazias, como a de "população", abrindo-se para pensar o movimento contraditório do mundo e a situação dependente do Brasil. Afinal, o processo de conhecimento surge da procura por respostas. O caminho dessa superação fundamentou-se na perspectiva teórico-metodológica aberta pela obra de Marx e, em seu prolongamento, teórico-prático, o que significou pensar o trajeto do conceito (espaço geográfico) na prática e saindo dela o que significava a relação indissociável teoria-prática, explorando como assinalava Marx, uma totalidade em devir, uma vez que o método colocava a possibilidade do pensamento utópico. Objetivava-se examinar atentamente os conteúdos da prática social produtora do espaço, com vistas a superar a ideia das ações humanas acontecendo sobre um espaço ou território, bem como elaborar o entendimento de que a produção do saber é uma etapa necessária à construção de um projeto de sociedade capaz de iluminar as contradições que sustentam a base da sociedade capitalista, questionando seus rumos.

A noção de produção ganhava uma centralidade imposta pela pesquisa geográfica que analisa a relação homem-natureza. Desse modo, o caminho aberto pelas obras desse pensador permitia deslocar a compreensão de uma geografia centrada na localização e distribuição das atividades e dos homens no espaço ou no território em direção à análise da produção do espaço – não das coisas no espaço –, mas do espaço como produto social e histórico.

Ora, o enfoque espacial localizado no movimento da produção social da realidade e da vida humana implica desvendar seus processos constitutivos nas determinações específicas de cada época, o que envolve considerar a necessidade de superação do ponto de vista que vê no espaço um quadro físico ou um ambiente natural deformado pela presença humana. Ao mesmo tempo, a produção do espaço envolve vários níveis da realidade que se apresentam como momentos diferenciados da reprodução geral da sociedade; aquele da dominação política, das estratégias do capital objetivando sua reprodução continuada, e aquela das necessidades/desejos vinculados à realização da vida humana em sociedade. Esses níveis correspondem a uma prática socioespacial real que se revela produtora dos lugares, e que encerra em sua natureza um conteúdo social dado pelas relações sociais que se realizam em espaços-tempos determinados. Isso ocorre porque as relações sociais se realizam concretamente no espaço, o que significa dizer que o homem, ao produzir sua vida, o faz no espaço e produzindo um espaço que é próprio a cada atividade enquanto ação sustentadora e definidora da vida humana realizando-se em espaços-tempos apropriados. Assim se revela uma prática social que é e se realiza espacial e temporalmente. Desse modo, a elaboração do conceito tem uma dimensão abstrata, mas indissociavelmente vinculada à práxis. Em seu desdobramento, a noção de produção permitiu chegar à compreensão do espaço-mercadoria e de sua reprodução.

Essa produção espacial expressa, portanto, as contradições que estão na base da sociedade, e que, sob o capitalismo, traz determinações específicas no âmbito de uma lógica do desenvolvimento espacial desigual fundado na concentração da riqueza que hierarquiza e normatiza as relações sociais e as pessoas.

O ponto de partida da compreensão da realidade foca, portanto, a prática socioespacial como condição objetiva da existência humana em suas necessidades, conflitos, alienações e possibilidades. Contempla, além desta objetividade, a subjetividade contida na consciência que vem da e na prática e que se revela dramaticamente pelas crises. Como escreve Marx,

> [...] a consciência do objeto é a consciência de si do homem, dito de outro modo é nos objetos que são essenciais que o homem toma consciência de si próprio, forma um saber e um de si [...] uma consciência de si mesmo como sujeito no sentido do ego [...]. Não é a consciência de si que vem primeiro e que seria a condição de possibilidade, de toda consciência do objeto. Ao contrário, é a na consciência do objeto – e notadamente na consciência dos objetos essenciais – que se forma uma consciência de si que é sempre e antes uma consciência do gênero – quer dizer de uma essência genérica e não da consciência de uma existência singular...[1]

Nesse sentido, o conhecimento apresenta como foco a ação transformadora na produção contínua do espaço – em sua universalidade. Desse modo, o movimento do pensamento vai da produção à reprodução do espaço, o que permite à questão urbana elucidar os conteúdos e os momentos da práxis postos pelo processo de reprodução do capital em sua tendência à mundialização. Nessa escala, tal processo constitui-se como desenvolvimento espacial desigual.

Nosso mergulho na compreensão das obras de Marx[2] permitiu também através da noção de produção elaborar uma **teoria sobre o espaço** tomado como produto inexorável da construção civilizatória. Pensando o espaço teórica e praticamente, a noção de produção do espaço revela seu caráter histórico e social. No mundo moderno, sob o capitalismo, a produção do espaço recria as novas formas do processo de acumulação do capital e das relações sociais capitalistas, bem como as novas formas de alienação.

Prolongando a ideia de Marx, segundo a qual os grandes produtos da atividade humana escapam ao homem e se constituem como realidade autônoma, na qual cada vez mais se desvalorizava o mundo dos homens em confrontação com o das coisas – as mercadorias e seus signos – foi possível pensar na produção alienada da cidade. Produzida como exterioridade, ela se opõe ao cidadão como potência estranha. Ao se constituir como realidade autônoma, a cidade é condição da acumulação capitalista, assim como o seu produto mais bem acabado. Dessa forma, a produção social do espaço como momento de exterioridade em relação à sociedade motiva as lutas no espaço pelo acesso a ele como condição de exercício de liberdade em todas suas dimensões. Isso porque, ao longo do processo histórico, a produção social do espaço, que se realiza como processo social geral, é apropriada privativamente. Nessa condição, o processo realiza as cisões impostas sob várias formas, definindo as relações sociais, dominando-as, direcionando as práticas enquanto usos e acessos ao espaço. Um processo em que a obra humana se opõe ao humano. A propriedade como condição e realização sempre renovada do capital está, assim, no cerne das resistências e das condições de luta pelo espaço.

Como consequência deste modo de ver e pensar o espaço, o caminho da pesquisa se desloca do campo da epistemologia para focar aquele da prática socioespacial em sua totalidade, buscando superar a situação da Geografia como disciplina no âmbito da totalidade das ciências sociais. No plano teórico, a exigência de uma teoria crítica aponta em duas direções: a crítica do sistemas de pensamento e a crítica das relações sociais que move a história contraditoriamente.

O MOVIMENTO TRIÁDICO DA PRODUÇÃO DO ESPAÇO

Partindo da premissa de que o processo de constituição da humanidade contempla a produção do espaço, chegamos à ideia segundo a qual a "produção do espaço" é *condição, meio e produto da ação humana*. Esse movimento triádico sugere que é através do espaço (e no espaço), que, ao longo do processo histórico, o homem produziu a si mesmo e o mundo como prática real e concreta. Objetiva em sua materialidade, tal prática permite a realização da existência humana através de variadas formas e modos de apropriação dos espaços-tempo da vida. Ao se realizar nesse processo, a vida revela a imanência da produção do espaço como movimento de realização do humano (de sua atividade). Com isso quero dizer que a relação do homem com a natureza não é de exterioridade,[3] uma vez que a atividade humana tem uma relação prática com a natureza como reação e resposta, apoderando-se das coisas como construção de um mundo e de si mesmo em sua humanidade. Ao longo do processo histórico constituidor da humanidade, o espaço se encerra como uma das grandes produções humanas, superando sua condição de "continente".

A Geografia nos coloca diante de um espaço imediatamente objetivo, em sua materialidade absoluta. É assim que o espaço surge como localização das atividades do homem, de um grupo humano, para em seguida compreender que a atividade do homem, além de localizar-se, é capaz de organizar um espaço. Numa abordagem diferenciada, a partir dessa materialidade incontestável da produção do espaço, busca-se os seus conteúdos mais profundos, descobrindo os sujeitos e suas obras, através de sua produção em suas determinações gerais e específicas. A materialização do processo dada pela concretização das relações sociais produtoras dos lugares é a dimensão da produção/reprodução do espaço, passível de ser vista, percebida, sentida, vivida. Nesse sentido, o homem se apropria do mundo, por meio da apropriação de um espaço-tempo determinado, aquele da sua reprodução na sociedade. Assim, desloca-se o enfoque da localização das atividades no espaço para a análise do conteúdo da prática socioespacial, que se realiza no movimento de produção/apropriação/reprodução da cidade. Tal fato torna o processo de produção do espaço indissociável do processo de reprodução da sociedade.

Ao longo do processo histórico, portanto, os homens deixam suas marcas acumuladas no espaço, dando-lhe particularidades. Na escala do lugar, ilumina a existência de uma vida cotidiana na qual se manifesta a vida, em que cada ação realiza-se num espaço-tempo determinado. Por sua vez, cada ato e atividade prática vão constituindo a identidade do homem com o outro em espaços-tempos específicos. Desse modo, a produção da vida é também a produção prática do espaço como realidade e como possibilidade. Nessa realização constitui-se a identidade, posto que os diversos elementos que compõem a existência comum dos homens inscrevem-se num espaço. Nessa perspectiva, o espaço produz-se e reproduz-se como materialidade indissociável da realização da vida, elemento constitutivo da identidade social. Ao reproduzir sua existência, a sociedade reproduz, continuamente, o espaço, portanto, se, de um lado, o espaço é um conceito abstrato, de outro tem uma dimensão real e concreta enquanto lugar de realização da vida humana que ocorre diferencialmente, no tempo e no lugar, ganhando materialidade através do território.

Todavia, o processo de produção do espaço, na qualidade de processo civilizatório, traz em si aquilo que o nega, isto é, com o desenvolvimento do capitalismo, o espaço (produção social) torna se uma mercadoria, como todos os produtos do trabalho humano. Nessa condição, revela-se, no plano da vida pela contradição valor de uso/valor de troca. A extensão do capitalismo tomou o espaço, fez dele sua condição de produção, primeiro como recurso, depois como força produtiva, e finalmente como mercadoria reprodutível, através do setor imobiliário. Seu movimento em direção à sua reprodução aponta o urbano. Aqui os planos da realidade – econômico, político, social – se imbricam, e as escalas – do local ao mundial – se justapõem esclarecendo sujeitos produtores do espaço e seus processos constitutivos.

A construção dessa tríade repousa na noção de produção tal qual proposta por Marx e evidencia a perspectiva de compreensão de uma totalidade que não se restringe ao plano do econômico, mas abre-se para o entendimento da sociedade em seu movimento mais amplo, o que pressupõe uma perspectiva que muda os termos da análise espacial clássica. Além de objetos, o sentido da noção de produção revela um processo real amplo e profundo enquanto um conjunto de relações, modelos de comportamento, sistema de valores, formalizando e fixando as relações entre os membros da sociedade, e, nesse processo, produzindo um espaço em sua dimensão prática. A produção, como noção ampla, envolve a produção e suas relações mais abrangentes, e significa, neste contexto, o que se passa na esfera produtiva e que envolve relações sociais de trabalho, tecnologia, e, fora da esfera específica da produção de mercadorias e do mundo do trabalho, estende-se ao plano do habitar, à vida privada, ao lazer, construindo representações e guardando o sentido do dinamismo das necessidades e desejos que marcam a reprodução da sociedade. Nesse sentido, a noção de produção abre a perspectiva analítica do desvendamento de uma realidade em constituição, que se reproduz. Tal noção reitera constantemente como seu fundamento uma contradição já apontada: a produção do espaço revela uma contradição importante entre o processo de produção social do espaço e sua apropriação privada. Seu fundamento repousa na existência e desdobramento incessante das formas de apropriação privada da riqueza social.

Na sociedade fundada sobre as relações de troca capitalistas (permeadas pela mediação do mercado), a produção do espaço-mercadoria realiza-se como extensão da propriedade privada do solo urbano e da terra e revela um novo momento da produção social do espaço no qual as condições de acesso aos lugares de realização da vida são invadidas e mediadas pelo valor de troca que desvaloriza as práticas submetendo-as as necessidades do mercado. Envolta no universo da troca mercantil, a propriedade está dissimulada nas relações entre os sujeitos e atividades. A existência da propriedade privada da riqueza ganha forma impondo-se e dominando a vida e as relações sociais.

O desenvolvimento do processo de acumulação, por sua vez, cria novos setores de atividade, estendendo atividades produtivas e fazendo do espaço uma mercadoria reprodutível. Isso se deve ao fato de que a reprodução do ciclo do capital exige, em cada momento histórico, determinadas condições especiais para sua realização. Em primeiro lugar, a ocupação do espaço se realizou sob a égide da propriedade privada do solo urbano, em que o espaço fragmentado é vendido em pedaços tornando-se intercambiável a partir de operações que se realizam através e no mercado, compondo o circuito da troca. Seu pressuposto é ser condição de realização de acumulação, sendo ao mesmo tempo, no mesmo movimento, meio e produto deste processo, exigindo, no plano teórico, a consideração da lei do valor.

Nessa direção, a contradição fundante da produção espacial se desdobra: a produção de um espaço em função das necessidades econômicas e políticas, por um lado e, de outro, a reprodução do espaço enquanto condição, meio e produto da reprodução da vida social. No primeiro caso, a reprodução do espaço se dá pela imposição de uma racionalidade técnica assentada nas necessidades impostas pelo desenvolvimento da acumulação que produz o espaço enquanto condição da produção (exigindo a compressão espaço-tempo de modo a que a circulação, essencial para a realização da mais-valia, possa ocorrer sem desvalorização), revela as contradições que o capitalismo suscita em seu desenvolvimento. No segundo caso, a reprodução da vida prática se realiza na relação contraditória entre uso e troca que delineia as formas e os modos de acessos aos espaços-tempos da vida constituidores da identidade ou de sua negação. Segundo esse raciocínio, a produção do espaço se abre à compreensão dos conteúdos da vida a partir das apropriações possíveis na vida cotidiana (iluminando o plano do vivido). Nesse processo, ganha contorno a contradição entre as estratégias do Estado (que visam à reprodução do capital e à produção de um espaço dominado) e aquelas dos sujeitos sociais através dos usos do espaço (objetivando a reprodução da vida) que a prática espacial revela.

Num jogo de forças políticas, a acumulação tende a produzir uma racionalidade homogeneizante inerente ao processo e que não se realiza apenas na produção de objetos/mercadorias, mas também na divisão e organização do trabalho, nos modelos de comportamento e valores, nas representações norteadores da vida cotidiana. Desse modo, a vida cotidiana se apresenta, tendencialmente, invadida por um sistema regulador, em todos os níveis, concretizado no espaço enquanto norma – interditos – que formaliza e fixa as relações sociais reduzindo-as a formas abstratas que autonomizam as esferas da vida e, como consequência, dissipam a consciência espacial.

SOBRE A PRODUÇÃO DO URBANO

Na esteira das transformações do capitalismo mundial, o movimento da reprodução sinaliza a passagem da hegemonia do capital industrial ao capital financeiro com consequências no processo de produção do espaço. Este se reproduz enquanto condição da reprodução continuada e, nesse sentido, atrai capitais que migram de um setor da economia para outro, de modo a viabilizar a reprodução. Essa necessidade, que aparece como condição de realização da acumulação, é produto do fato de que determinada atividade econômica só pode se realizar em lugares delimitados do espaço em função de suas particularidades que se reafirmam constantemente, potencializados pela produção.

A produção do espaço urbano revela, do ponto de vista da produção espacial (como movimento da acumulação), dois momentos: a) o espaço *produzido* se torna mercadoria que se assenta na expansão da propriedade privada do solo urbano no conjunto da riqueza, articulando-se à necessidade da habitação e da construção morfológica da cidade; b) momento de sua *reprodução*: em que, sem desprezar o primeiro momento, o circuito de realização do capital no movimento de passagem da hegemonia do capital industrial ao capital financeiro redefine o sentido do espaço que assume também a condição de produto imobiliário – matéria-prima da valorização do capital em potencial.

Portanto, o momento atual sinaliza uma mudança no modo como o espaço urbano participa do processo de acumulação – o solo urbano muda de sentido para permitir que esse processo hoje supere sua condição de fixidez, desenvolvendo estratégias de fluidez ao movimento da economia através do setor imobiliário (a mobilização do solo urbano acompanha as transformações no processo: espaço como meio de produção do capital financeiro vai englobando o espaço inteiro. Nesse momento, o local figura, cada vez mais, como nível e parte de uma totalidade mais ampla – aquela da reprodução do capital no nível mundial. Aqui ganham importância as políticas urbanas que asseguram a reprodução. Um exemplo são as renovações urbanas e com elas o modo como se coopta a cultura, subsumindo-a ao mundo da mercadoria para alavancar o processo de transformação espacial como momento da acumulação.

O setor financeiro apropria-se do espaço como lugar possível de realização do investimento produtivo, ao passo que o setor imobiliário reproduz (aliado à indústria da construção civil), constantemente, o espaço enquanto mercadoria consumível. Em todos esses momentos da reprodução do capital, a interferência do Estado é fundamental e a sua ação desencadeia um processo de revalorização/desvalorização dos lugares e, com isso, expulsão/atração de habitantes (em função de sua compatibilização com os movimentos de renovação), produzindo o fenômeno de explosão do centro – movimento de expulsão de habitantes em direção à periferia, reproduzindo-a. Essas novas estratégias orientam e asseguram a reprodução das relações no espaço e através dele os interesses privados dos diversos setores econômicos da sociedade que vêm no espaço a condição de realização da reprodução econômica.

No plano da vida cotidiana, a segregação urbana vai revelando essas estratégias; uma vez que cada sujeito se situa num espaço, o lugar permite pensar os atos da vida, o habitar, o trabalho, o lazer enquanto situações vividas, o que revela, no nível da vida cotidiana, os conflitos do mundo moderno. Como extensão da propriedade que atravessa a história da civilização, o espaçoatinge sua potência abstrata.[4] Nos dias atuais, a lógica das políticas urbanas aprofundam a segregação através do direcionamento dos investimentos e da construção da infraestrutura, o que provoca valorizações diferenciadas nos lugares da cidade. Assim, em sua simultaneidade e multiplicidade, os lugares se justapõem e interpõem gerando situações de conflito que se revela em seus fragmentos; "o mundo do vivido é onde se formulam os problemas da produção no sentido amplo, isto é, onde é produzida a existência social dos seres humanos".[5]

As novas formas que a metrópole vai assumindo em sua metamorfose e as transformações nos modos de apropriação do lugar da vida aparecem naquilo que é o miúdo, o banal, o familiar, refletindo e explicando as transformações da sociedade que aparecem como um desafio à análise do mundo moderno e exigem um esforço analítico que deve abordá-las em sua multiplicidade de formas e conteúdos, em sua dinâmica histórica. É nessa medida que a presença da acumulação de tempos diferenciados na metrópole, enquanto suporte material, justapõe tempos, marcando uma temporalidade diferenciada e desigual dos processos reprodutores da metrópole.

A história da produção do espaço esclarece a reprodução do capital enquanto momento de um processo de alienação; e seu outro, as lutas de classe, desenrolam-se e ampliam-se (não sem imensas dificuldades), ultrapassando os limites do mundo do trabalho e da fábrica e desdobrando-se em lutas pelo espaço no urbano. Assim, se o desenvolvimento do homem genérico reside no pleno desenvolvimento de suas capacidades criadoras, na realização de virtualidades, a história vai mostrando aquilo que freia esse processo. É dessa forma que no interior da prática urbana as *contradições* eclodem.

DA PESQUISA INDIVIDUAL AO TRABALHO COLETIVO

Como nos lembra Paul Klee,[6] "o que a gente não entende agora, talvez consiga entender um dia". Tendo por gênese uma preocupação e um trabalho de pesquisa individual, ao longo de décadas de orientação, foi se gestando como um trabalho coletivo junto ao programa de pós-graduação da FFLCH-USP, formulada como a linha de pesquisa "a reprodução do espaço urbano", como já apontado.[7]

O caminho teórico metodológico "marxista-lefebvriano" foi acentuando a centralidade da categoria "produção do espaço", que foi fundamentando a análise e compreensão da realidade urbana metropolitana (paulistana). Tal orientação enfoca o papel da produção do espaço no processo de acumulação e reprodução da sociedade capitalista. Envolve, também, uma postura frente ao trabalho acadêmico (num momento de crise do pensamento teórico e deterioração da ética acadêmica), fundado no compromisso de construção de um pensamento crítico.

Nesse percurso, constituiu-se o que chamamos, nos últimos anos, de *metageografia*, que se revela como um momento de exigência do pensamento crítico a partir da crítica à produção do conhecimento da geografia. Desenvolve-se uma crítica radical baseada na necessidade de construção de uma nova inteligibilidade para a Geografia, capaz de superar as fragmentações postas pelos estudos geográficos definidores de "tantas geografias" quanto conseguirmos parcelar a realidade. Aposta-se, de um lado, na necessidade de desvendar a realidade em seus conteúdos mais profundos, iluminando as contradições que a movem. De outro, surge da provisoriedade do conhecimento, da necessidade de renovação e de enfrentamento dos desafios impostos pelo movimento contraditório da realidade que tem por horizonte real e virtual a mundialização do espaço e da sociedade (urbana). Tal debate aponta o que está por trás daquilo que encobre e dissipa a consciência, podendo revelar a ideologia e as ilusões, bem como as intenções do poder em suas alianças; e com essa a crítica às ações do Estado em suas alianças, com suas políticas assistencialistas. Com esse procedimento, vai se iluminando a ação que vem à tona como contestação, questionando novas formas de alienação.

A metageografia tem como pressuposto pensar o espaço como produção social e histórica, condição necessária e indispensável para pensar a produção da vida humana no planeta, que o transforma em mundo. Trata-se de uma Geografia preocupada com os problemas de seu tempo, renovando a reflexão sobre a desigualdade, atualizando as formas de alienação e comportando a necessidade de uma crítica profunda ao Estado e a sua política, cujo poder se exerce através do espaço, enquanto dominação política. Nesse sentido, é possível propor: a) uma nova inteligibilidade que fornece um ponto de partida para a reflexão e se situa na contramão da divisão/subdivisões da Geografia cuja fragmentação e simplificação criam análises sombreadas da realidade. Essa nova inteligibilidade enfrenta seus limites de conhecimento parcelar diante da necessidade de um pensamento capaz de revelar, em sua profundidade, o movimento contraditório da realidade que funda a dialética do mundo. Esse delineamento busca, como horizonte de pesquisa e como percurso teórico-metodológico, elucidar os fundamentos do movimento que explica a realidade atual, que se realiza, também, como movimento do pensamento crítico que enfrenta uma crise teórico-prática; b) um caminho capaz de realizar o movimento, no plano do pensamento geográfico, que vai da "organização do espaço" à análise de sua "produção social". Essa orientação traz exigências teóricas que redirecionam a pesquisa, focando um mundo construído socialmente; c) a análise das contradições que eclodem sob a forma de lutas no espaço e pelo espaço, que vêm junto com o aprofundamento da desigualdade, com aumento de tensões de todos os tipos e que escancaram uma vida cotidiana controlada e vigiada. A compreensão da práxis encontra aí os resíduos capazes de ganhar potencialidade e se transformar num projeto de metamorfose da realidade. Isso porque a crise do mundo moderno é real e concreta exigindo um projeto, capaz de orientar as estratégias; d) um momento de superação da geografia, já que o pressuposto do conhecimento é a relatividade da verdade diante da transformação ininterrupta da realidade social; e) a superação da produção ideológica do conhecimento, isto é, antes de buscar soluções que permitam a reprodução do sistema, encontrar as possibilidades de sua superação.

A construção de um pensamento crítico sobre a produção do espaço urbano no mundo moderno revela o aprofundamento das contradições decorrentes da reprodução da sociedade, num momento de generalização da urbanização, da passagem da hegemonia do capital industrial ao capital financeiro e de uma sociedade eminentemente urbana. A análise geográfica do mundo seria, portanto, aquela que caminharia na direção do desvendamento dos processos constitutivos da reprodução do espaço, uma vez que é no espaço que se pode ler as possibilidades concretas de realização da sociedade, bem como suas contradições.

O plano da reprodução do espaço repõe constantemente as condições gerais a partir das quais se realiza o processo de reprodução do capital e de vida social, marcado pela desigualdade. A alienação permeia as relações sociais no mundo de hoje; se o mundo dos homens se reproduz como o mundo das coisas, das mercadorias, na consciência desse processo, surge a ideia de liberdade baseada na união de com o outro, na superação das relações sociais atomizadas que buscam o direito de participação numa sociedade de excluídos (fundamentada nas relações de dominação, nas quais o direito humano vincula-se à propriedade privada). O processo de humanização envolve uma contradição entre o desenvolvimento da desumanização-humanização do homem: ele se dá no exercício de superação da alienação e na busca da liberdade individual constituída a partir do nível genérico.

Refletir, hoje, sobre a cidade no Brasil significa pensá-la enquanto materialização do processo de "urbanização dependente" no qual as contradições emergem de modo mais gritante; onde a acumulação da riqueza *pari passu* à da miséria leva a um tipo de reivindicação diferenciada, se comparada àquelas emergentes nos países ditos desenvolvidos. Aqui ainda se trava uma árdua luta por condições mínimas de vida, por direitos básicos; já amplamente conquistado naqueles países. O direito à cidade revela, portanto, a iniciativa, a passagem para a ação que coloca em xeque a totalidade do social submetida à economia e, por isso mesmo, às regras do crescimento econômico. Assim, a luta em torno do direito à cidade é um produto da história da produção dela.

Nos dias de hoje, o sentido da crítica e do pensamento crítico se associa a uma crise prática real, produto das metamorfoses do mundo moderno, em que a lógica do crescimento – sob várias representações, como aquela do progresso (que funda a ideia de qualidade de vida) – produziu o aumento da riqueza gerada em lugares e classes concentradas no espaço e na sociedade. Pensar o caminho para a transformação radical da sociedade sinaliza a construção de uma crítica radical do existente. Viver de acordo com o que se acredita, sonhar com um mundo melhor e com nossa capacidade de, através do ato de conhecer, desvendar os significados mais profundos das condições que impedem este mundo de se efetivar enquanto lugar da realização plena da humanidade, esta busca constitui o objetivo do grupo. Como escreve Bensaid, "nossa tarefa é provar que pode haver humanidade e um mundo habitável para além do capital".[8]

Tal qual desenvolve Santos – no próximo capítulo – o projeto da metageografia se coloca criticamente em relação aos horizontes histórico-filosófico (e político-filosófico) e da própria história do pensamento geográfico. A consideração simultânea desses campos traz a intenção de localizar no interior do debate teórico a necessidade de superação proposta pela metageografia. A crise contemporânea, que atinge os campos social, político e econômico, exige a renovação da crítica. É nesse contexto, para o autor, que a metageografia se articula como resultado dos embates, conflitos e contradições entre as perspectivas teóricas mais representativas da modernidade – no campo filosófico e da ciência geográfica – e a prática social contemporânea. Portanto, a metageografia aponta a exigência de um momento crítico como aquele da interrogação, da busca da totalidade como necessidade de superação das fragmentações às quais o pensamento geográfico está submetida.

A superação desse movimento imposto pelo mundo moderno pode ser atingida pela busca de categorias universais de análise: aqui centralizada na produção/reprodução do espaço. Contribui para esse processo, a elaboração de um projeto capaz de transformar o espaço por outra via que não aquela do planejamento estratégico, tão em voga nos dias de hoje.

O desenvolvimento da metageografia assinalaria a necessidade de renovação do pensamento geográfico como proposta metodológica, mais do que a construção de uma outra geografia, pensando teórica e praticamente o mundo através da compreensão da realidade urbana brasileira, a partir da metrópole paulistana, num movimento em direção à construção de uma problemática que contemple as novas dinâmicas do mundo, sem distinguir teoria e prática. Todo esse caminho contempla indagações: como a geografia, ciência parcelar, seria capaz de pensar a cidade e produzir um pensamento que a elucide em sua totalidade em direção a sua transformação radical, enquanto momento da transformação da sociedade? Como se formulam metodologicamente as contradições do mundo moderno? Onde estariam as possibilidades de uma transformação radical da sociedade? Em que direção apontam os resíduos capazes de constituírem um projeto de mudança da cidade?

* * *

As questões formuladas ao longo desta introdução marcam um caminho de investigação teórica e prática a partir da análise da realidade urbana. Tal questionamento visa compreender as condições nas quais se reproduz a sociedade brasileira, iluminando os conflitos e a condição profundamente desigual desse processo, o que requer dos pesquisadores a disposição de "habitar o tempo lento" imposto pela atividade do conhecimento. Essa compreensão – como prova a história do conhecimento – não é individual, pois pressupõe um conhecimento adquirido. Esse processo exige, além do tempo e condições de trabalho, compromissos na universidade, e exige, ainda, disposição para o debate, sem preconceitos teóricos. Tal tarefa tem como condição um método de pensamento capaz de iluminar a indissociabilidade entre teoria – como forma de apreender a realidade – e prática social; entre uma concepção do mundo e a ação social que o transforma, pensando a realidade no movimento do devir.

O que está posto pelo método é que não existe como ponto de partida um conjunto de pressupostos, logo também não existem modelos de análise fundados numa verdade absoluta. O mundo move-se e é necessário uma teoria que o explicite em seu movimento, descortinando as possibilidades futuras. Portanto, vislumbra-se a possibilidade do pensamento utópico como realização da essência perdida do homem – sua liberdade criadora, sua emancipação diante das condições que o escravizam sob novas formas. Como adverte Sève,[9] vivemos o momento no qual o capital autoproclamado gestionário do planeta, dá livre curso à sua tendência constitutiva: a subordinação sem freio dos sujeitos humanos à sua majestade, a taxa de lucro.

NOTAS

1 Apud Fischbach, 2008: 366.
2 A partir das leituras de suas obras, realizadas no grupo coordenado pelo professor José de Souza Martins entre 1975-1993.
3 Marx, 1980.
4 Idem: 100.
5 Carlos, 1996.
6 Klee, 1990: 21.
7 Desde 1989, oriento pesquisas de mestrado e doutorado junto ao Programa de Pós-Graduação em Geografia Humana. Os estudantes, sob minha orientação, exercem a liberdade de escolher seus temas e orientação teórico–metodológica, o que significa que não existe um conjunto homogêneo. Mesmo assim, um grupo se formou naturalmente em função das aproximações teórico-metodológicas e das preocupações frente às mudanças da realidade e às transformações da universidade. O GESP ganhou estrutura em 2001, reunindo investigadores de vários momentos da pós-graduação. Glória da Anunciação Alves, Simone Scifoni e Isabel Aparecida Pinto Alvarez fazem parte de meu primeiro grupo de orientandos de 1989 (hoje professoras do Departamento de Geografia da USP). Sávio Augusto de Freitas Miele, Rafael Faleiros de Padua, Danilo Volochko, Fabiana Valdoski Ribeiro e Camila Salles de Faria formam o núcleo duro do gesp. Jose Raimundo Ribeiro Jr., Cesar Ricardo Simoni Santos, Renata Alves Sampaio a ele se agregaram pouquíssimo tempo depois do GESP formado. Hoje destaca-se a colaboração de Daniel de Mello Sanfelici.
Em seu desdobramento, o GESP conta com a presença das professoras Silvana Maria Pintaudi (Unesp – Rio Claro, com seus orientandos e ex-orientandos) e Rita Ariza da Cruz. Novos estudantes – sob minha orientação acadêmica – dão sangue novo ao grupo: Elisa Favaro Verdi, Denys Silva Nogueira, Gilmar Soares e Renan Coradine Meireles. Sob orientação de Glória Alves, Livia Maschio Fioravanti.
8 Bensaid, 2004: 12.
9 Sève, 2008: 560.

BIBLIOGRAFIA

AURIACK, F.; BRUNET, R. *Espaces, jeux et enjeux*. Paris: Fayard; Fondation Diderot, 1986.

BENSAID, D. *Cambiar el mundo*. Madrid: Viento Sur, 2004.

CARLOS, A. F. A. "Da organização à produção do espaço no movimento do pensamento geográfico". In: *A produção do espaço urbano*: agentes e processos, escalas e desafios. São Paulo: Contexto, 2011, pp. 53-74.

_____. *Espaço e tempo na metrópole*. São Paulo: Contexto, 2001.

_____. *O espaço urbano*: novos escritos sobre a cidade. São Paulo: Labur, 2007. Disponível em: <www.fflch.usp.br/dg/gesp>. Acesso em: fev. 2014.

_____. "A 'ilusão' da transparência do espaço e a 'fé cega' no planejamento urbano: os desafios de uma geografia urbana crítica". *Revista CIDADES*, Presidente Prudente, v. 6, n. 10, 2010, pp. 289-306.

_____. *O lugar no/do mundo*. São Paulo: Labur, 1996. Disponível em: <www.fflch.usp.br/dg/gesp.>. Acesso em: fev. 2014.

_____. "A produção da metrópole: o novo sentido do solo urbano na acumulação do capital". In: RIBEIRO, A. C. T.; LIMONAD, E.; GUSMÃO, P. P. de (orgs.). *Desafios ao planejamento*: produção da metrópole e questões ambientais. Rio de Janeiro: Letra Capital / Anpur, 2012.

_____. *A (re)produção do espaço urbano*. São Paulo: Edusp, 1996.
_____. "São Paulo: del capital industrial al capital financeiro". In: MATTOS, Carlos et al. *Gobernanza, competitividad y redes*. Santiago do Chile: Colección Rideal / Eure-Libros, 2005.
CENTRE DE RECHERCHE ET D'ACTIONS SOCIALES. *Pour la ville*. Paris: Ceras, 1995.
CERTEAU, M. de. *A invenção do cotidiano*: artes de fazer. Petrópolis: Vozes, 1994.
CHAUÍ, M. *Convite à filosofia*. São Paulo: Ática, 2006.
_____. *Dos pré-socráticos a Aristóteles*. 2. ed. revista. São Paulo: Companhia das Letras, 2006.
CHOMBART DE LAUWE, P. *La fin des villes:* mythe ou réalité. Paris: Calmann Lèvy, 1982.
DEBORD, G. *La societé du spetacle*. Paris: Gallimard, 1992.
DOLLFUS, O. *O espaço geográfico*. São Paulo: Difel, 1972.
DUVIGNAUD, J. *Lieux et non lieux*. Paris: Galileé, 1977.
FISCHBACH, F. "Activité, production et subjectivité chez Marx". In: *Marx Contemporain*. ACTE 2. Paris: Syllepsis, Paris, 2008, pp. 357-80.
GEORGE, P. *A ação do homem*. São Paulo: Difel, s/d.
_____. *Os métodos em geografia*. São Paulo: Difel,1972.
_____. *Sociologia e geografia*. Rio de Janeiro: Forense, 1966.
HARVEY, David. *Espaços da esperança*. São Paulo: Loyola, 2004.
_____. *Los límites del capitalismo y la teoría marxista*. México: Fondo de Cultura Económica, 1990.
_____. *El nuevo imperialismo*. Madrid: Akal, 2004.
_____. *A produção capitalista do espaço*. São Paulo: Annablume, 2005.
HELLER, A. *A filosofia radical*. São Paulo: Brasiliense, 1983.
HIERNAUX, D.; LINDÓN, A. *Tratado de geografia humana*. Barcelona: Antropos/ Universidad Autonoma Metropolitana, 2006.
HORKHEIMER, M. *Eclipse da razão*. Rio de Janeiro: Editorial Labor do Brasil, 1976.
JAEGER, W. *Paideia*: a formação do homem grego. São Paulo: Martins Fontes, 2003.
KLEE, P. *Diários*. São Paulo: Martins Fontes, 1990.
LA BLACHE, V. *Tableau de la géographie de la France*. Paris: La Table Ronde, 1994.
LE GOFF, J.; GUIEYSSE, L. *Crise de l'urbain, futur de la ville*: colloque de Royaumont. Paris: Economica, 1985.
LEFEBVRE, H. *Au-delá du structuralisme*. Paris: Antropos, 1971.
_____. *Contribuition à l'esthetique*. Paris: Antropos, 2001.
_____. *De L'Etat*. v. 4, Paris: Union Génèrale d'Editions, 1978.
_____. *De lo rural a lo urbano*. Barcelona: Península, 1973.
_____. *Le droit a la ville*. Paris: Antropos, 1968.
_____. *Espace et politique*. Paris: Antropos, 2000.
_____. *O fim da história*. Lisboa: Dom Quixote, 1981.
_____. *La pensée marxiste et la ville*. Paris: Casterman/Poche, 1972.
_____. *Le retour de la dialectique*: 12 mots clés pour le monde moderne. Paris: Editions Sociales, 1986.
_____. *A revolução urbana*. Belo Horizonte: Ed. UFMG, 1999.
_____. *La revolution urbaine*. Paris: Gallimard, 1970.
_____. *La survie du capitalisme*. Paris: Antropos, 1973.
_____. *Les temps de méprises*. Paris: Stock, 1975.
_____. *Une pensée devenue monde*. Paris: Fayard, 1980.
LEVY, J. "Urbanization honteuse, urbanization hereuse". In: *De la ville et du citadin*. Lille: Parenthèses, 1990.
_____; LUSSAULT, M. *Logiques de l'espace, esprit des lieux*: géographies à Cerisy. Paris: Belin, 2000.
MARSHALL, T. H. "Cidadania e classe social". In: *Cidadania, classe social e status*. Rio de Janeiro: Zahar, 1967.
MARTINS, J. de S. *A sociabilidade do homem simples*. São Paulo: Hucitec, 2000.
MARX, Karl. *El Capital*, v. 8, México: Siglo Veinteuno, 1984.
_____. *Elementos fundamentales para la critica de la economia política (borrador) Grundrisse, 1857-1858*, v. 4, México: Siglo Veinteuno, 1977.
_____. *Manuscritos economico-filosóficos de 1844*. Bogotá: Pluma, 1980.
_____. *A questão judaica*. São Paulo: Moraes, s/d.
RONCAYOLO, M. *Formes des villes:* ville, recherche, diffusión. Nantes: Université de Nantes, (mimeo.), s/d.
_____. *Les grammaires d'une ville:* essai sur la genèse des structures urbaines à Marseille. Paris: Ehess, 1996.
_____. *La ville et ses territoires*. Paris: Gallimard, 1990.
SEVE, Lucien. *L'homme?* Paris: La Dispute, 2008.
SMITH, N. "Contornos de uma política espacializada: veículos dos sem-teto e produção da escala geográfica". In: ARANTES, A. (org.). *O espaço da diferença*. Campinas: Papirus, 2000.
SOUZA, Maria Adélia et al. (orgs.). *Metrópole e globalização*. São Paulo: Cedesp, 1999.

A REPRODUÇÃO DO ESPAÇO URBANO COMO MOMENTO DA ACUMULAÇÃO CAPITALISTA

Ana Fani Alessandri Carlos

A sociedade no começo do século XXI revela um conjunto de questões que apontam para um novo patamar de realização das relações sociais, pautadas na mundialização do capitalismo e constituindo-se como sociedade predominantemente urbana (como realidade e possibilidade).

As pesquisas realizadas e aqui esboçadas (por uma parte do grupo de pesquisadores do GESP[1]), ao focarem a reprodução do espaço urbano como elemento central da compreensão da realidade metropolitana, apontam, em seus desdobramentos, tanto a centralidade dessa produção no estágio atual do processo de reprodução capitalista, quanto suas exigências teóricas na compreensão da realidade. Como desenvolvimento da tese segundo a qual a produção do espaço é condição, meio e produto da reprodução social, constrói-se a hipótese de que a acumulação do capital se realiza através da reprodução do espaço urbano, lida a partir da reprodução da metrópole paulistana. Nesse sentido, a reprodução do espaço aparece como possibilidade renovada de realização da reprodução capitalista, num processo contraditório que encontra seus limites detonando crises periódicas. Isso se dá porque, ao se desenvolver, o capitalismo realiza sua missão histórica – a sua reprodução –, mas ao fazê-lo cria suas próprias contradições como momentos críticos, suscitando a necessidade de sua superação.

O espaço ganha, hoje, um sentido diverso dos momentos anteriores da história de sua produção. No quadro do processo de mundialização, que delineia a relação global/local, redefine-se o papel da metrópole como mediação necessária desse processo, o que vai determinar um novo papel do espaço na acumulação do capital. Como exigência do seu desenvolvimento, esse comportamento realiza-se no movimento de passagem da hegemonia do capital produtivo industrial para o capital financeiro, através da reprodução do espaço urbano, sob novas modalidades, articuladas ao plano mundial. Isto é, a reprodução do espaço urbano da metrópole expõe o momento em que o capital financeiro se realiza através dessa reprodução, produzindo "um novo espaço" sob a forma de "produto imobiliário" que aponta uma mudança na aplicação do capital-dinheiro acumulado do setor produtivo industrial em direção ao setor imobiliário, o que exige uma fluidez avassaladora. Nesse sentido, estabelece-se um movimento de passagem da predominância/presença do capital industrial – produtor de mercadorias destinadas ao consumo individual (ou produtivo) – à preponderância do capital financeiro – que produz o espaço como mercadoria, como condição de sua realização. Nesse momento, a mercadoria-espaço mudou de sentido com a mudança de orientação (prioridade) das aplicações financeiras: da realização do ciclo industrial da mercadoria à produção do imobiliário.

Ao longo da história, o processo de produção do espaço, enquanto processo civilizatório, traz em si aquilo que o nega, isto é, com o desenvolvimento do capitalismo, o espaço (produção social), torna-se um produto e, nesta condição, revela-se na contradição valor de uso/valor de troca. O espaço, portanto, torna-se, sob o capitalismo, uma mercadoria, como, em tese, todos os produtos do trabalho humano. No plano da reprodução de mercadorias, o processo envolve o reprodutível e o repetitivo, referindo-se, diretamente, à atividade produtiva (bens materiais e imateriais) que produz coisas no espaço (criando as condições para a realização das atividades) ao mesmo tempo que produz o espaço, enquanto mercadoria e capital fixo. Nesse sentido, a metrópole é condição geral da produção, o que impõe uma determinada configuração espacial.

Num primeiro momento, trata-se da justaposição de unidades produtivas formando uma cadeia interligada (em função da articulação e necessidades do processo produtivo, através da correlação entre os capitais individuais e a circulação geral do dinheiro na economia), integrando os diversos processos produtivos, os centros de intercâmbio, os serviços e o mercado e a mão de obra. Essa ação potencializa a aglomeração enquanto exigência técnica para viabilizar os processos de produção, distribuição, circulação, troca e consumo e, com isso, permite que o ciclo do capital se desenvolva possibilitando a continuidade da produção, logo sua reprodução – aqui se trata da exigência da compressão espaço-tempo como condição da superação da TBTL – tendência à baixa da taxa de lucro no movimento da acumulação. Nesse processo, a extensão do capitalismo tomou o espaço, fez dele sua condição de produção, primeiro como recurso, depois como força produtiva e, finalmente, mercadoria reprodutível, o que abriu perspectiva para um novo ciclo de acumulação. O desenvolvimento do capital financeiro cria um novo ciclo de acumulação com a expansão de novas atividades, focando o espaço-mercadoria. Este entra no circuito da troca atraindo capitais que migram de outros setores da economia – em crise – com o objetivo de ampliar as possibilidades de acumulação. No processo, a construção de um espaço racionalfuncional revela um projeto e uma estratégia que envolvem o mercado imobiliário, promovendo a valorização de áreas como consequência imediata do movimento de transformação do uso e da substituição de classes de renda no espaço assegurando a realização do lucro.

Do movimento da produção à reprodução do espaço da metrópole encontramos novos conteúdos da urbanização sinalizados: a) pela desconcentração do setor produtivo e a acentuação da centralização do capital na metrópole; b) pela mudança das atividades do setor de serviços com a preponderância do financeiro e de serviços diferenciados (informática, telecomunicações, aliados ao crescimento dos setores precarizados, como o telemarketing; c) pelo aparecimento de novos setores econômicos, tais como o turismo e lazer acompanhando o setor de negócios financeiros; d) pela realização das políticas públicas que dão atenção especial à produção do espaço em determinados setores e em determinadas áreas da metrópole com a criação de infraestrutura e alterações nos usos e funções dos lugares a partir de mudanças de zoneamento, "reparcelamento" do solo urbano, políticas de intervenção espacial através da realização de operações urbanas e da chamada requalificação de áreas – principalmente centrais – por meio da realização de "parcerias" entre a prefeitura e os setores privados que influenciam e orientam essas políticas.

A violenta transformação das áreas onde se estabelecem os novos projetos expulsa os residentes e implanta um padrão estético homogêneo. O concreto e o vidro são utilizados para criar uma imagem do "moderno" nos novos edifícios voltados às atividades do setor de serviços e são criadas as formas condominiais nos setores residenciais. Com isso, uma nova "ordem" se estabelece a partir ação dos promotores imobiliários vinculada às estratégias do sistema financeiro que orienta e reorganiza o processo de reprodução espacial através da fragmentação dos espaços vendidos e comprados no mercado. A ação do Estado – através do poder local –, intervindo no processo de produção da metrópole, reforça a hierarquia dos lugares, criando novas centralidades, expulsando para a periferia os antigos habitantes, recriando um espaço de dominação e impondo sua presença em todos os lugares, agora sob controle e vigilância (seja direta ou indireta).

As contradições aprofundam-se. A valorização do espaço como expressão da realização da propriedade privada da riqueza impõe-se para toda a sociedade, redefinindo os acessos aos lugares, criando interditos. Esse movimento no espaço redefine as relações sociais através das transformações no uso do espaço, acompanhado pelas mudanças nas funções dos bairros na metrópole marcados por uma nova relação espaço-tempo. Com isso, a metrópole é produzida como exterioridade, e se agudiza a contradição entre o processo de produção social do espaço e sua apropriação privada, atualizando a alienação do mundo moderno através da reprodução do espaço.

CONTRADIÇÕES DO ESPAÇO

Neste momento da história do capitalismo que se mundializa (através da criação de novos setores econômicos e a extensão das atividades produtivas), ganha relevância e centralidade a reprodução espacial e, com ela, a subordinação dos espaços-tempos da vida urbana cotidiana. Dessa contradição central, outras vão se desdobrando. O processo de produção/reprodução do espaço sob a orientação capitalista repõe suas próprias condições de realização, renovando seus pressupostos, sem todavia desencadear novas contradições em sua realização. As transformações da metrópole, enquanto condição da realização do ciclo do capital, geram as lutas em torno do espaço que vão sinalizando esse movimento das contradições. Os capítulos que se seguem apontam para esse desvendamento.

Sob o capital toda produção se transforma em mercadoria, realizando-se na dialética valor de uso/valor de troca com a preponderância do segundo em relação ao primeiro orientando e subsumindo as relações sociais. A construção da metrópole torna visível os usos e as formas de apropriação do espaço que se associam, diretamente, às formas de propriedade privado do solo urbano apontando para uma hierarquização socioespacial como expressão da desigualdade – é o que aponta a segregação socioespacial.

A produção do espaço se realizou sob a égide da propriedade privada do solo urbano. O espaço, fragmentado a partir do desmembramento de antigas chácaras e propriedades agrícolas, áreas de floresta nas franjas da mancha urbana ou mesmo desocupadas em seu interior, foi, com o crescimento da mancha urbana, sendo reunido à cidade através da incorporação e venda. Em pedaços, o espaço torna-se intercambiável a partir de operações que se realizam através e no mercado. Desse modo, o espaço entra no circuito da troca, generalizando-se na sua dimensão de mercadoria. Isso ocorre porque o capital desenvolveu o mundo da mercadoria, criou possibilidades reais para a extensão da propriedade privada no/do espaço, bem como a expansão das atividades econômicas para a sua realização. Realiza-se, assim, ampliando-se a propriedade privada da riqueza sob a forma de propriedade do solo urbano. A predominância do valor de troca, como extensão do mundo da mercadoria, indica a disputa pelo uso dos lugares da metrópole pelas diferentes classes sociais, o que gera conflitos entre indivíduos e usos, na medida em que o processo de reprodução espacial envolve uma sociedade hierarquizada. Embora produzido de forma socializada, o espaço urbano, enquanto trabalho social materializado, é apropriado de forma diferenciada pelo cidadão. Na sociedade capitalista, o acesso ao solo urbano, orientado pelo mercado, mediador fundamental das relações que se estabelecem nesta sociedade, produz um conjunto limitado de escolhas e condições de vida apoiados na existência da propriedade privada da riqueza social, que sob a forma do solo urbano, determina o acesso à vida urbana medida por um preço – como expressão de seu valor.[2] Os fatores que se ligarão à formação do preço vinculam-se, principalmente, à inserção de certa área no espaço urbano global, tendo como ponto de partida a localização do terreno (por exemplo, no bairro e, deste, na metrópole), a acessibilidade em relação aos lugares ditos privilegiados (escolas, shopping, centros de saúde, de serviços, lazer, áreas verdes etc.), o acesso à infraestrutura existente (água, luz, esgoto, asfalto, telefone, vias de circulação, transporte), a privacidade e os fatores vinculados ao relevo que se refletem nas possibilidades e custos de construção.[3] A evolução dos preços, todavia, inter-relaciona-se com as condições de reprodução do espaço urbano, no que se refere ao modo como se desenvolve a produção das condições gerais de reprodução, dos custos gerados pela concentração no solo urbano, bem como pelas políticas de zoneamento ou de reservas territoriais além das modificações do poder aquisitivo dos habitantes. Por sua vez, a localização das atividades econômicas só poderá ser entendida no contexto urbano como um todo, na articulação da situação relativa dos lugares, na metrópole frente às exigências de realização do ciclo de acumulação.

A dinâmica da economia metropolitana, antes baseada no setor produtivo industrial, vem se apoiando, agora, no amplo crescimento do setor terciário moderno – serviços, comércio, setor financeiro – como condição de desenvolvimento, numa economia globalizada. Tal transformação traz como exigência a produção de outro lugar "para acolhê-la", imposto pelos novos padrões de competitividade da economia, apoiada num profundo desenvolvimento técnico e em novos parâmetros para o desenvolvimento das novas atividades. Esses novos padrões, por sua vez, exigem fluidez e flexibilidade enquanto as áreas tradicionais se encontram densamente ocupadas e o sistema viário congestionado. Na metrópole capitalista, densamente edificada, a expansão dessa área não se fará sem problemas. A superação dessa situação requer a construção de um "novo espaço" (como movimento de reprodução da totalidade da metrópole), como área de expansão do centro, porque a centralidade é fundamental para estas atividades. As possibilidades de produzir um espaço redefinem-se, constantemente, em função da abundância de terras passíveis de serem incorporadas no mercado imobiliário, diante das necessidades de realização do ciclo do capital.

Portanto, no plano da acumulação, o momento atual do processo histórico, a reprodução espacial, com a generalização da urbanização, produz, uma nova contradição: aquela que se refere à diferença entre a antiga possibilidade de ocupar áreas como lugares de expansão da mancha urbana e sua presente impossibilidade diante da escassez. Isto é, o espaço, enquanto valor, entrou no circuito da troca geral da sociedade (produção/repartição/distribuição) fazendo parte da reprodução da riqueza, que ao se realizar produziu seu outro se constituindo em raridade. Nessa condição, a propriedade privada do solo urbano passa a ser um limite à expansão econômica capitalista. O processo que transforma o espaço em "nova raridade" é, assim, engendrado pelo movimento que explicita a produção do espaço como condição sempre renovada da realização do ciclo econômico.

A condição de raridade do espaço manifesta-se, em áreas precisas, na metrópole, no centro, ou nas proximidades do centro. O fenômeno da raridade se concretiza pela articulação de três elementos indissociáveis: a existência (e realização) da propriedade privada do solo urbano, a centralidade do capital e das novas atividades econômicas (a consolidação do centro produziu, contraditoriamente, sua saturação, o que impede a expansão do setor de serviços na área central) e o grau de ocupação (índice de construção) da área no conjunto do espaço da metrópole. À ideia de escassez, alia-se, também, a necessidade de um novo padrão construtivo, apoiada numa rede de circulação e comunicação específicas, pois o ciclo do capital envolve, em cada momento histórico, condições diferenciadas para sua realização. É nesse sentido que podemos afirmar que os "novos serviços", em função de sua especificidade e da necessidade de proximidade com outros setores da economia, buscam uma localização específica com características particulares, que se impõe pela centralidade, ao mesmo tempo que exigem um tipo de instalação incompatível com as construções encontradas no centro, em função das necessidades de flexibilização da economia e do trabalho (marcadas por outro padrão de competitividade).

É assim que, para restabelecer as condições do crescimento, é necessário criar mecanismos que minimizem a situação que transforma o espaço em raridade sem, todavia, questionar a existência da propriedade privada do solo urbano (ao contrário, permitindo sua reprodução), o que vai se realizar com a intervenção do Estado no espaço. Isso porque só ele tem o poder de atuar no conjunto do espaço metropolitano, transformando áreas públicas, redirecionando investimentos, construindo infraestrutura, metamorfoseando as funções, criando formas de intervenção, transformando usos, redistribuindo os habitantes, através das políticas urbanas (como o mecanismo das operações urbanas) etc. A criação de mecanismos capazes de liberar a área construída residencial para o crescimento do setor de serviços em São Paulo, como extensão da antiga área central vai se realizar por meio das operações urbanas, coordenadas pela Prefeitura, em parcerias com o setor privado (como as Operações Urbanas Faria Lima e Água Espraiada). O planejamento governamental vem equipando essas áreas da metrópole com vias expressas, túneis e viadutos, rasgando o tecido urbano, destruindo a fisionomia de bairros inteiros, eclipsando a rua, separando vizinhos, quebrando relações sociais de vizinhança, esvaziando os centros de comércio de bairro, revelando um "modo institucional" de ver e gerir metrópole que alimenta o processo de implosão-explosão.

O Estado, com seus instrumentos legais, produz, assim, grandes transformações nos usos e funções dos lugares da cidade, reproduzindo uma hierarquia desses lugares no conjunto do espaço metropolitano. Mas, ao direcionar os investimentos em infraestrutura, ele aprofunda as desigualdades na metrópole, interferindo de modo marcante nas formas de apropriação do espaço à medida que produzem, com sua intervenção, um processo de valorização diferencial do solo urbano. Realiza-se aprofundando a contradição entre extensão do valor de troca no espaço e a possibilidade do valor de uso na medida em que o valor de troca se autonomiza, pela potencialização da propriedade como direito e realidade.

Com essas transformações, as funções se especializam no espaço, aprofundando a divisão espacial do trabalho na metrópole, implodindo a antiga centralidade que havia no bairro – no contexto da produção espacial de novas centralidades, que constituem a metrópole polinucleada. Com isso, uma nova frente de investimentos imobiliários vem a reboque do projeto em função das facilidades proporcionadas pela construção de infraestrutura que valoriza o solo, fixando um novo uso. Cria-se, assim, um núcleo na metrópole, com forte poder de atração, com pesados investimentos públicos e privados gerando um deslocamento de atividades que passam a competir com antigos polos econômicos da metrópole, constituindo um novo polo de atração de investimentos como extensão da centralidade num eixo empresarial da metrópole, associado a um polo de lazer delimitado/definido pela localização de bares, restaurantes, teatros, shoppings, hotéis, ligados a um consumo organizado, programado, produzido e povoado de signos.

O centro também se transforma com os seus conteúdos transbordados onde o uso da cultura, como álibi, move e orienta as transformações. Mas o papel da cultura e do patrimônio cultural na reprodução do espaço urbano, tal qual desenvolvido por Simone Scifoni com ênfase na especificidade da realidade brasileira, relativiza a preponderância da cultura no planejamento estratégico no qual ganha importância a perspectiva de revalorização imobiliária das áreas centrais das grandes cidade – o que deve ser relativizado no caso paulistano. Assim, a autora enfoca a ideia de que a emergência de uma "questão patrimonial" situa-se no momento da problemática urbana em sua fase crítica.[4] Muito mais do que generalizar e totalizar os processos, a autora coloca em evidência o papel duplo e contraditório do patrimônio. De um lado, o patrimônio é organizado para o seu consumo visual, sendo assim transformado não propriamente em mercadoria, mas, sobretudo, na mediação para esta, algo que integra sua realização. De outro lado, ao ser em essência um portador de símbolos, o patrimônio também se oferece à consciência social.

O movimento da reprodução do espaço metropolitano também ilumina o deslocamento de um número significativo de estabelecimentos industriais a partir da redefinição do processo produtivo (com a reconversão do parque industrial, em movimentos diferenciados para cada setor industrial) na metrópole. Sinaliza uma tendência que é mundial, imposta pelo estágio atual da acumulação do capital, que revela um novo momento da realização do ciclo do capital a partir de um novo padrão de competitividade, que requer a flexibilização do processo produtivo e que transforma as áreas de produção industrial em áreas passíveis de abrigar novos usos. Com o deslocamento dos setores produtivos industriais, destroem-se bairros que viviam em função dessas atividades, e com eles ocorre a destruição dos espaços de sociabilidade a partir da desintegração da vida social. A disponibilidade de terrenos que continham antigos usos industrial/residencial abre, assim, uma nova área para o setor financeiro. Essas áreas integram-se agora de outra forma no espaço metropolitano, na contiguidade da extensão da centralidade das antigas áreas que passam a compor o campo de extensão dos negócios constituidores do eixo empresarial-comercial em função da centralidade; enquanto antigas áreas industriais – em condição periférica – vão dar lugar aos condomínios residenciais e a um novo modo de morar, como bem demonstra Rafael Faleiros de Padua. O sentido que a metamorfose do espaço da metrópole assume, baseado na mercantilização do solo urbano, provoca e acentua o fenômeno de implosão-explosão. Nesse processo, se delineia a tendência da submissão dos modos de apropriação do espaço ao mundo da mercadoria; consequentemente, gerando o esvaziamento das relações sociais pela redução do conteúdo da prática socioespacial.

As periferias transformam-se, incorporadas ao mundo da mercadoria, que vem garantindo sua integração ao cotidiano metropolitano. Assim, a partir da compreensão da produção do espaço como uma construção teórico-metodológica que articula alguns conceitos (produção/reprodução; espaço-tempo; prática socioespacial) e noções (totalidade; contradição) à temática e aos novos conteúdos da urbanização contemporânea (que parte do processo prático e concreto dos conflitos entre a cidade como espaço capitalista contraposto à cidade como espaço cotidiano e de resistência social). Danilo Volochko aborda a produção dos novos espaços das periferias urbanas. Seu foco é a reprodução do cotidiano desigual na nova produção habitacional revelando a prática socioespacial em seus conteúdos contraditórios (a produção do espaço contraditório no seio da produção lógica do espaço), que se enfrenta às ordens distantes. Dessa feita, a produção do espaço como escala qualitativa de análise aponta o plano dos sujeitos sociais concretos, e esse tratamento busca superar os aspectos formais, tipológicos e locacionais da compreensão do espaço como meio organizado e ordenado (lógica do Estado) ou como fonte de acumulação (lógica do capital), estabelecendo uma leitura que aponta as possibilidades, ainda que irrisórias, de transformação da realidade socioespacial a partir dos novos conteúdos (econômicos, sociais e políticos) da produção do espaço urbano.

Dessa maneira, as transformações na economia – visando à reprodução continuada – se realizam reproduzindo o espaço urbano paulistano com consequências significativas para a prática *socioespacial* que é imposta pelo processo de valorização/desvalorização dos lugares. A reprodução da vida na metrópole se realiza numa relação contraditória que aparece e é vivida e percebida como estranhamento/reconhecimento. Isso porque a vida cotidiana se apresenta, tendencialmente, invadida por um sistema regulador, em todos os níveis, que formaliza e fixa as relações sociais reduzindo-a a formas abstratas, constituidoras da identidade. A normatização das relações sociais, a rarefação dos lugares de encontros decorrentes das mudanças na morfologia da metrópole, a degradação das relações de vizinhança, a flexibilização do trabalho vão apontando a instauração do cotidiano[5] em que a atomização, ao mesmo tempo que realiza uma superorganização da vida, impõe-se quase sem resistência. Campo da autorregulação voluntária e planificada, o cotidiano aparece como construção da sociedade, que se organiza segundo uma ordem fortemente burocratizada, preenchido por repressões e coações imperceptíveis. Esse processo se realiza no lugar, mas revela articulações espaciais mais amplas que apontam para uma nova relação espaço-tempo expressa no plano do vivido. A percepção de que o tempo se acelera, as transformações nos referenciais urbanos, o esfacelamento da identidade com o lugar onde moram e com os outros habitantes, compõem um conjunto de alterações decorrentes das mudanças nas possibilidades do uso do lugar, nos modos de vida nesse lugar. Nesse plano, desponta a contradição entre o tempo da vida – que se expressa na vida cotidiana (num tempo e espaço que mede e determina as relações sociais) e o tempo das transformações urbanas que se produzem no mundo moderno, particularmente na metrópole, fundadas em formas sempre fluidas e cambiantes. Esse tempo reproduz-se na contradição entre a eliminação substancial e manutenção persistente dos lugares de encontros e reencontros, na festa, na apropriação do público para a vida. O tempo diz respeito a um espaço – ao uso do espaço. Transformados, espaço e tempo metropolitano adquirem, pelo processo de abstração, a característica de amnésico (o espaço) em sua relação direta com um tempo efêmero – essa nova relação espaço-tempo redefine as relações sociais, na metrópole caracterizando o momento contemporâneo.

A gestação da sociedade urbana vai determinando novos padrões que se impõem de fora para dentro, pelo poder da constituição da sociedade de consumo (criando modelos de comportamento e valores que se pretendem universais, pelo desenvolvimento da mídia que ajuda a impor os padrões e parâmetros, pela rede de comunicação que aproxima os homens e lugares), produzindo um espaço-tempo diferenciado e desigual. O choque entre o que existe e o que se impõe como novo está na base das transformações da metrópole, onde os lugares vão se integrando de modo sucessivo e simultâneo a uma nova lógica, aprofundando as contradições. Este processo realiza-se com extrema violência. É assim que o tema da violência urbana deve ser repensado e deslocado de sua relação com a criminalidade, situando-o no próprio processo de urbanização, que é o que faz Renata Alves Sampaio localizando-a no cerne das contradições urbanas. Para a autora, a identidade "violência-criminalidade" coloca problemas à análise crítica e obscurece os caminhos para o desvendamento da essência dos conteúdos da prática social que pretendem ser expressos por meio desse termo. Do reconhecimento dos limites interpretativos postos, o pensamento se movimenta em direção à constatação da insuficiência da noção de violência urbana que está necessariamente fundamentada e articulada com os processos de produção do espaço urbano e reprodução das relações sociais; o processo de urbanização aparece, assim, como essencialmente violento.

Consequentemente, a metrópole é o lugar de expressão dos conflitos, afrontamentos, confrontações. O lugar da manifestação do individual e da experiência socializante, (empobrecida ou não), produto de uma multiplicidade de trocas de todos os tipos que produz a sociabilidade na cidade. No plano social, a vida cotidiana subsumida à lógica da acumulação e normatizada traz em si seu outro: a resistência e, com ela novas formas de lutas. Fabiana Valdoski Ribeiro, ao direcionar sua compreensão aos desdobramentos da relação uso/troca, ilumina o movimento do processo de produção do espaço urbano no qual a hegemonia do valor de troca sobre o uso, normatizando-o e subsumindo a vida, aponta o seu outro. Ou seja, na produção do espaço há um conflito de estratégias e, portanto, uma relação de poder, que, intrinsecamente, contém a resistência, seja ela visível ou não. Por isso, a autora constrói a hipótese segundo a qual a resistência é constituinte das relações sociais alojadas em meio a uma prática socioespacial ligada às transgressões cotidianas, de grupos ou de organizações. No entanto, essa resistência não é pura, pois se por um lado ela coloca as contradições espaciais em outro patamar, por outro, pode ratificar fundamentos da produção capitalista do espaço. Por sua vez, Glória da Anunciação Alves, ao focar as transformações dos centros urbanos sob a égide do capital, aponta uma outra faceta das resistências como ação frente às políticas empreendidas pelo Estado em parceria com a iniciativa privada, que atuam diretamente no processo de transformação do centro de São Paulo procurando construir consensos sociais sobre a necessidade de tais ações.

As lutas surgem a partir de relações sociais contraditórias, criadas e aprofundadas pelo desenvolvimento do processo de reprodução *lato sensu,* o que faz com que as batalhas se resolvam pelo jogo político das forças sociais. Isso tem colocado no centro do debate o direito à cidade como possibilidade de questionamento sobre as formas de atuação do poder público – em que o espaço se revela instrumento político intencionalmente organizado e manipulado por meio de um poder que se realiza enquanto estratégia de classe –, bem como diante das condições de vida precarizada. Questiona-se, assim, o processo de valorização aliado às estratégias dos empreendedores imobiliários que reproduzem um espaço voltado aos interesses particulares do grande capital, e que, ao intervirem no urbano, interferem na prática socioespacial e, com isso, nos modos de apropriação do espaço da vida.

* * * *

A ideia de uma metageografia é ainda uma "aposta" que designa uma possibilidade do pensamento voltando-se para a práxis; sua compreensão ilumina-a enquanto possibilidade de encontrar aí os resíduos capazes de ganhar potencialidade e se transformar num projeto de metamorfose da realidade. O objetivo central é o de construir um entendimento sobre os conteúdos do processo de urbanização hoje em suas contradições, a partir da compreensão do momento atual da reprodução do espaço urbano da metrópole de São Paulo. Pensamos que esse caminho de investigação nos possibilita fundamentar uma Geografia urbana crítica. Desse modo, as hipóteses das pesquisas que dão fundamento aos capítulos deste livro se constroem como momentos que elucidam esse processo.

Emergindo da vitalidade das pesquisas sobre a cidade e o urbano, a atitude crítica e a reflexão radical colocam-se como atributo indispensável para a compreensão do mundo moderno em sua totalidade, visando à construção de um projeto de sociedade centrado nas possibilidades da constituição da humanidade do homem – que hoje se acha preso ao "mundo da mercadoria", condicionado pela "ideologia do consumo", orientado pela mídia, vigiado pelo Estado.Uma analise reflexiva crítica e radical do mundo real e prático em sua totalidade contraditória e complexa visa redimensionar o papel e a contribuição da Geografia na compreensão do mundo e de nossa condição no mundo – forma de vida –, desvendando os conflitos da sociedade de consumo que subsume os indivíduos ao "reino do objeto", produzindo simultaneamente as representações que a sustentam e uma ideologia do crescimento que orienta a ação.

NOTAS

1 Este é o primeiro volume da coleção "Metageografia".

2 Tal processo está desenvolvido no livro *A condição espacial,* publicado em 2011 pela Editora Contexto.

3 Já expuz em minha tese de doutorado, apresentada em 1987, a ideia de que não existe renda da terra urbana. Na cidade, o solo urbano, produzido, tem seu preço assentado no valor e não numa renda. Convém esclarecer que enquanto no campo a natureza é meio de produção, na cidade a natureza é condição para a produção da cidade – o que lhe confere o valor definido no processo de produção da cidade (no processo de trabalho). Vide o capítulo 2 de *A (re)produção do espaço urbano.*

4 Tal qual desenvolvida por Henri Lefebvre

5 Nos termos desenvolvidos por Henri Lefebvre na sua obra em 3 volumes *Critique de la vie quotidienne.* Paris, L'Arche éditeur, 1958, 1961 e 1981.

A METAGEOGRAFIA E A ORDEM DO TEMPO

César Simoni Santos

A febre da pós-modernidade parece ter cedido durante a primeira década deste século. Em comparação com a quantidade de publicações e com a intensidade do debate que se viu emergir desde os fins dos anos 1980, a presença do temário associado à ruptura da inteligibilidade moderna e seu potencial explicativo perderam força na teoria social crítica, mas deixaram uma herança imprescindível para a interpretação contemporânea do mundo. Se, por um lado, em alguns ambientes, o termo "pós-modernidade" cai em desuso e qualquer menção a ele sugere mesmo o apego a categorias *démodés* e de caráter passadista, por outro, a sensação, a intuição ou mesmo a compreensão de que houve qualquer coisa de grave na ordem do tempo têm pautado até hoje importantes debates no campo das ciências humanas. A "revalorização do espaço na teoria social crítica", que foi uma das preocupações de Edward Soja, em suas *Geografias pós-modernas*, parece compor esse espectro de heranças do debate sobre a pós-modernidade. Logo, para compreender esse legado é preciso entender o contexto teórico e social no qual ele foi forjado. Esse contexto de crise e transformação se constitui como o momento crucial a partir do qual são forjadas as condições de gestação das metageografias. Apesar da forte conexão entre os elementos simultaneamente fundantes e críticos da modernidade, este capítulo procurará observar a emergência desse momento de um ponto de vista mais atento à própria crise da historicidade.

DA SUBJETIVIDADE À RAZÃO NA HISTÓRIA

Heidegger, em *L'époque des conceptions du monde*, lança mão do recurso da comparação entre a física aristotélica e a física galileana para buscar o elemento distintivo que caracteriza a modernidade. Para ele, o pressuposto aristotélico de que a força que movimenta o mundo físico não está separada dos próprios corpos testemunha essencialmente uma forma não moderna de consciência e de representação da *Physis*. A consideração e a classificação dos corpos com relação a sua própria natureza pressupõem uma unidade entre o seu impulso ou a lei que rege seu movimento e a sua própria manifestação particular corpórea. Na física aristotélica, cada corpo apresenta um comportamento que se define de acordo com a sua própria natureza interna, sua força primordial, seu *subjectum*. Assim, os corpos são divididos de acordo com a sua natureza particular expressa imediatamente em seu movimento. É por isso que os corpos terrestres não poderão apresentar um comportamento idêntico ou submetido às mesmas leis que regem o comportamento dos corpos celestes. Segundo essa perspectiva, os primeiros tenderiam a percorrer uma trajetória retilínea em direção ao centro da terra, e os segundos se apresentam a partir de movimentos uniformes definidos segundo trajetórias circulares. Esse comportamento é próprio da natureza de cada um desses corpos. Heidegger capta a ruptura fundamental com essa forma de consciência não moderna no próprio enunciado da lei da inércia elaborada por Galileu. Ao formular um enunciado generalizante que se inicia com o postulado segundo o qual "todo corpo" deverá se manter em repouso ou em movimento retilíneo até que alguma força seja exercida sobre ele, Galileu Galilei abstrai do próprio elemento corpóreo a lei que deverá reger o seu comportamento; ela torna-se, assim, exterior a ele para dominá-lo, fazendo-se pesar indistintamente sobre todos os corpos. A perspectiva universalizante embutida nessa formulação revela o poder de apreensão da natureza do mundo físico pela razão e pelos princípios racionais. Dessa forma, segundo Heidegger, o *subjectum*, separado dos corpos sobre os quais ele exerce sua força de coordenação do movimento, é sequestrado pelo pensamento que detém o poder de ordenar o mundo a partir dos princípios da razão. Esse é o momento em que a noção moderna de sujeito, como um atributo do ser pensante e racional, será identificada ao homem como portador da razão – mais precisamente à *res cogitans* de Descartes. Por isso, podemos identificar aqui também a justificativa para que Heidegger tenha considerado a formulação cartesiana do *cogito ergo sum*, o "penso, logo existo", como uma das primeiras manifestações claras da consciência moderna que resgata e subsume a existência ao pensamento e à razão metódicos.

Foram muitas as considerações que tentaram vincular o surgimento da ciência moderna, pautada no exclusivo princípio da razão subjetiva, ao monoteísmo como forma predominante da concepção cosmológica. Isso porque o monoteísmo traria já a forma de uma razão única e universal que recai sobre toda manifestação mundana; a forma do domínio e da superioridade indistintos do espírito supremo sobre a existência corpórea, a forma mesma da razão moderna. De acordo com essas perspectivas, a subjetivação moderna da razão não teria sido possível a partir de uma estrutura cognitiva e cosmológica que não separa a deidade das coisas, elas mesmas. Na configuração politeísta da consciência, a natureza das coisas (e seu *subjectum*) não está separada e determinando de fora o devir do mundo corpóreo. Cada divindade responde a comportamentos e manifestações específicos de cada elemento particular do cosmos: as águas, a colheita, o vinho etc. A criação do espírito, como desdobramento da configuração monoteísta da consciência, pressupõe uma separação que, para além da separação metódica entre sujeito e objeto, como elemento central da ciência e da moderna teoria do conhecimento, opera a subordinação da natureza ao homem como princípio de ordenação social.

Nos escritos de Adorno e Horkheimer, essa separação entre homem e natureza é a condição estrutural do esclarecimento que se traduz na superioridade da razão. Ela é também, por isso, o critério normativo que se desdobra no princípio da dominação como elemento estruturante da sociabilidade e da consciência burguesas. A dominação do homem sobre a natureza, como princípio estruturante da consciência moderna e resultado da separação entre razão e emoção, entre espírito e corpo, ou entre teoria e prática, conduz à dominação do homem sobre o próprio homem, seja no campo da vida social, com a submissão que se opera no momento do trabalho, ou no campo subjetivo de uma consciência autocastradora manifesta pela introjeção da autoridade. Em Adorno e Horkheimer, a imagem de Ulisses (o industrioso, na *Odisseia* de Homero), como o "protótipo do indivíduo burguês", procura trazer à tona essa nova forma de consciência que se elabora como condição da sociabilidade burguesa pautada na dominação. No caminho de volta para casa, foram diversas as provações que a natureza e o universo primitivo dos impulsos e das paixões impuseram ao "industrioso Ulisses". Portador da "astúcia da razão", no entanto, uma das grandes preocupações de Hegel em sua filosofia da história, subjugou e venceu continuamente os impulsos mais primitivos que ele carrega em sua condição corpórea, reafirmando o domínio e a superioridade da razão sobre a natureza disforme e selvagem que se apresentava como ameaça externa (vinda do ambiente ou nas figuras de seus oponentes) ou interna (representada pela força das pulsões instintivas de um homem que procura esconder os traços de sua animalidade reprimida). O enfrentamento dos chamados da natureza, representado no canto das sereias, sem ceder aos impulsos do corpo e das paixões, e a recusa da fácil condição de animalidade do homem, rejeitando os encantamentos de Circe, representam a interiorização do princípio de dominação que é próprio da racionalidade moderna. É nessa perspectiva que o sujeito freudiano, longe de deter o fundamento e a estrutura psíquica do homem ("universal") em geral, representa surpreendentemente bem a configuração psíquica do indivíduo burguês. A tripartição do sujeito freudiano (mais uma das tríades sintéticas da modernidade) revela no *ego* a castração realizada pela razão sobre os impulsos mais primitivos e a natureza que acompanham a humanidade. No âmbito social, a exploração do trabalho justifica a extração do excedente e do sobretrabalho em condições materiais de abundância. A autoridade que se exerce com o propósito da acumulação e o trabalho que se subordina a condicionantes alheios ao da produção material e ao da satisfação das necessidades revelam a autonomização do princípio da dominação e a violência como princípios da coesão social e individual da sociabilidade burguesa.

Hegel, a quem Habermas, não por acaso, considera ter sido o primeiro filósofo a formular um conceito claro de modernidade, dará o acabamento do domínio da razão no campo da história. A filosofia da história de Hegel dará conta de elaborar, de forma clara e alinhada a seu tempo, o moderno conceito de história. Para Hegel, a história é o campo da razão, do espírito livre que se lança no tempo em busca de si mesmo e de sua própria verdade: a trajetória no tempo do domínio da razão sobre a matéria disforme. Logo, há aqui uma componente vetorial da temporalidade histórica que se define pelo avanço e pelo progresso, num registro temporal oposto ao registro da circularidade e da repetição próprio da natureza. Essa oposição, no entanto, se define de forma contraditória no interior do sistema hegeliano, o que não permite que esses registros corram de forma "paralela" ou sem se tocar ao longo do grande percurso da razão. A "razão universal" faz da história, simultaneamente, o produto, o grande palco de suas limitadas e particulares manifestações e o veículo de sua realização final. Em Hegel, a razão suprema e universal que se lança no propósito de realizar a si mesma na Terra é essencialmente revolucionária e, ao mesmo tempo que se manifesta nas diversas configurações que o espírito assume nessa longa jornada, empreende a superação de cada uma delas em nome de um propósito mais elevado e em maior acordo com o seu conteúdo total e final. A sugestão de uma imagem em espiral para caracterizar o movimento dialético da história é, no entanto, somente uma face da totalidade pretendida no sistema hegeliano. O progresso da razão caminha em direção a sua realização total, no "fim último da história universal", momento em que a identidade entre os conteúdos e a forma da razão se manifesta em plenitude. No fim da história, também, a identidade entre espírito e natureza, entre o real e o racional, se põe de forma a revelar o universal no particular, o racional no real. É nesse sentido que caminha a história no sistema hegeliano.

A crítica nietzschiana, apesar de polemizar com essa ordem do tempo, reconhece como pressuposto da época moderna a vitória da razão (apolínea) sobre o corpo e os impulsos (situados na dimensão dionisíaca). Nesses termos, em defesa ou contra a ordem racional do mundo, um sentido se impunha para a interpretação da modernidade, e ele estava do lado da supremacia de uma razão abstrata que domina o mundo das coisas. A modernidade se caracterizou, assim, pela representação de um movimento temporal em progresso que ajudou a tornar concreto o avanço do domínio racional sobre uma natureza que pouco a pouco era "domesticada" no curso da modernização. A repressão dos impulsos, a conformação do corpo e o controle social são aspectos ligados ao curso da realização de uma razão que, frequentemente, assume sua condição totalitária. A imagem do burguês, do capitalista que abre mão de desfrutar e de gastar suas riquezas, que recusa ao uso e ao consumo improdutivos, imediatos e presente dos objetos que compõem a forma da abundância, que se abstém e reprime o gozo, a fruição e o desfrute, como o Ulisses analisado por Adorno e Horkheimer, constitui aqui a unidade essencial de um tempo em avanço apontado para o futuro. A lógica social que substitui o uso, o desperdício (a *gaspillage*, nos termos de Georges Bataille), pelo investimento, ao mesmo tempo que revela o sistema de coações privadas e sociais na base da sociabilidade moderna, localiza esse sistema autorrepressor no fluxo de ordenação temporal que privilegia uma inteligibilidade histórica de acumulação e progresso, que abre mão do presente em nome de um futuro intangível, legitimado pelo credo liberal da socialização dos benefícios da abstenção social.

CRÍTICA E CRISE DA MODERNIZAÇÃO

As promessas de uma modernidade teleológica não somente não se realizaram como também não dão sinais de que sejam ainda exequíveis no curto prazo. Logo, começa-se a se perder aqui um forte elemento de coesão social e de justificativa do programa moderno. A ruptura com o horizonte de expectativas da modernidade faz cair por terra a legitimidade do grande empreendimento de racionalização que caracterizou sua época. Para Henri Lefebvre, a *reprodução das relações sociais de produção*, como finalidade que supera a produção no campo econômico, sinaliza para essa perda de vínculos com o universo de finalidades legítimas que o discurso da modernidade teria elaborado a seu próprio respeito. As análises do grupo Krisis que passam pelo *colapso da modernização*, observado a partir da crise dos processos reais de valorização, e pela crítica ao mundo do trabalho, que se desenha, sobretudo, com a crise da capacidade de "inclusão" e engajamento da força de trabalho em processos reais de valorização, também apontam para um desfalecimento da justificativa teórica e social da modernização. Quando montanhas de trabalho acumulado começam a ser destruídas nas crises ou nas guerras, única e exclusivamente como condição para a realização de novas inversões lucrativas e com vistas à acumulação presente e futura, os propósitos declarados da produção admitem-se como falsos. Quando o capital financeiro perde qualquer vínculo com os processos de valorização real, incapazes de promover os níveis globais de acumulação segundo taxas de lucro socialmente aceitáveis para a massa produzida de valores, os supostos "benefícios" da acumulação ou mesmo sua capacidade de manter a ordem social desabam frente a um processo que se associa à crise da modernização. As certezas em relação ao progresso como ordem irreparável do tempo são destituídas por uma crise geral de representação. A crise e a crítica da razão caminham a par. E mesmo a coesão em torno da estrutura da subjetividade freudiana se esfacela. A perda de sentido da razão, em face de sua inoperância como princípio universal (e não de classe), não suprime o conjunto de normas autorrepressoras, mas desestrutura os nexos unificados em torno dela. Essa perda de substância atrelada a uma razão total, que é simultaneamente interna e externa, a coloca na condição do inteiramente outro, como uma substância estranha e que se impõe de fora para o exercício de seu domínio. A rejeição aos princípios racionais como elemento de unificação coerente do sujeito e de coesão social dá origem à fragmentação da subjetividade e do corpo social, no tempo e no espaço.

Um primeiro efeito dessa ruptura com a estrutura de inteligibilidade da modernidade pode ser notado com a crise da historicidade. O horizonte histórico de realização do espírito, da razão, da justiça, da verdade e de outros valores tidos como universais se esfacela em um sem-número de projetos particulares quando simplesmente não deixa de existir. A sociedade da abundância, já alcançada, não conduziu à plena satisfação dos desejos e necessidades. A aposta num futuro que se desdobra das lutas presentes deixou de fazer parte da mística social que, em parte, justificava os movimentos das mais diversas naturezas – hoje a articulação social de caráter revolucionário é residual e o individualismo sectário exacerbado é um dos principais traços do conservadorismo social; além disso, muitos movimentos sociais e partidos de esquerda abandonaram o horizonte utópico da revolução e da construção de um futuro radicalmente diverso em relação ao presente. A perspectiva da valorização capitalista se descolou do plano da economia real e se dá, atualmente, sem vínculos fortes com o tempo de produção. A financeirização da economia determina o tempo fictício do instantâneo como temporalidade básica da acumulação. Os funcionários dessa "economia de cassino" lidam com o tempo simultâneo da compra e da venda e não mais com o tempo sucessivo da valorização. Essa temporalidade se transporta ao cotidiano e a referência do tempo histórico se perde como parâmetro da vida e da organização social.

A perda da temporalidade histórica como parâmetro da vida ou da valorização e a dissolução dos nexos causais enaltecidos pela modernidade (como aqueles que se definem entre produção e valorização ou entre trabalho e remuneração, por exemplo) sugerem a quebra das cadeias entre significantes e significados que serviram como parâmetros de validação das mensagens também nas artes, na filosofia, na ciência e na vida social. Guy Debord denuncia o espetáculo como o estágio mais avançado dos desdobramentos da lógica da mercadorização total. O espetáculo, a serviço da acumulação, desestrutura a organização social moderna assentada na relação entre valor de uso e valor de troca. O "parecer ter" supera o "ter" como forma de superação exponencial do "ser". Esse descolamento que se opera na base da organização social foi bem ilustrado num exemplo dado por David Harvey a propósito do sucesso de vendas conquistado por uma fábrica de imitações de telefones de carro nos anos 1980. A simulação, o simulacro e o espetáculo aparecem aqui, no mundo dos signos, como o universo dos significantes autonomizados e independentes de seus significados. A medida e o cálculo, como atributos da razão e instrumentos da modernização, deixam de funcionar como parâmetros socialmente válidos. A especulação nos mercados financeiros e produtivos, o comportamento monopolista que avança sobre todos os mercados e o aspecto rentista de uma economia que se ampara cada vez mais nas patentes e na propriedade intelectual revelam o império da desmedida como sucedâneo das leis da econometria clássica. O rompimento com o horizonte temporal da modernidade, a crise dos parâmetros racionais do cálculo, a disjunção nas cadeias de significante e significado dinamitam a aposta normativa da economia clássica e neoclássica fundada na figura meio hipotética meio real do *homoeconomicus*. Na nova economia que se elabora não há mais lugar para a planificação de longo prazo, seja no âmbito da empresa, da vida pessoal ou mesmo do Estado. Os atuais limites da previsibilidade, no entanto, não atingem somente a pressuposição de um indivíduo calculista, egoísta, que age de acordo com os princípios da razão e que está na base da teoria econômica neoclássica, o próprio Estado se reelabora a partir da crise que destitui a planificação keynesiana. A dissolução do bem-estar social e do horizonte proposto pela expansão fordista desestruturou o campo de inteligibilidade sobre o qual se assentava a perspectiva histórica moderna. No campo da arquitetura, a ruptura com os padrões do modernismo, e sobretudo com o modernismo corbusiano, promoveu a recusa da coerência racional que procurava articular forma, função e estrutura; promoveu o abandono dos princípios da economia aplicada à edificação e sugeriu um resgate do ornamento fora de seu contexto original. Esse descolamento da forma não se deu somente no edifício, mas também na relação entre este e o seu entorno: o edifício destacado e mesmo, em alguns casos, visando substituir a cidade. No plano do urbanismo, a mudança dos padrões tradicionais de planificação e a maior abertura para a ingerência do capital privado nos projetos chamados de reordenamento urbano fragmentaram o espaço social e aprofundaram o fosso da segregação. Assim, na trilha das profundas transformações que atingem a relação espaço-tempo a partir do final do século XX, a estrutura social se reorganiza em torno de parâmetros alheios ao corpo lógico da modernidade. A linearidade temporal de uma história encarada a partir do paradigma do progresso e a coesão espacial propalada pelo planejamento estatal centralizado, como elementos estruturantes das antigas formas de coesão social e da subjetividade moderna, dão lugar ao esmigalhamento da história e à fragmentação do espaço. Nesse universo de correlações, a figura da esquizofrenia lacaniana, empregada por Jameson para caracterizar esse tempo de profundas alterações no campo da inteligibilidade moderna, é admitida como o sucedâneo de um universo paranoico. Enquanto esta última imagem sugere a figura de uma modernidade concebida a partir do reconhecimento de uma razão total, de onde tudo se origina e para a qual tudo converge, um mundo no qual qualquer mínima manifestação aponta para os significados racionais da existência, a imagem da esquizofrenia aponta para a impossibilidade da própria formação da subjetividade nos termos em que ela foi concebida pela modernidade. Assim, partindo da derivação das metáforas psicanalíticas adotadas, se a perda dos significados parece, por oposição, caracterizar o período de crise que vivemos a partir dos anos 1980, a hipersignificação teria orientado o discurso ideológico que o precedeu. A imagem de uma modernidade que caminha no sentido do progresso como sinônimo do bem e da verdade supremos, a leitura da universalidade da razão nas infinitas manifestações particulares e a convergência de movimentos isolados em consonância com o grande destino da humanidade formaram o caldo ideológico no qual tudo apontava para uma única verdade, revelada no grande fim da história universal. Nisso consistiu o ambiente mental da modernidade. Se após a crise, por um lado, temos a perda de referências, no rompimento das cadeias entre significantes e significados, por outro, apesar da crítica à condição atual, é preciso reconhecer que na modernidade e no alto modernismo a plenitude de sentidos forjada a partir de uma hipersignificação de natureza paranoica sugeria uma razão de feições totalitárias.

O ESPAÇO, A GEOGRAFIA E A METAGEOGRAFIA

A partir dos anos 1950, a forte presença do Estado na orquestração da vida e da economia parecia trazer consigo a expectativa de um total controle sobre as variáveis da história e do movimento da sociedade. O esforço para fazer valer o reinado de uma burocracia que encarnava e aplicava os princípios da razão, ao se autoproclamar a manifestação e o veículo supremos da razão, procurava, à mão de ferro, encerrar arbitrariamente a história assim como Hegel havia feito em seu sistema. Esse primeiro vacilo da temporalidade histórica trazia consigo, no bojo da ordem estática ensaiada, uma concepção de espaço adequada aos seus propósitos: um espaço que representasse o fim dos antagonismos e das contradições entendidos como elementos de uma ordem ainda imperfeita porque histórica. A posição e realização da razão na Terra deveria, por isso, produzir um espaço de acordo com o reinado da lógica, da lisura, da igualdade e da justiça supremas; em outras palavras, a imagem e a forma da perfeição de um mundo dominado e em acordo com os princípios da razão. A distribuição racional dos elementos, das funções, dos objetos e das ações é aqui o símbolo do domínio objetivado da razão, a representação da vitória da lógica sobre a história. A elaboração do plano urbanístico e a construção de Brasília talvez tenham revelado a intenção mais clara de uma racionalidade que pretendeu pôr fim à história produzindo um espaço, consagrando aí, nas suas formas, disposições e lógicas internas uma hegemonia estatista no fim do grande edifício da modernidade. O movimento de renovação da Geografia, que ocorre no pós-guerra, encontra também nesse momento um campo propício para a legitimação de uma disciplina em crise. Essa legitimidade seria buscada, aqui, no utilitarismo e na servidão da produção acadêmica aos propósitos do planejamento territorial e regional. Os vínculos da chamada *New Geography* com uma *raison d'État* são, por isso, muito explícitos e foi nesse ambiente que a Geografia quantitativa ou matricial, principalmente na sua versão norte-americana, se desenvolveu. Nesse momento, a retomada dos modelos da economia regional clássica e neoclássica privilegiava, sobretudo, o princípio fundante do equilíbrio espacial. Pressuposto e objetivo dos modelos a serem aplicados, a busca do equilíbrio e de sua representação, preconizava um espaço estático e a-histórico onde reina a razão da ordenação estatal da sociedade. Os modelos de Von Thünen, de Alfred Weber, de Christaller e de Lösch serviram de inspiração para uma vertente expressiva da produção geográfica do pós-guerra.

Aqui, a reafirmação dos princípios da economia neoclássica no âmbito da ciência espacial, ao invés de refundar o pensamento e os estudos regionais atribuindo-lhes o potencial crítico que lhes permitiria compreender o mundo para além dos pressupostos utilitaristas embutidos em toda a ciência burguesa, aniquilou pela base a tradição de uma ciência regional ainda em maturação. Os princípios pretensamente neutros, aescalares e atemporais do equilíbrio e da equivalência espaciais se superpuseram às noções, conceitos e categorias tradicionais da ciência regional anterior. A escala tradicional e a diferenciação de áreas, como elementos fundantes da região até aí, foram abandonados como critérios e princípios válidos para a delimitação e o estudo regionais. Um espaço abstrato, como pura forma, superfície ou extensão, inteiramente permutável em suas partes iguais e vazias, é o pressuposto de uma concepção que pesa no destronamento das particularidades, da história e dos conteúdos desiguais como elementos fortes da concepção regional tradicional. Uma vez que, de acordo com a tradição do pensamento regional em Geografia, a região seria o campo do específico e do particular,[1] os modelos da economia espacial podem ser tratados como a antítese da região e da ciência regional. A destituição, por essa via, do sentido dos estudos da Geografia tradicional guardava uma finalidade já conhecida no âmbito da estratégia territorial: a da proclamação do reinado da razão bem no momento de maior força do exercício da hegemonia estatista; a proclamação do fim das diferenças, das desigualdades e das contradições que movem a história; a proclamação, em suma, do próprio fim da história a partir da extensão do domínio estatista da razão sobre o espaço. Quando as diferenças foram incorporadas no escopo das análises quantitativas elas atenderam ao princípio ideológico-estratégico do equilíbrio e da homogeneidade basais. Quando não tratadas como dado inessencial, as diferenças foram situadas no campo da aparência, reafirmando o espaço plano e homogêneo como pressuposto e ponto de partida da análise e da realidade. No âmbito da Geografia Matricial ou Quantitativa, a diferença, como o antípoda do princípio vital do equilíbrio e da homogeneidade espaciais, foi frequentemente referenciada (quando isso ocorreu) na condição de um recurso expositivo, tratada como uma imagem criadora de ilusões ou como o critério normativo estabelecido pelo avesso: o elemento negativo para a demonstração do equilíbrio e da reposição do princípio da homogeneidade pressuposta. Nos modelos abstratos ou em suas aplicações, a repartição das diferenças procura reafirmar a lei geral do equilíbrio. Quando isso não ocorre, e não se verifica uma coincidência entre os elementos do modelo e os elementos da realidade, essa deve ser posta em ordem pela ação do planejamento, que deverá ajustar a realidade ao plano, aniquilando ou ordenando as diferenças.

A crítica a essa vertente do pensamento geográfico da renovação quantitativa surge, então, da percepção de que a planificação estatal estava mais atrelada à promoção das condições da acumulação numa nova etapa do capitalismo do que vinculada à aniquilação das desigualdades sociais e espaciais. Fossem nas escalas urbana e regional, fossem nas escalas nacional e mundial, a persistente desigualdade socioespacial e mesmo o aprofundamento das contradições sociais revelavam a outra face do estatismo do pós-guerra. Desse ponto de vista, a história se mantinha viva e uma vertente da chamada Geografia Ativa, pelo apego ao movimento dessa história, salvou de Hegel a dialética, como havia feito Marx e através dele. Nesse contexto, a teoria dos desenvolvimentos desiguais, de forte inspiração marxista e ancorada em alguns trabalhos de Lenin, foi retomada na base da reconstrução da Geografia. A influência da renovação francesa da Geografia no Brasil foi decisiva. A Geografia Crítica brasileira, por isso, consolidou-se nos anos 1970 e 1980 essencialmente como uma Geografia marxista.[2]

Muito da importância dessa vertente se deveu a sua atuação no campo epistemológico. A "crítica" que adjetivou essa corrente não se dirigia somente ao mundo e aos processos sociais em análise, mas, a partir das novas possibilidades criadas nesse campo, ela se voltava também, e com força, à própria disciplina, numa crítica contundente à chamada Geografia Clássica e à vertente norte-americana da renovação quantitativa. O entendimento de que a concepção de espaço trazida no bojo da Geografia Matricial norte-americana, que condizia a um espaço abstrato, sem conteúdo, sem movimento e sem história, era parte de uma estratégia de reprodução das relações sociais de produção que mais faziam aprofundar as desigualdades socioespaciais somente foi possível graças ao esforço de consolidação do aporte teórico da Geografia Crítica. Essa vertente entendeu que, por um lado, a concepção abstrata de espaço apregoada pela vertente quantitativista mascarava a desigualdade e as contradições espaciais fundamentais do regime social de acumulação vigente e que, por outro, a implementação de planos e políticas fundadas nos modelos espaciais produzidos por essa vertente representavam, no esforço que é próprio da prática do planejamento, a concretização do espaço abstrato tal qual ele figurava nos modelos e, assim, a promoção das condições de reprodução do modelo (anti) social do capitalismo administrado. O planejamento fez frequentemente *tabula rasa* do espaço social, transformando-o na abstração concreta originada dos laboratórios e das pesquisas da ciência pragmática. Esse esvaziamento dos conteúdos sociais e diferenciais do espaço por força da ação planejadora foi o resultado dos desdobramentos da concepção quantitativista e neoclássica de espaço. Todo esse movimento, num processo de inversão, no entanto, desloca a crítica à Geografia Quantitativa ou matricial do plano puramente epistemológico e exige que se reconheça que o conceito abstrato de espaço como um plano vazio se concretizou, pela via do planejamento, na vida social das cidades e na destruição dos espaços tradicionais e comunitários atingidos diretamente pela violência da planificação estatista. A produção ou reprodução do espaço pelo planejamento consiste na aniquilação da história do espaço. Assim, esse conluio entre a ciência e o planejamento removeu as barreiras representadas pela força da tradição e pela inadequação de elementos, ordenações e configurações passadas, o que serviu muito bem aos propósitos da acumulação do capital numa sorte de acumulação primitiva do espaço.[3] Trata-se aqui do reconhecimento de uma complexa estratégia de liberação de novos ou antigos espaços para a acumulação conjunta de poder e capital que se realizava na preparação de uma nova inteligibilidade temporal.

O abortamento da história nesse momento da vida social global representava, assim, tanto no plano das concepções quanto na realidade, o esforço para a eternização do capitalismo como regime de acumulação e de regulação social, ou, ao menos, a condição ligada às estratégias de reprodução mais imediata do capital.[4] Daí também essa vertente estar fundada na crítica à noção clássica e neoclássica do equilíbrio espacial, recorrentemente utilizada pela Geografia Matricial de origem norte-americana. A Geografia Crítica restituía, assim, a história como campo privilegiado do desenvolvimento social e das categorias para a interpretação das condições de vida mais atuais. O seu apego à história, enquanto foi fonte de diversos embates no interior do campo disciplinar da ciência geográfica, permitiu o avanço da produção geográfica no sentido de sua consolidação como uma ciência social crítica. O abandono do paradigma regional clássico aqui se fez em conjunto com a crítica ao pressuposto neoclássico do equilíbrio espacial. A diferenciação regional como princípio ordenador da investigação foi retomada em outros termos e isso se deveu, em grande parte, ao salto teórico representado pela concepção de que o espaço é produto da ação humana e que, assim, deve ser encarado como um elemento dinâmico da realidade social. O paradigma da produção do espaço deu coerência à adoção da noção de desenvolvimento desigual, interpretado simultaneamente como produto e condição da acumulação do capital, o que aparece aqui como parâmetro normativo para a ordenação social e para os novos estudos da Geografia Humana.

Nos anos 1980, quando a crise do Estado de inclinação keynesiana e a crise do fordismo pareciam se impor como temas e paradigmas incontornáveis nas ciências humanas, lançou-se um questionamento sobre a primazia da inteligibilidade histórica, sobre os parâmetros racionais de avaliação e condução da sociedade e, mesmo, sobre a subjetividade moderna como um dos pilares da ordem social e histórica. Os questionamentos sobre o sentido da verdade e sobre a noção de representação abalaram a objetividade científica como paradigma para a produção do conhecimento.[5] O formalismo artístico e o pós-modernismo na arquitetura reforçam a cisão entre a subjetividade e o mundo concreto tomado como exterioridade. Na análise de Fredric Jameson, essa perda da noção e da pretensão à constituição da totalidade (seja de uma totalidade contraditória, seja de uma totalidade identitária) encontra na abstração concreta efetuada pela autonomização do dinheiro numa economia financeirizada o impulso efetivo que parece dar sustentação às novas manifestações de uma consciência apartada do mundo real. Esse foi o contexto em que a fenomenologia ganhou força no discurso geográfico.

Enquanto na Filosofia os autores da corrente conhecida como pós-estruturalista ganhavam importância a partir de uma crítica radical à razão, à história e ao desprezo que a ciência e a consciência modernas demonstraram pelo corpo e pelo espaço, a Geografia Crítica não havia se separado ou formulado uma crítica ao seu apego às categorias da história e mantinha, em boa parte de suas produções, a crença no desdobramento temporo-categorial a partir do presente. Apesar da sua grande importância, a forte influência do estruturalismo althusseriano no pensamento geográfico marxista funcionou aqui como mais um fator de comprometimento da disciplina com o campo já crítico da racionalidade e da subjetividade modernas. Frequentemente, a partir daí, a Geografia Crítica foi acusada de utilizar na base de suas reflexões um autor que não trazia qualquer contribuição para o pensamento geográfico, uma vez que Marx, segundo essa perspectiva, nunca havia se referido à importância do espaço para a crítica ou para a compreensão social. Como resposta a essas acusações, muitos foram os geógrafos que se lançaram na busca do espaço e de uma Geografia nas obras de Marx. Outros, no entanto, tentaram, aceitando as premissas da crítica antimarxista, "espacializar" a teoria de Marx. A energia despendida nesse debate de pouca relevância externa (ao campo disciplinar ou acadêmico) acabou por retirar força da renovação crítica que havia se iniciado algumas décadas antes. Muitos consideram que esse movimento assumiu a dimensão de um autoboicote elaborado de forma surda por décadas no interior da corrente marxista da Geografia. Outros interpretam esse movimento como o momento de consolidação de uma trajetória que já contava três décadas. Independentemente disso, no entanto, cabe constatar que enquanto a Geografia Crítica se debatia internamente ou procurava ainda um lugar no campo da teoria social crítica, a fenomenologia ganhava força entre os geógrafos.

O contexto de valorização fenomenológica da subjetividade apareceu também como mais uma fonte de críticas que se dirigiam à Geografia marxista. Por um lado, a ampla difusão da ideia de que a Geografia e a teoria marxistas não consideravam a subjetividade (e, por isso, traziam um "olhar enviesado" da realidade), apontava um limite para a pretensão de dar um tratamento totalizante à realidade por parte dessa Geografia e teoria (pretensão estrutural e definidora da teoria e do método de Marx). Por outro, a própria segmentação entre realidade objetiva e subjetividade proposta pela fenomenologia (como num tipo de ressignificação da herança kantiana), a emergência do ambiente prático e social que dava suporte a essa perspectiva e a incapacidade de formular uma resposta adequada a essa acusação por parte das vertentes da Geografia Crítica promoveram uma polarização entre o tratamento das questões relativas à subjetividade, esperado das vertentes fenomenológicas, e a abordagem materialista, de um materialismo vulgar separado de suas condicionantes ligadas à consciência, atrelada às correntes marxistas. Essa polarização, falsa no interior do método de Marx, constituiu a forma mais difundida de reconhecimento do embate entre o materialismo e a fenomenologia, ajudando a promover a esterilização da proposta marxista, elaborada no bojo da Geografia Crítica do pós-guerra, em muitas de suas vertentes.

O reconhecimento dos elementos implicados na crise da historicidade associados a uma perspectiva crítica e radical com relação à própria história e seu sentido estão na base da reelaboração do pensamento contemporâneo de uma parte da Geografia. Esse movimento, no entanto, não se faz com a segmentação entre as diferentes perspectivas críticas apresentadas até aqui, mas também não se faz por meio de uma adição simples, como se essas propostas fossem complementares e não contraditórias.

O ambiente intelectual do pós-estruturalismo e das *Geografias Pós-modernas*, das quais fala Edward Soja, traz de Nietzsche uma crítica radical e total à história e à razão. No entendimento de Henri Lefebvre, é possível extrair do pensamento nietzschiano a proposta de abandono e ultrapassagem da história e da condição das sociedades históricas. Trata-se de um tipo de superação não dialética da história (*überwinden*) que se opõe à superação hegelo-marxista (*aufheben*). Essa superação nietzschiana (*überwindung*), que em nenhum aspecto pode ser considerada conservadora, "joga fora" o que a precedeu e parte para um registro que se elabora numa relação de independência com o que lhe veio antes ou está ao seu lado. Assim, essa proposta traz no método aquilo que adota como seu objeto, conteúdo ou propósito: ela abandona como forma e como conteúdo a inteligibilidade histórica do progresso, da razão e do espírito. Não se trata de uma perspectiva apegada aos desdobramentos internos do movimento, o qual ela quer abandonar. Ela traz, assim, uma orientação para a prática e para a crítica totais. Dessa perspectiva, inspirada na filosofia nietzschiana e no desajuste da oposição entre o apolíneo (razão, serenidade e sobriedade) e o dionisíaco (as paixões, a dança, a embriaguês e a loucura), recupera-se o corpo, o desejo e o espaço constrangidos e encobertos pela racionalidade histórica do progresso e da elevação espirituais.

Essa retomada da filosofia nietzschiana vem embalada pelas rupturas históricas que ocorreram no fim do século XX e pontua uma nova perspectiva para a crítica social e para o papel da Geografia. No entanto, no pensamento de Lefebvre ela ganha importância diante de outras perspectivas, que extraem de Hegel a compreensão sobre o papel e o lugar do Estado (a partir do horizonte lógico-filosófico e político de finalização da história) e de Marx a crítica à reprodução do capital e do próprio exercício do poder burocrático na determinação da vida (entendendo a crise como o conteúdo substancial do exercício dessa crítica). Assim, a dialética lefebvriana elaborada para compreender a dinâmica social, do poder e do capital a partir do fim do século XX traz uma marca muito particular. O terceiro termo aqui não é o resultado ou a síntese dos dois termos anteriores e nem deriva de suas contradições. Ele é também um termo atuante nessa dialética triádica. É como se se tentasse "dialetizar" a relação entre a dialética anterior, aqui representada pela relação entre Marx e Hegel, e a presença do terceiro termo, representado aqui pela perspectiva nietzschiana. É possível extrair um movimento correspondente do livro *Lógica formal-lógica dialética* (principalmente a partir do prefácio escrito para a segunda edição, mais de vinte anos após seu lançamento, em 1969).[6] A possibilidade, ou mesmo o projeto, de se compreender a dialética como lógica sugere um terceiro termo na relação entre o movimento (dialético) do conteúdo (do mundo e da história) e a lógica formal, principalmente quando esta tende ao isolamento hipostasiado e abstrato do formalismo. Na Geografia, essa possibilidade promoveu as condições de uma crítica radical da Geografia Quantitativa que supera o campo do debate epistemológico e invade as profundezas críticas do real. Essa crítica apresenta-se já no reconhecimento da noção de espaço abstrato não somente como um desvio ideológico ou uma barreira à compreensão da complexidade dos processos envolvidos na dinâmica de produção do espaço, mas como um elemento estratégico que ultrapassa o universo da consciência e o campo epistemológico. Ao compreender que a abstração contida numa concepção de espaço (concepção na qual ele é meramente continente ou uma extensão alheia aos seus conteúdos: um plano cartesiano, portanto) se realiza pela via do planejamento, aniquilando os conteúdos pretéritos e históricos desse espaço e promovendo as condições da reprodução social do capital, põe-se a exigência de confronto (dialético) entre uma lógica formal que se define com respeito ao espaço e a própria dialética que compreende os conteúdos do espaço social. Essa relação dialética, nascida da contradição entre lógicas (lógica formal e lógica dialética) que se desenrola para além do campo epistêmico e como um dado da realidade, contém o projeto lefebvriano que ultrapassa uma apreensão convencional da própria dialética moderna. A dialética entre a lógica formal e a lógica dialética é aqui, nessas condições, o terceiro termo da tríade. Mas esse projeto somente encontra a possibilidade de avanço em direção a uma crítica radical da história e da historicidade, que é aqui o elemento que torna concreto o projeto da superação lefebvriana e, ao mesmo tempo, constitui a base do programa da metageografia, a partir das categorias encontradas em outros momentos da obra de Henri Lefebvre. Logo, o encontro da Geografia com as categorias críticas do cotidiano, da reprodução social, do projeto metafilosófico, da crítica ao Estado, da sociedade burocrática de consumo dirigido, da sociedade urbana entre outros constituiu o campo de superação da renovação crítica da segunda metade do século XX. Essas categorias permitiram à Geografia compreender o planejamento e a ciência espacial pragmática não somente como promotoras de um processo de acumulação primitiva que destrona os velhos conteúdos tradicionais do espaço em nome da acumulação de capital, mas como parte de uma estratégia contínua de valorização que articula Estado e capital em torno de uma dinâmica de reprodução do espaço; uma dinâmica a partir da qual não somente os espaços ainda não capitalistas tornam-se alvos da ação higienizadora do planejamento, mas também os espaços já atingidos e consolidados por configurações tipicamente capitalistas em ciclos anteriores de valorização. A reiteração aparentemente ilimitada de um processo de esvaziamento estratégico do espaço, segundo o qual a destruição e a aniquilação dos conteúdos sociais e históricos do espaço como condição reposta da acumulação sugere sempre um reinício a partir do zero, incide sobre a validade dos esquemas evolutivos e repõe uma temporalidade mais cíclica (repetitiva) do que linear e em progresso. A observação da reposição desenfreada dessa estratégia sugere, mesmo, uma inteligibilidade não histórica e temporalmente não cumulativa. Nisso consiste uma diferença entre produção e reprodução do espaço como dado crucial para a compreensão da necessidade das metageografias. A passagem do registro da produção à reprodução do espaço compreende, no campo do real, a crise da inteligibilidade histórica e, no campo da crítica, a superação da historicidade como eixo exclusivo do conhecimento radical, mesmo no que se refere à crítica ao planejamento e à ciência espacial pragmática. A noção de reprodução potencializa, assim, a crítica ao papel estratégico do conceito abstrato de espaço. A perspectiva da reprodução, que se torna parte importante do instrumental teórico para a observação da ruptura com a inteligibilidade moderna da temporalidade histórica, também permite deslocar o debate a respeito da relação entre a lógica formal e a lógica dialética a propósito do espaço (o que, mais tarde, poderá ser identificado aos termos da abstração concreta) para o campo da crítica à história e à historicidade.

A crise da historicidade e do horizonte de expectativas da modernidade inibiu algumas perspectivas mais fortemente apegadas ao campo de desenvolvimento da filosofia da história. O reconhecimento da circularidade e da reposição das estratégias ligadas à reprodução social (incluindo aqui a reprodução do espaço urbano) reduziu as expectativas de transformação revolucionária associadas às visões que apostavam quase exclusivamente nos desdobramentos imanentes da própria história. Logo, essa teoria, na medida em que não abandona o posicionamento crítico, deve situar melhor o papel da práxis e da ação política para além do domínio de uma filosofia da história. Ao mesmo tempo, a perspectiva nietzschiana permitia aqui, em sua relação com a dialética de Marx e Hegel, essa operação em direção a uma crítica radical e total apontando não só para uma superação histórica da própria história, mas para a necessidade de consideração de uma superação não dialética (um abandono) da própria história e da historicidade. Aqui reside o reconhecimento da atuação de forças sociais apagadas no curso de racionalização do mundo, reprimidas pela história e pelo logos ocidental. As paixões, as pulsões, o corpo e o espaço não somente como elementos atrelados à lógica da reprodução do capital, mas como realidades da vida, voltam com força dionisíaca. Assim, aqui reside também uma abertura para a prática de outra natureza. A perspectiva crítica posta desde o fim do século XX para a Geografia se liberta da rigidez da lógica comprometida com os desdobramentos racionais e imanentes da história e se abre para o possível/impossível (embutidos na possibilidade de uma superação da totalidade histórica da Razão por uma totalidade que aponte para a prática como superação da história). Talvez esteja aqui também um dos sentidos daquilo que Ana Fani Alessandri Carlos tem perseguido com título de Metageografia. Uma Geografia Crítica e Radical deve levar em conta também uma crítica à Geografia que aceita os parâmetros normativos vigentes como critérios para a reflexão crítica. A componente utópica nesse projeto é determinante.

Do ponto de vista do diagnóstico e da interpretação da realidade, as categorias apontam para um contexto de reforço da necessidade de um projeto prático-teórico que considere essas exigências. Se a preponderância do tempo sobre o espaço marcou a produção crítica até este último capítulo das ciências humanas, é chegada a hora do reconhecimento de que as coações, as contradições e os constrangimentos de todas as ordens se realizam no e pelo espaço e que, portanto, a produção do espaço constitui o interesse dessas disciplinas. Esse reconhecimento envolve, por sua vez, os novos sentidos da produção do conhecimento geográfico. Se a crise da historicidade vem a par com a crise dos padrões e da inteligibilidade da sociedade industrial, é no urbano que se constituem os novos mecanismos coativos e coercitivos. A dissolução do proletariado como classe revolucionária transfere também para o urbano o campo onde serão travadas as lutas sociais e onde serão elaboradas as novas utopias revolucionárias. Como outro elemento da ruptura com os paradigmas da modernidade histórica associado ao urbano, o cotidiano se elabora como esfera das coações, da reprodução e da criatividade na elaboração de um novo projeto de sociedade. A passagem do registro da produção, tipicamente vinculado ao campo histórico da industrialização, ao registro da reprodução, que sugere outro campo de inteligibilidade temporal saído por rompimento da inteligibilidade histórica, pontua o espaço, e não o tempo, como elemento forte a partir dos quais se exercem o domínio do Estado e a exploração capitalista.

Por fim, vale a menção de que muitas Geografias contemporâneas contribuem sobremaneira ou mesmo já fazem parte daquilo que vem sendo entendido aqui como o campo da metageografia. Ao mesmo tempo que se elabora como projeto, um movimento silencioso exigido pelas condições materiais colocou no trilho da metageografia muitas produções de diversos geógrafos e grupos de pesquisa espalhados, sobretudo, pelo Brasil.

NOTAS

1 Para não ficarmos exclusivamente com o material que as monografias regionais de inspiração na vertente francesa originada por Paul Vidal de la Blache por si só já nos oferecem, que se normalizaram no campo disciplinar da Geografia, podemos lembrar, entre outros, do papel de Karl Ritter, a partir de sua Geografia geral comparada, e de Alfred Hettner, na busca dos objetivos da disciplina geográfica, para a consolidação de um entendimento da diferenciação do espaço, das áreas ou da superfície terrestre como fundamento da clássica concepção de região.

2 Talvez aqui, o caráter introvertido de boa parte da Geografia Crítica brasileira se deva às condições internas sobre as quais se assentaram o crescimento econômico e os processos de formação do Estado, enquanto nos países centrais, e sobretudo na França, berço da nova tendência crítica da Geografia, o caráter mais extrovertido da produção acadêmica nesse âmbito talvez se deva ao relativo sucesso na constituição de um Estado de bem-estar social, o que punha em destaque a desigualdade no plano internacional.

[3] Cf. Damiani, 2004.

[4] Boa parte dessa crítica somente foi possível graças ao trabalho do grupo de professores e pesquisadores do laboratório de Geografia Urbana da USP (Labur) realizado nas décadas de 1990 e 2000. Arriscaria a dizer, mesmo, que se a metageografia parte de uma crítica que é simultaneamente epistemológica e prática, e se consubstancializa na relação dialética entre esses termos, um de seus fundamentos pode ser localizado aí, identificando nos trabalhos do Labur, desde esse momento, uma propensão à superação da chamada Geografia Crítica. Isso significa que parte dessa crítica que se desenvolve a partir da concepção lefebvriana da "abstração concreta" talvez devesse estar localizada no texto em uma parte de maior destaque e separada do bloco em que se põe em questão a análise da Geografia Crítica. Mas como o aspecto de maior interesse para a observação da metageografia aqui constitui a sua relação com a ordem do tempo, preferi manter o potencial crítico desse momento atrelado ainda ao escopo da Geografia Crítica, já que nela tem sua origem e a complementa.

[5] Boaventura de Souza Santos, em *Um discurso sobre as ciências na transição para uma ciência pós-moderna*, menciona o destaque que o autor de *O fim das certezas*, o químico Ilya Prigogine, recebe nesse momento em função de seu alinhamento com a crise que se anuncia com relação aos paradigmas modernos da ciência.

[6] Esse livro foi geralmente mal compreendido e interpretado como uma péssima compreensão da dialética marxiana. A proposta teórica e metodológica de Lefebvre no livro não foi, como pensaram muitos, compreender ou apresentar a dialética marxista, ou algo que equivocadamente ele teria chamado de lógica dialética, em oposição à lógica formal. Esse entendimento foi a razão pela qual, injustamente, Henri Lefebvre recebeu frequentes críticas por ter tratado a dialética como lógica e, portanto, como operação mental. Cabia em sua perspectiva, sem abandonar o método de Marx, a proposição de uma superação da dialética moderna, entendendo que haveria, para além da dinâmica compreendida no interior do movimento dialético como o entendido até então, uma dialética, em seus termos, entre este e a lógica formal.

BIBLIOGRAFIA

ADORNO, T.; HORKHEIMER, M. *Dialética do Esclarecimento*. Rio de Janeiro: Jorge Zahar, 1985.

BATAILLE, G. *A parte maldita*. Rio de Janeiro: Imago, 1975.

BENJAMIN, W. *Obras escolhidas:* magia e técnica, arte e política. São Paulo: Brasiliense, 1985.

CARLOS, A. F. A. *A condição espacial*. São Paulo: Contexto, 2011.

DAMIANI, A. "A propósito do espaço e do urbano: algumas hipóteses". In: *Cidades*. v. 1, n. 1. Presidente Prudente: GEU, 2004, pp. 79-95.

DEBORD, G. *A sociedade do espetáculo*. Rio de Janeiro: Contraponto, 1997.

HABERMAS, J. *O discurso filosófico da Modernidade*. São Paulo: Martins Fontes, 2000.

HARVEY, D. *A condição pós-moderna*. São Paulo: Loyola, 1994.

HEGEL, G. W. F. *A razão na História:* introdução à filosofia da história universal. Lisboa: Edições 70, 1995.

HEIDEGGER, M. "L'époque des conceptions du monde". In: _____. *Chemins qui ne mènent nulle part*. Paris: Gallimard, 1962, pp. 99-146.

JAMESON, F. *Pós-modernismo:* a lógica cultural do capitalismo tardio. São Paulo: Ática, 2002.

_____. "O tijolo e o balão". In: _____. *A cultura do dinheiro*. São Paulo: Vozes, 2001, pp. 173-206.

LEFEBVRE, H. *De l'Etat*. Paris: Union Générale d'Editions, 1977.

_____. *O fim da história*. Lisboa: Dom Quixote, 1971.

_____. *Lógica formal/lógica dialética*. Rio de Janeiro: Civilização Brasileira, 1995.

_____. *La production de L'espace*. Paris: Éditions Anthropos, 1974.

_____. *A reprodução das relações sociais de produção*. Porto: Publicações Escorpião, 1973.

NIETZSCHE, F. *O nascimento da tragédia*. São Paulo: Companhia das Letras, 1992.

SANTOS, B. S. "Um discurso sobre as ciências na transição para uma ciência pós-moderna". In: *Estudos Avançados*, São Paulo, v. 2, n. 2, ago. 1988. Disponível em: <http://www.scielo.br/scielo.php?script=sci_arttext&pid=S0103>. Acesso em: 20 jan. 2008.

SOJA, E. W. *Geografias pós-modernas:* a reafirmação do espaço na teoria social crítica. Rio de Janeiro: Jorge Zahar, 1993.

A VIOLÊNCIA DO PROCESSO DE URBANIZAÇÃO

Renata Alves Sampaio

O plano da investigação teórica coloca necessidades que estão intimamente relacionadas ao que nos instiga, nos incomoda, nos tensiona, nos surpreende ou nos deixa maravilhados a respeito do mundo e da sociedade em que vivemos. Desde o início do nosso percurso acadêmico, propusemo-nos ao desafio de refletir sobre um desses aspectos da vida social que há muito tempo nos suscitava indagações, despertando, assim, um interesse particular de pesquisa: referimo-nos, especificamente, à questão da *violência*. Tínhamos em mente que a *violência* – ainda como uma questão geral (e genérica) – era a temática que mais nos instigava e que mais nos colocava problemas à análise da sociedade. Mas, a abrangência e a complexidade próprias a esse tema geral e os limites internos e característicos de uma pesquisa colocaram dificuldades importantes à análise que tinha como horizonte desvendar os conteúdos desse "objeto" de estudo.

Paralelamente ao nosso interesse sobre a temática da violência, as questões sobre a cidade e o urbano passaram a ressignificar as nossas preocupações originais a propósito da violência. Desse movimento do pensamento que começa a estabelecer relações e nexos importantes, passamos a considerar um recorte possível de pesquisa. Assim, centramos nossa investigação em uma das problemáticas relacionadas à violência que mais amplamente se coloca em discussão e que pode ser sintetizada sob o nome de "*violência urbana*". Essa temática, muito presente na imaginação das pessoas e fortemente ligada a uma representação que se tem da vida nas grandes cidades, revelava uma potência analítica e, ao mesmo tempo, se apresentava de forma turva, obscurecida pelas inúmeras opiniões não fundamentadas, análises pouco explicativas, notícias muitas vezes preconceituosas que conseguiam deixar, do nosso ponto de vista, um tema rico e complexo bastante confuso, quase ininteligível. Dessa preocupação – que é nossa e ao mesmo tempo de qualquer outro morador que vive abstrata e concretamente os "dramas" enredados pela experiência da vida urbana –, a violência, na sua relação com as questões relativas à cidade e ao urbano, se insinuou à investigação assumindo conteúdos.

Cabe enfatizar, todavia, que a intenção da pesquisa tinha como ponto de partida um reconhecimento: o da pertinência da noção de violência urbana para o entendimento dos conteúdos da problemática urbana que se anunciam no mundo moderno. Mas o movimento da pesquisa e o movimento do pensamento (que é vivo e aberto) nos colocaram problemas. Isso porque havia uma questão central que parecia colocar problemas ao desenvolvimento de respostas às nossas perguntas. A descoberta de uma intimidade específica entre as noções de violência urbana e criminalidade – que não chega a constituir um problema em si, de forma alguma – pareceu aos nossos olhos um limite importante ao desenvolvimento de uma reflexão crítica sobre a problemática urbana.

Assim, o pensamento assumiu um movimento importante: trata-se do movimento que vai do reconhecimento da *pertinência* da noção de violência urbana em direção ao reconhecimento de sua *insuficiência* como uma noção capaz de responder às nossas perguntas específicas sobre as questões urbanas, inclusive sobre o processo de urbanização das cidades.[1] Quando o reconhecimento dessa insuficiência se coloca claramente ao pensamento, o próprio objeto se mobiliza. Posto que nossas perguntas essenciais sobre a sociedade e sobre as questões urbanas que a envolvem diretamente não puderam ser suficientemente respondidas a partir da noção de violência urbana, uma inversão analítica se pôs como necessidade.

A INSUFICIÊNCIA DA NOÇÃO DE VIOLÊNCIA URBANA: UMA INVERSÃO ANALÍTICA

Pensar sobre a violência, a partir de uma relação com a problemática urbana,[2] só começou a fazer sentido para nós quando passamos a considerá-la numa articulação importante com os processos de produção do espaço urbano e de reprodução das relações sociais. Porém, quando estabelecemos essas relações fundamentais, a análise sobre a violência, tal como a pressupomos de início, teve de se colocar a partir de uma inversão: ao invés da reflexão sobre os sentidos e os conteúdos daquilo que se compreende como violência urbana, passamos a considerar objeto de reflexão teórica o processo de urbanização capitalista como um processo essencialmente violento.

Obviamente, todas as dificuldades se colocaram, a começar pelo desafio analítico relativo ao desvendamento dos conteúdos e fundamentos do processo de urbanização em toda a sua complexidade. Temos a clareza de que uma violência relativa e intrínseca ao processo de urbanização capitalista poderia ser esmiuçada a partir de inúmeros ângulos. Neste capítulo, selecionamos apenas duas "vias de entrada", insuficientes certamente, mas decisivas, a nosso ver, para a elaboração do raciocínio que sustenta a nossa hipótese, segundo a qual o processo de urbanização capitalista é, em essência, um processo fundamentado, entre outras coisas, pela violência.

Diante dessas premissas, procuramos, num primeiro momento, desvelar como o movimento de instituição da propriedade privada capitalista – fundamento do processo de urbanização – realiza um dos sentidos de sua violência.[3] Num segundo momento, procuramos destacar o papel do Estado no processo de urbanização capitalista. Propomo-nos ao desafio de compreender de que forma o urbanismo (ou pelo menos a sua forma estatal assumida pelo planejamento urbano), ao se relacionar intimamente com a produção do espaço urbano e com a reprodução das relações de troca, repõe, ao nível da vida cotidiana e por meio do processo de urbanização, o sentido da violência que fundamenta a sociabilidade capitalista.

É importante salientar ao leitor que a reflexão proposta não culminará num conceito de violência, de violência urbana ou de violência da urbanização. O nosso desafio foi colocar o pensamento em movimento, que ao refletir sobre alguns conteúdos fundamentais do processo de urbanização se pôs a pensar, simultaneamente, sobre a violência como categoria reveladora dos fundamentos da reprodução capitalista. Nossa intenção não é, entretanto, reduzir o processo de urbanização apenas à sua dimensão violenta, mas descobrir e revelar que ela é um de seus conteúdos identitários. Isso só foi possível, segundo nosso ponto de vista, a partir de uma reflexão que se propôs crítica a essa sociedade que tenta pacificar, a todo custo, os seus conteúdos imanentemente violentos.

Violência como reprodução das relações de propriedade: reflexões sobre a relação entre propriedade privada, expropriação, segregação e violência

Por mais que o capitalismo, e com ele um processo de urbanização que incorpora sua lógica e racionalidade, não se sustentasse somente "a ferro e fogo", apenas na base "do chicote" – como se diz, precisando aderir a si mesmo a imagem da "mão que também acaricia" e, portanto, comportando uma imagem e uma ideologia conciliadora, ele não poderia, contudo, renunciar completamente a seu conteúdo identitário de tirania, opressão e violência.

O desenvolvimento do capitalismo remonta a dois processos necessários e simultâneos: a instituição da propriedade privada (capitalista) e a expropriação dos meios de produção. Esses processos simultâneos irão compor a relação de necessidade fundamental ao desenvolvimento capitalista: formar, ao mesmo tempo, a propriedade privada e a não propriedade, já que a instituição da figura do proprietário só existe na relação essencial e negativa com a do não proprietário.[4] Esses não são apenas processos dentre muitos a propósito da formação do capital e do capitalismo; são os processos que dão fundamento e identidade ao modo de produção capitalista, sendo, por isso mesmo, sempre retomados (lógica ou historicamente). Essa contradição que fundamenta o referido modo de produção nos permite anunciar que os momentos de formação/instituição da propriedade privada foram/são momentos indispensáveis de expropriação, cuja violência está pressuposta pelo caráter próprio do processo. Marx,[5] no capítulo "A assim chamada acumulação primitiva", expõe, com crueza e radicalidade, de que maneira a formação histórica ou o surgimento de uma "relação-capital" só pôde ser possível pela extrema violência que caracterizou esse processo simultâneo de instituição da propriedade privada capitalista seguida da expropriação massiva dos meios de produção das mãos da maioria da população.

A acumulação e a reprodução capitalista vão se realizar pela formação e reprodução da propriedade privada, donde a propriedade privada *da terra* vai adquirir centralidade na medida em que se incorporar à totalidade do processo de produção capitalista,[6] sendo, portanto, a "acumulação imobiliária parte integrante" da acumulação capitalista.[7]

Queremos com essas considerações apontar para as seguintes relações de necessidade no capitalismo: propriedade privada/expropriação/violência. A instituição da propriedade privada dos meios de produção e da terra (que se insere no movimento geral da produção capitalista), instituiu legalmente o domínio sobre a posse (o que equivale ao domínio dos meios de produção, mas também da propriedade fundiária e da riqueza social), e colocou a expropriação de uma parcela imensa da população como resultado lógico e histórico inevitável do processo. Essa expropriação não pode se realizar e se identificar senão pela violência. A violência reside não exatamente e somente nos meios e métodos empregados em tal empreitada, mas em todos os danos sociais, econômicos e políticos daí decorrentes. Desse modo, tal expropriação significou a impossibilidade da apropriação da riqueza socialmente produzida, mas também da fruição integral do tempo e do espaço da vida social.

O processo de urbanização, tributário do processo de industrialização e de sua racionalidade correspondente, não pôde prescindir dos fundamentos lógicos e contraditórios que dão identidade ao capitalismo, uma vez que se realizou historicamente como condição da reprodução do capital. Nesse sentido, efetivou-se não somente valendo-se, de tais fundamentos como também reproduzindo-os. Assim como já acontecera no campo, incorporou o elemento fundiário, não como um bem natural disponível para a reprodução da vida, mas em sua dimensão acumulativa. De mãos dadas com um sistema jurídico que procura garantir o funcionamento crítico do modo de produção, a partir de determinações legais que instituem a propriedade privada, o processo de urbanização congregou a metamorfose necessária da terra em bem produzível, comercializável, portanto inserido no circuito produtivo, permitindo a acumulação de capital. O que nos leva novamente a considerar o imbricamento dos elementos fundantes e fundamentais do capitalismo com os fundamentos da urbanização e do processo de produção do espaço.

Por essa razão, a instituição e a reprodução da lógica da propriedade privada da terra (e também da riqueza) não podem, a nosso ver, ser consideradas em uma relação contingencial com o processo de urbanização, visto que essa lógica se impõe como fundamento deste processo.

A instituição da propriedade privada dos meios de produção, portanto, expropriou os trabalhadores e os colocou numa relação desigual no que se refere à apropriação da riqueza social; riqueza que no capitalismo "aparece como uma 'imensa coleção de mercadorias'".[8] O espaço, incorporado no circuito da troca, fragmentado em parcelas comercializáveis, adquirindo forma e função de mercadoria, portanto incorporando a contradição essencial da mercadoria que é ter valor de uso e valor de troca, e logicamente um preço (como expressão do valor), sob a urbanização capitalista vai consequentemente ser apropriado de forma desigual pelos indivíduos que possuem acesso radicalmente diferente ao soberano equivalente geral de nossa sociedade: o dinheiro.

No entanto, como o espaço não pode ser igualado a qualquer mercadoria dispensável, já que é "meio e condição" de reprodução da vida,[9] sua apropriação enquanto posse será realizada mesmo que rompendo as determinações postas pela troca. Mesmo aquele que, no conjunto social, se define como incapaz de comprar a mercadoria casa/terreno, propriedade imobiliária, deverá ser capaz de morar e, assim, ocupar um espaço, mesmo que para isso seja necessário romper o domínio, que dá a legalidade e a efetividade da propriedade privada da terra.

Esse é o caminho que nos leva a outra relação de necessidade diferente da apontada anteriormente, mas que a pressupõe: trata-se da relação entre instituição da propriedade privada/expropriação/segregação (da qual a espacial é parte integrante).

Somente nesse sentido, procurando estabelecer relações essenciais (estruturais), conseguimos esboçar e apontar uma direção ao estudo da segregação socioespacial. A compreensão do processo de segregação socioespacial deverá, para os nossos objetivos analíticos, acompanhar o entendimento tanto da centralidade da instituição da propriedade privada da terra e da riqueza no movimento geral da urbanização capitalista da metrópole, quanto o sentido lógico da expropriação que lhe é correspondente. Assim, exclui-se a possibilidade de pensar na segregação socioespacial como consequência de erros operacionais e contingenciais do processo de urbanização ou como resultado de escolhas subjetivas dos indivíduos na sua relação com a metrópole, fazendo esboroar, por exemplo, a interpretação de que a segregação é um fenômeno resultante de escolhas individuais induzidas ou legitimadas pelo medo da criminalidade. A segregação socioespacial aparece a nós, portanto, na sua dimensão radical: como condição e fundamento da realização da propriedade privada da terra e da urbanização capitalista; como manifestação e resultado da violência que é própria ao processo de urbanização capitalista, que, ao não abdicar da lógica da propriedade privada capitalista como seu fundamento, repõe a expropriação e a separação como seus resultados dramáticos.

Violência como reprodução das relações de troca: reflexões sobre o Estado e o planejamento urbano (ou o urbanismo estatista)

De imediato, já podemos prever que a associação das expressões *planejamento urbano* e *violência* pode causar estranhamento. Isso porque se disseminou entre nós, citadinos, bem como no meio acadêmico, uma expectativa relativamente forte em relação ao planejamento urbano; expectativa que remete à solução (parcial ou total) de toda sorte de problemas concernentes às cidades (especialmente as grandes). Anuncia-se, assim, uma espécie de consenso que projeta e afirma o sentido positivo do planejamento urbano e do urbanismo. A partir dessa perspectiva (positiva), a relação mais provável entre as expressões *"planejamento"* e *"violência"* seria aquela que deposita sobre o planejamento urbano a esperança de que ele pudesse vir a ser uma das mais importantes ferramentas de combate à criminalidade. Nosso argumento, entretanto, passará ao largo de semelhantes considerações.[10]

Segundo Flávio Villaça,[11] desde a década de 1930 "vem-se desenvolvendo no Brasil uma visão do mundo urbano segundo a qual os problemas que crescentemente se manifestam nas cidades são causados pelo seu crescimento caótico – sem planejamento – e que um planejamento 'integrado' ou 'de conjunto', segundo técnicas e métodos bem definidos, seria indispensável para solucioná-los".[12] Se a cidade assume a imagem do caos, causador do profundo mal-estar que sugere e que demanda a entrada em ação de um princípio ordenador sobre o espaço urbano, o plano, o projeto, adquirem a figura da salvação invocada diante do que é percebido como desajuste, perigo, desordenamento, descontrole, desequilíbrio, iminência do regresso. A aderência ideológica das imagens relativas ao planejamento à noção de progresso contribui para a falsificação da realidade que "produz a ilusão de [a sociedade] desenvolver-se para cima e, no fundo, permanece sendo o que era".[13]

No entanto, refletir sobre o processo de urbanização a partir de nossa tese central nos remete a algumas perguntas: por que com todo conhecimento e técnica desenvolvidos não se constituíram cidades voltadas efetivamente ao atendimento das reais necessidades sociais? Por que o urbanismo, mesmo com toda demanda e propaganda, não foi, apesar da pretensão, nem conhecimento, nem técnica, nem política capaz, de um lado, resolver os problemas da cidade e da vida urbana, e de outro, ser um/o instrumento ideal de pacificação de um processo que se efetua violentamente? A crítica lefebvriana ao urbanismo nos ajudou a tatear algumas respostas teóricas para as nossas perguntas, dentre as quais já adiantamos que apenas fetichistamente é possível conceber o urbanismo, incluindo o planejamento urbano, como conhecimento técnico-científico capaz de atuar na contenção de um processo de urbanização produtor de toda sorte de constrangimentos verificados ao nível da vida cotidiana.[14]

Oficialmente, diz Lefebvre, *o urbanismo* "se define como sendo a atividade que 'traça a ordenação dos estabelecimentos humanos no território com traços de pedra, cimento e metal'".[15] Ideologia referente ao espaço urbano, essa atividade encerra uma prática. Aparentemente técnica e científica, tal prática é essencialmente política, comportando um duplo aspecto: o institucional e o ideológico.

Ainda que seja possível dissecar diferentes facetas do urbanismo,[16] neste capítulo nos interessa particularmente pensá-lo a partir de uma de suas relações essenciais: a *relação com o Estado* (e o político) – o que certamente demandará considerar o econômico e o social. Se acreditamos ser pertinente propor uma inversão analítica que considere a violência do processo de urbanização, e se vislumbramos o urbanismo como uma das chaves para o entendimento deste mesmo processo, ressaltamos, por sua vez, que o exame crítico encontrou seu próprio discernimento na investigação de sua relação específica com o Estado.

A referência comum sobre a manifestação mais explícita do poder do Estado é aquela que centra o foco de atenção sobre o papel da polícia, da Justiça (do sistema jurídico) e do exército; não sem razão. Isso porque essas instituições, se assim podemos dizer, cumprem os papéis que mais obviamente dão sentido àquilo que constitui uma das definições de Estado que se consolidou no interior do pensamento político ocidental, em grande parte tributário do pensamento de Max Weber,[17] para quem o Estado Moderno é, por excelência, a entidade que se define por deter o "monopólio do uso legítimo da força física dentro de um determinado território".[18] Se, por acaso, o direito de se utilizar da força física, da coerção e do poder é atribuído a alguma instituição ou pessoa, isso se realiza apenas na medida em que o Estado o permite, uma vez que o Estado é, para Weber, "considerado como a única fonte do direito de usar a violência".[19] A questão pertinente aqui se refere ao fato de que, se o monopólio do uso da força física é exercido real e essencialmente pela polícia e pelo exército, legitimados por uma estrutura normativa, constitucional, que coloca em cena o papel complementar do sistema de justiça na efetivação desse monopólio, pode-se dizer, no entanto, que a centralidade de tais instituições embota outro conjunto de fatos profundamente relevante: o de que o exercício do poder, da coerção, do papel repressivo do Estado e, aliado a isso, a produção de um número significativo de danos sociais – que inviabiliza a concretização daquilo que se chama de sociedade democrática –, são também efetivados por meio de outras instituições político-administrativas e organizações burocráticas da estrutura do Estado. Foi assim que, no seio de nossas preocupações específicas, a condução do pensamento a tal raciocínio nos permitiu ampliar o horizonte e considerar *a via por meio da qual o processo de urbanização se institucionaliza politicamente* e atua, por sua vez, como uma das mediações para o exercício do poder do Estado, que vem acompanhado do uso de seus correspondentes, como a coerção, a dominação, a repressão, a ordenação, cuja consequência lógica – o plano dos danos – pode caracterizar, em parte, o conteúdo de violência do próprio processo de urbanização. Falamos do *urbanismo*, ou aqui mais especificamente de sua face estatal: o *planejamento urbano*.

Se intuímos que o urbanismo – institucionalizado, portanto, adquirindo uma aderência lógico/prática com o Estado e a racionalidade que lhe é correspondente – é uma das mediações pelas quais a violência do processo de urbanização se efetua, a investigação que nos parece mais adequada é aquela que tenta apreender, entre outras coisas, o entrelaçamento do urbanismo com o Estado, bem como o âmbito das características e problemas *estruturais* do Estado que nos impedem de considerar sua aproximação com o poder e a violência, como dependentes de um contexto (econômico, político, social) ou mesmo de um arranjo conjuntural específico.

Uma reconstituição da história do planejamento urbano no Brasil poderia nos conduzir a evidências comprováveis empiricamente de que o processo de urbanização, especialmente das grandes cidades, foi marcado por uma grande desigualdade espacial, situação interpretada por muitos autores[20] a partir do poder de influência das classes dominantes em instrumentalizar o Estado (responsável por excelência desse planejamento), em benefício de seus próprios interesses. A concentração de infraestruturas urbanas em determinadas áreas das cidades, notadamente as áreas ocupadas pela população mais rica, poderia nos oferecer uma prova do grau de aparelhamento das elites econômicas no seio de um Estado reduzido à condição de instrumento da dominação de classe. Na verdade, a análise da relação de complementaridade entre o político e o econômico em qualquer Estado capitalista nos ofereceria exemplos práticos, e não só no que se refere ao planejamento, de que as decisões políticas em todos os níveis são orientadas em favor dos interesses privados de valorização *capitalista*; o que fez com que muitos identificassem aí o caráter classista do Estado.

O problema dessa perspectiva não consiste exatamente no fato de que os vínculos entre o econômico e o político se realizam primordialmente em detrimento do político, ou mesmo no fato de que o Estado possuiria um caráter de classe. A questão que nos instiga mais particularmente pode ser resumida pela ideia de que por trás dessa linha de argumentação reside o que Claus Offe denomina como "pressuposto implícito de neutralidade estatal",[21] ou seja, uma concepção segundo a qual o Estado, de acordo com a sua estrutura interna, "poderia em princípio ser utilizado para a realização de outros interesses".[22] Isso significaria conceber a possibilidade (sempre potencial) de o Estado (capitalista) ser apropriado politicamente pela classe dominada[23] e/ou em proveito de suas demandas, de onde se concluiria que a crítica necessária ao Estado consiste essencialmente na avaliação da perversidade resultante do aparelhamento do arranjo institucional estatal pela classe dominante que, ao penetrar e influenciar decisivamente a estrutura política, estabelece propriamente o caráter do Estado.

Para nós, o problema apareceria da seguinte maneira: se há uma violência que permeia o processo de urbanização, ela se resolveria analiticamente considerando o comando desse processo; ou seja, uma vez destituído o poder da classe dominante em estabelecer a direção e os conteúdos do processo de urbanização, tendo em vista seu caráter segregador e elitista, consequentemente, estaria também destituída grande parte de seus fundamentos (incluindo a violência). Essa perspectiva não está totalmente dissociada da crença de que, caso o Estado[24] não fosse corrompido por interesses alheios e privados, caso houvesse disponibilidade e firmeza política em cumprir determinações legais favoráveis ao atendimento de demandas populares (e não somente ao atendimento daquelas intrinsecamente relacionadas às "forças do atraso"), caso se invertessem as prioridades no âmbito dos investimentos públicos, caso houvesse maior consciência e participação popular nas decisões políticas, caso houvesse um maior compromisso político com o plano do social, ou seja, caso a política fosse conduzida de forma diferente, poderíamos nos ver diante de outra realidade social, de outra cidade (forma e conteúdo), de outra função social do Estado. Tais raciocínios nos conduzem, simultaneamente: ao afastamento de uma possível crítica (estrutural) do Estado[25] e, paralelamente, ao entendimento das relações entre *urbanismo* e *Estado*, bem como entre *violência* e *processo de urbanização capitalista* como relações contingenciais, o que coloca problemas à nossa hipótese. Para que a violência seja entendida como um dos conteúdos identitários do processo de urbanização, levada a cabo por um urbanismo institucionalizado pelo Estado (ainda que não somente), a elaboração teórica deve se voltar à compreensão das necessidades estruturais que ligam todos estes termos, invalidando assim a conclusão de que o processo de urbanização capitalista pode, dependendo do contexto (histórico, político), se realizar sob outros conteúdos e fundamentos.

O processo de urbanização capitalista – e mesmo a produção do espaço de uma forma geral –, cabe enfatizar, não é um processo em essência e exclusivamente efetuado pelo Estado. Essa ponderação consistiria numa redução considerável da realidade de ambos os processos. No entanto, entendê-los sem o discernimento de que o Estado tem um papel fundamental em sua concretização seria impossível. Mesmo sob a força de um discurso neoliberalizante de redução máxima da figura do Estado na regulação econômica, social e urbana, sabe-se, entretanto, que a relação objetiva entre aparelho estatal e interesses de valorização capitalista não se estabelece, de maneira alguma, de forma periférica no seio do capitalismo; ao contrário, é um de seus fundamentos. Nesse sentido, o caminho em direção ao desvendamento dos conteúdos do processo de urbanização capitalista para que se chegue a alguma conclusão pertinente à validação de nossa hipótese pressupõe, necessariamente, uma reflexão sobre o Estado, na medida em que há aí uma relação essencial a se desvelar.

A consideração de que Estado e capital se imbricam num emaranhado complexo de se discernir é recorrente nos trabalhos que se propõem à reflexão do processo de urbanização. No entanto, mesmo diante de tal reconhecimento, estamos à frente, ao menos no Brasil, de uma postura[26] que reivindica bastante claramente o Estado à frente deste processo (ainda que, de maneira alguma, sozinho). Seria falso, tanto quanto irresponsável de nossa parte, considerar que nenhum conteúdo positivo pode residir nas ações do Estado direcionadas ao plano específico do urbano. Experiências verificadas em distintos governos – em níveis federal, estadual e municipal – nos revelam que não é completamente irrelevante quem (qual partido) esteja no poder político. Um maior ou um menor número de políticas sociais interferem qualitativamente na experiência possível de apropriação do urbano, no sentido amplo de apropriação de um tempo e de um espaço e não especificamente de uma localidade. A questão, portanto, não consiste em abstrair a importância do Estado, mas compreender teoricamente o sentido e as consequências de sua reivindicação. *O que significa reivindicar o Estado, sobretudo como mediação necessária ao processo de urbanização?*

Claus Offe,[27] em *Problemas estruturais do Estado capitalista*,[28] apresenta uma série de questões essenciais a uma teoria geral do Estado (capitalista) e, mais proximamente, nos conecta às indagações já anunciadas. Uma de suas principais preocupações resume-se em dissecar o conteúdo das interpretações marxistas que, de um lado, partem do princípio de que há uma relação instrumental entre classe capitalista e Estado, sendo este manipulado e dominado de forma a realizar os interesses coletivos daquela; e de outro lado e opostamente, afirmam que existem limitações estruturais do Estado que o impedem à ação e que o conduzem a uma falta de soberania institucional, consequentemente resultando numa ineficácia geral de regulamentação e intervenção política. Segundo o autor, ambos os tipos de interpretação – que ele nomeia, respectivamente, por "teorias da influência" e "teorias dos fatores limitativos" – possuem como horizonte analítico a demonstração do caráter classista do Estado. Em nenhum momento, Claus Offe invalida a evidência empírica desses argumentos que, segundo ele, indicam que "no interior da pluralidade de forças políticas, aqueles que defendem e impõem interesses voltados para o processo de valorização dispõem, empiricamente, de um peso predominante [...]";[29] o ponto de tensão estaria na incapacidade de demonstração da *necessidade estrutural* desse fenômeno, fundamental, inclusive, para compreender o caráter de classe do Estado.

Para o autor, mais do que servir aos interesses de uma classe dominante, o Estado, por meio de sua estrutura institucional, procura garantir de forma duradoura as regras que formalizam e concretizam as *relações de classe específicas de uma sociedade capitalista*. Ou seja, trata-se de pensar que, ao invés de defender interesses particulares, o Estado precisa realizar os interesses comuns de uma sociedade capitalista de classes. Há uma especificidade na abordagem de Offe que claramente determina as possibilidades de derivação de seus argumentos. Propõe-se a pensar o Estado *capitalista*, com sua forma-conteúdo particular, e, portanto, a considerar os nexos que inexoravelmente sedimentam a relação entre o político e o econômico. Assim, adverte: "O conceito de Estado capitalista, abstraindo-se as diferenças históricas e as mudanças de sua estrutura e de sua função, refere-se a uma forma institucional do poder público em sua relação com a produção material".[30]

O conteúdo dessa relação entre poder político e produção material no capitalismo é determinado, segundo o autor,[31] por pelo menos quatro aspectos funcionais: em primeiro lugar, a produção no capitalismo é privatizada, ou seja, o "poder público está estruturalmente impedido de organizar a produção material segundo seus próprios critérios 'políticos'"[32] – o que é válido mesmo quando uma parte do estoque de capital é de propriedade do Estado, pois este, em realidade, orienta seus objetivos e suas ações de forma a deixar disponível o seu capital ao processo de produção privada (bens infraestruturais seriam um exemplo); em segundo lugar, há estruturalmente, no que concerne ao Estado, uma dependência dos impostos. Isso significa dizer, em outras palavras, que "o poder público depende, indiretamente, através dos mecanismos do sistema tributário, do volume da acumulação privada",[33] fato que estabelece uma ligação entre acumulação de bens materiais como um dos requisitos da própria manifestação do poder (político);

em terceiro lugar, e diretamente ligado ao aspecto anterior, considera-se a acumulação capitalista como o ponto de referência do poder político. Para Offe e Ronge, se o Estado orienta suas ações de forma a preservar a continuidade da acumulação e, paralelamente, as condições para o exercício público do poder, isso não se baseia

> [...] nem em quaisquer alianças entre o aparelho estatal e certas classes ou camadas, nem no acesso privilegiado dos membros da classe capitalista aos centros de decisão do Estado. Este acesso privilegiado, quando ocorre não é causa, mas sim o reflexo institucional da dependência estrutural da atividade em relação ao funcionamento da acumulação.[34]

Como quarto e último aspecto funcional do imbricamento entre poder político e produção material, destaca-se a importância da legitimação democrática, uma vez que qualquer agrupamento político "só consegue se apropriar do poder estatal quando encontra o apoio majoritário, através de eleições gerais". Para os autores:

> A dependência do poder estatal a atos de aclamação, através de eleições gerais, contribui para encobrir o fato de que os recursos materiais, os únicos que permitem o exercício efetivo do poder estatal, dependem em primeira instância dos ingressos extraídos do processo de acumulação, e de que a utilização desses recursos somente é determinada pelas preferências do público eleitor na medida em que essas preferências estejam em consonância com os requisitos de uma acumulação continuada.[35]

É assim que Offe e Ronge desenvolvem o argumento de que o Estado capitalista está sujeito (sujeitado) a uma dupla determinação do poder político: "segundo sua *forma* institucional, este poder é determinado pelas regras do governo democrático representativo; segundo o seu *conteúdo*, é determinado pelo desenvolvimento e pelos requisitos do processo de acumulação".[36]

A partir de tal raciocínio, a "política" do Estado capitalista empenhar-se-ia em produzir e reproduzir constantemente a integração e a compatibilidade entre essas quatro determinações que estruturam propriamente o Estado. A questão seria pensar de que forma, levando-se em consideração tantas variáveis, um acordo entre essas quatro determinações poderia ser alcançado. A resposta a essa questão é desenvolvida sob a tese de que *uma e somente uma* estratégia geral de ação do Estado é posta em movimento. Ela consistiria "em criar as condições segundo as quais *cada cidadão é incluído nas relações de troca*".[37] Uma vez desenvolvidas as condições para a efetividade das relações de troca, os outros quatro aspectos constitutivos do Estado capitalista são igualmente considerados. Isso porque, para os autores, a estrutura do Estado capitalista somente se torna problemática se as unidades de valor[38] não puderem ser incluídas às relações de troca, das quais dependem, necessariamente, a produção e o consumo de mercadorias, portanto o processo de valorização e acumulação do capital. Nesse sentido, a forma-mercadoria vai se constitui como o "ponto de equilíbrio" geral do Estado capitalista, bem como o ponto de equilíbrio geral da acumulação. Assim, "o elo entre as estruturas políticas e as econômicas da sociedade capitalista é, portanto, a forma-mercadoria. *A estabilidade de cada uma dessas estruturas depende da universalização da forma-mercadoria*".[39] O que Offe e Ronge estão indicando aqui é, em linhas gerais, a indissociabilidade estrutural entre o Estado e o capital, cuja unidade é possibilitada pela forma-mercadoria, o que nos coloca em diálogo com aquilo que Henri Lefebvre tão vigorosamente anunciava: "Para Lefebvre, não há separação entre o político e o econômico. Também não se confundem. Entre eles há uma relação dialética de dupla determinação".[40]

Uma vez que a viabilidade das relações de troca, ou seja, a disposição constante das unidades de valor no mercado, não é natural, e uma vez que os mecanismos de equilíbrio do mercado (mecanismos autocorretivos) são cada vez menos eficientes à medida que o capitalismo se complexifica, o Estado capitalista tem um papel fundamental na generalização da forma-mercadoria e na incorporação das unidades de valor nas relações de troca, criando condições para que "todos os sujeitos jurídicos introduzam efetivamente nas relações de trabalho a sua propriedade (em bens ou força de trabalho)".[41]

O que Offe e Ronge estão querendo demonstrar com essas observações, em certa medida, é o fato de que a relação entre o Estado e o capital (ou entre o político e o econômico) não é contingente, conjuntural, nem ao menos é dependente ou refém da atuação de forças externas para se concretizar (como seria no caso de uma instrumentalização derivada apenas do maior ou menor poder da classe capitalista em penetrar as entranhas do arranjo institucional do Estado a fim de fazer valer os interesses da acumulação). O Estado faz valer esses interesses, pois eles não são alienígenas aos requisitos de sua reprodução, ao contrário. O argumento desenvolve-se no sentido da desmistificação da oposição entre interesses do Estado e do capital, bem como da premissa de que se o Estado direciona suas políticas e estratégias de ação aos interesses da valorização capitalista apenas o faz por ser coagido pelas forças políticas dominantes e externas à sua estrutura. Essa objeção relaciona-se intimamente com o argumento de que a estratégia mais geral do Estado capitalista não visa ao atendimento de um interesse específico de uma classe, ainda que esse atendimento se efetue empiricamente. O que está no âmago dessa estratégia é perpetuação de uma sociedade de classes que se efetiva a partir de *relações de troca* específicas, e na qual a forma-mercadoria constitui-se como o fundamento mais geral. A tese elaborada por Offe e Ronge pode ser resumida a partir da alegação a seguir:

> O fato de que certos grupos capitalistas (ou categorias da força de trabalho) sejam mais favorecidos que outros não é o objetivo, mas o subproduto necessário de uma política que está voltada, de forma abstrata, para a conservação e a universalização da forma-mercadoria.[42]

É importante destacar que Claus Offe não nega que haja uma dominação política exercida por meio do Estado, tampouco nega que a atuação do poder do Estado encerre um caráter de classe. O que o autor busca desvendar é a estrutura interna do sistema político que garante que a integração dos interesses particulares da valorização capitalista se realize como dominação política (de classe). Para ele, é preciso demonstrar "que o sistema de instituições políticas possui uma seletividade própria, especificamente classista, correspondente aos interesses do processo de valorização";[43] isso indica a necessidade de uma teoria que aponte a natureza de classe presente na estrutura própria do Estado.[44]

Chega ao ponto em que se coloca a pergunta sobre o sentido desses apontamentos para os objetivos deste capítulo.[45] A nossa inquietação orbitava em torno de um questionamento essencial, derivado da hipótese de que o processo de urbanização capitalista é violento; a saber: *seria a violência imanente ou contingente a esse processo?* Se fosse realizado de outra maneira, a partir de orientações políticas distintas, poderia o processo de urbanização abdicar de tal "característica"? As considerações sobre segregação socioespacial, periferização, favelização etc., presentes na pauta de um imenso número de estudos urbanos, atestam a gama dos efeitos perversos do processo de urbanização, sobretudo, ao nível do social. No entanto, consideramos que, sob o julgo analítico, tais efeitos perversos aparecem sempre potencialmente possíveis de serem sanados pela política, por meio do Estado, desde que uma "mentalidade" elitista, patrimonialista e coronelista, historicamente sedimentada nas estruturas institucionais seja substituída por outra, pluralista, democratizante e atenta às necessidades populares. Reconhecer a validade teórica desse argumento implicaria, do nosso ponto de vista, admitir que uma pacificação do processo de urbanização *capitalista* pudesse vir a ser conquistada a partir de direcionamentos políticos distintos, a partir de uma blindagem institucional que reduzisse as possibilidades de aparelhamento do Estado por uma classe dominante ou mesmo a partir de outra forma de conceber o planejamento. Esse reconhecimento teria por consequência o discernimento de que o processo de urbanização capitalista é violento apenas sob certas circunstâncias políticas, podendo, obviamente, não ser em outras.

Inicialmente condição e produto da industrialização, o processo de *urbanização* no século XX assumiu outro significado à reprodução do capital, conforme assinalou Henri Lefebvre numa série de escritos sobre a problemática urbana. De forma fenomênica, esse significado pôde ser evidenciado nas cidades pela centralidade do setor imobiliário na produção capitalista do espaço urbano e por suas consequências correspondentes: notadamente, um crescimento substantivo de processos de especulação e valorização imobiliária. Sabe-se que o Estado encarregou-se também do processo de produção do espaço urbano, ora como mediação essencial para a realização do capital, a partir de obras infraestruturais, por exemplo; ora, segundo afirmam, como mediação necessária à redistribuição da mais-valia global captada no seio de tal processo (políticas sociais de habitação poderiam ser um exemplo significativo). A reflexão desenvolvida por Claus Offe[46] nos ajuda a relativizar esse caráter "servil" do Estado e nos impele a considerar também o fato de que o processo de urbanização levado a cabo pelo Estado é um dos fatores que permite, *objetivamente,* a manifestação e a reprodução de seu *poder* (político). Tal reflexão permite-nos também situar mais claramente os contornos do Estado capitalista, a partir dos nexos que o ligam necessariamente à economia, mas fundamentalmente ao capital (como relação social). A leitura do que segue pressupõe, portanto, que se considere o Estado nesta e por essa relação.

Para Henri Lefebvre, compreender a sociedade contemporânea significaria compreender que a reprodução das relações sociais de produção – fundamento da reprodução social do capital – não se restringe mais tão somente "aos momentos da fábrica", ou seja, a produção e a reprodução de relações de produção não se realizariam mais apenas a partir das forças produtivas. O mundo observado ao longo do século XX sugeria ao autor a emergência de novas relações sociais, bem como permanência de relações essenciais de dominação, exploração e humilhação, reproduzidas extensivamente em todos os momentos da vida social: trabalho, vida privada, lazer. A questão seria entender de que forma essa passagem, bem como essa expansão se realizariam. Em Lefebvre, um dos elementos-chave de desvendamento desse processo seria reconhecer o papel do Estado e das instituições na *produção*[47] *política da sociedade.*

Tal como Offe, ainda que por um percurso completamente distinto, Henri Lefebvre parte do fundamento, que a nós é essencial, de que há um acordo necessário, um condicionamento estrutural (estruturante) entre o econômico, o político e o social. Para alcançar esse entendimento, Lefebvre examina aquilo que já se anunciou anteriormente como elo fundamental do discernimento da sociedade capitalista: as *relações de troca.* Sposito[48] afirma que, ao invés de se limitar à investigação dos processos produtivos, Henri Lefebvre buscou avançar na reflexão da troca e do mercado, no nosso entendimento, não apenas para depreender o fundamento econômico do Estado – tal como parece ser o caso da reflexão de Offe e Ronge[49] - mas para depreender a sua própria base social. A análise da troca ganha centralidade. Para o autor, ela não se constitui como simples permuta de objetos. Sua aparente simplicidade esconde a complexidade própria ao fetiche de nossa sociedade, em que as relações sociais entre os indivíduos mascaram-se como relações entre objetos. Esse caráter fetichista da relação social não é, no entanto, mera característica da troca capitalista de mercadorias, mas seu sentido imanente. É o que permite que os processos de *abstração e quantificação* se efetivem como forma de consciência, possibilitando à troca mercantil se definir como *a forma,* por excelência, das relações sociais no capitalismo. Esse caráter simultaneamente mediato e abstrato da troca exige ao pensamento a análise minuciosa das inúmeras mediações e abstrações que a fundamentam, o que em muito nos explica as preocupações anunciadas por Lefebvre (incluindo seu exame sobre o Estado).

Essa espécie de "deslizamento da relação social entre os sujeitos para fora da consciência, eliminando o momento anterior da produção"[50] é um dos momentos fundamentais à efetivação da troca e soma-se, segundo Lefebvre (retomando Marx) a, pelo menos, dois outros momentos: em primeiro lugar, ao estabelecimento de um acordo entre as partes (trocantes e trocáveis) que possibilita a própria troca. A equalização de partes desiguais pela formalização de um contrato possibilita a regulação dos termos e a aceitação da troca. Em segundo lugar, à produção de um constrangimento que é intrínseco à troca, uma vez que "ela realiza a igualdade dos termos desiguais e implica sua aceitação".[51]

Marília Sposito, bem como Kosminky e Andrade,[52] em passagens bastante esclarecedoras desse raciocínio desenvolvido por Lefebvre, destacam esse terceiro momento de equalização da desigualdade:

> [...] a equalização do desigual, que se realiza por um ato de constrangimento, traz o poder e a violência como inerentes ao ato da troca, à sua dimensão conflituosa; ou seja, *o poder é a produção política do laço social* e tanto ele como a violência não seriam assim extraeconômicos ou extramateriais, mas estariam pressupostos nos laços fundantes da troca social, mediatizada pela mercadoria.[53]

> A troca é a equalização do desigual, equivalência do não equivalente, identificação do não idêntico. Pressupõe, portanto, o conflito e impõe a coerção, a autoridade, a lógica, a moral. A inerência à troca da coerção, da autoridade, da lógica e da moral consiste mais exatamente na equalização forçada do desigual, na identidade forçada do não idêntico e na equivalência forçada do não equivalente. "Essa identificação generalizada não teria lugar se às trocas materiais não se juntasse a ação da forças, atual ou virtual". Assim, *a violência é inerente ao econômico, como é inerente ao político;* a violência *não pode ser vista como extraeconômica.*[54]

Fica completamente evidente que esse raciocínio nos é fundamental, mas ele ainda é insuficiente na construção de *nosso* raciocínio, pois a questão é compreender de que forma essa violência que é inerente à troca e, por sua vez, inerente ao econômico e ao político, permite compreender a violência que é inerente ao processo de urbanização. Voltaremos a isso, mas é importante já começar a costurar os elos que ligam esses termos, sendo a troca um dos mais importantes.

A troca, tal como colocada por Marx e refletida por Lefebvre, pressupõe uma fórmula da equivalência (bem como a constituição de uma cadeia de equivalências) que, para se constituir, precisa necessariamente de um aparato jurídico que lhe dê realidade. Essa fórmula não está dada a priori; só pode se constituir artificialmente pela força concedida, exclusivamente, ao poder. É assim que o Estado – como *forma* do poder e do político – formaliza esse aparato jurídico no qual a figura do contrato permite a equalização formal do não equivalente.[55] O Estado aparece, por isso mesmo, como a mediação necessária para a instituição da troca, como a mediação para incluir as unidades de valor às relações de troca, através do estabelecimento de uma igualdade entre as partes que naturalmente elas não possuem e sem a qual a troca não é possível. Em realidade, o Estado permite que se concretize o paradoxo de que o contrato jurídico (que equaliza as desigualdades) é a forma pacífica de instauração da violência.

As relações de troca, como vimos, são fundamento da sociedade capitalista. Ao Estado é preciso compreender que cabe, estruturalmente, garantir a reprodução das relações de produção de uma sociedade cuja sociabilidade passa necessariamente pela troca. A imprescindibilidade de generalização das relações de troca, inclusive como forma de consciência, está, portanto, pressuposta, assim como também está pressuposta a mediação do Estado nesse processo. O resultado dessa mediação intensiva pode ser observado no fato, apontado por Lefebvre, de que na democracia burguesa todas as relações de equivalência tendem a se transformar em *relações contratuais* e em *relações institucionais*. O processo que metamorfoseia as relações de equivalência em *relações contratuais e institucionais* só pode resultar, real e virtualmente, numa universalização da violência como a forma e o conteúdo das relações sociais no capitalismo, escondida sob o véu de pacificidade que cobre a figura do contrato.

Lefebvre viu nessa generalização das relações contratuais e institucionais um momento muito importante, e pouco elucidado, para a compreensão da reprodução social capitalista. Para penetrar nessas relações, retomou a análise das instituições e do Estado. De fato, tal como ponderou David Harvey,[56] o Estado não pode ser reduzido ao conjunto integrado de suas instituições específicas; pensá-lo dessa forma significaria envolvê-lo numa arriscada fetichização. Conforme acrescenta Marília Sposito, partindo de Lefebvre, "o Estado institui a política como atividade superior, envolve o conjunto das instituições, das condutas e das representações, mas não se define por nenhuma delas. Sendo a forma do político, o Estado se comporta como centro de institucionalização e de decisões [...]".[57] Ainda que não definam o Estado, as instituições abrem possibilidades analíticas ao desvendamento de um processo significativo, no qual o Estado atua decisivamente: o processo de institucionalização da sociedade como um "momento de fundação do laço social, da equivalência forçada da relação de troca de sociedades onde se generaliza o mercado e a mercadoria em suas abstrações e fetiches".[58]

O que é interessante derivar é o fato de que o papel do Estado não se resume a assegurar o crescimento e o processo de acumulação do capital, estritamente; ainda que essa seja a consequência lógica de sua atuação. A extensão e a generalização da forma mercadoria, bem como a universalização das relações de troca é o que permite a formação de uma base social tanto para o capital quanto para o Estado; é o que possibilita e justifica, simultaneamente, o processo de acumulação do capital e exercício do poder político do Estado – que Lefebvre chegou a considerar como um processo de *acumulação política*. Assim, "a atividade estatal deve garantir e realizar as equivalências, aproximando-as da identificação pura e simples; ela as realiza pelo alto e como centro, penetrando todas as esferas das relações sociais, até as mais banais e cotidianas".[59]

Essa última frase destacada de Sposito anuncia uma das considerações que julgamos mais importantes. Para Lefebvre, a generalização das relações de equivalência não é efetuada apenas pelo capital, mas também e, essencialmente, pelo Estado.[60] No entanto, ela não pode ser compreendida como resultado de uma imposição advinda de cima e externamente do Estado sobre a sociedade. Seria preciso identificar que essa generalização se realiza por meio de um processo em que o Estado produz, penetra e atravessa (ao menos tendencialmente) todas as relações sociais. Mas, de que forma tal atravessamento seria possível? Lefebvre considera a possibilidade de que a penetração do Estado e de sua lógica no seio da vida social – consubstanciando a lógica da troca, da equivalência, da abstração, da quantificação, da homogeneização – se efetivaria a partir de um processo de *institucionalização* da sociedade. O que significaria isto? Significaria a transformação real e potencial de toda necessidade social em instituição do Estado: "quer se trate da justiça, do ensino, da saúde, da assistência social, do urbanismo, dos transportes, cada instituição que nasce corresponde a uma necessidade social interpretada politicamente".[61] Cada uma dessas "necessidades sociais interpretadas politicamente" sob a forma de uma instituição, conduzida à maneira e à lógica do Estado, permite o seu atravessamento horizontal pelos planos e momentos da vida social, abrindo o caminho real para a concretização universal das abstrações, bem como o caminho para a consolidação da estratégia que assegura criticamente a estrutura da reprodução do Estado e da reprodução do capital, qual seja, a criação das condições para a realização e perpetuação das relações de troca.

Segundo Lefebvre, este, então, é o processo que permite vislumbrar a passagem da produção e reprodução das relações de produção a partir das forças produtivas para um processo de produção política da sociedade – momento em que a reprodução das relações de produção fundamentais da sociedade capitalista é, potencialmente, concretizada em todos os âmbitos da vida, chegando no cotidiano, com participação ativa da figura do Estado. A chamada "produção política da sociedade", possível por intermédio de um processo de institucionalização que se generaliza, significaria, assim, em essência, a extensão social das *relações de equivalência* (bem como dos processos de quantificação, homogeneização, abstração), cujo fundamento está assentado na *coerção* e na *violência*, ambos legitimados pelo Direito como recursos somente disponíveis ao poder do Estado.

Acreditamos que a compreensão do urbanismo em seu entrelaçamento com o processo capitalista de produção do espaço urbano e, mais, com a reprodução de relações sociais de produção, passa pelo entendimento das considerações emitidas, que inclui os processos denominados por Lefebvre como "institucionalização da sociedade" e "produção política da sociedade". A observação crítica da realidade nos incita a considerar o urbanismo como mais uma de tantas outras necessidades sociais, cuja interpretação e apropriação política permitiram a sua radical institucionalização. De agora em diante, portanto, consideraremos o urbanismo a partir da premissa de que, na sociedade moderna, ele assume a figura da instituição – expressão da "equivalência da lei, da moral, do campo jurídico, da igualdade abstrata",[62] a qual Lefebvre denominaria como o plano do "instituído". Tal premissa compõe-se, dessa maneira, como a mediação essencial para a construção (e para o entendimento) da crítica[63] do urbanismo (ou, se quisermos, do planejamento urbano).

Lefebvre afirma que as relações de produção puderam ser apenas muito precária e indiretamente apreendidas, uma vez que a exploração (no âmbito do trabalho) foi percebida como *injustiça*. Diante desse (falso) parâmetro, aparece opostamente o

Estado, como gerador de justiça e igualdade. O resultado prático desse discernimento foi o obscurecimento do papel do Estado na produção e reprodução das relações de produção capitalistas. Uma crítica mais frequente ao Estado, conforme falamos, direciona-se aos empecilhos políticos que impedem ou dificultam a realização da justiça, da igualdade (e mesmo da liberdade). Mas, por trás dessa crítica está colocada ainda a expectativa de que o Estado (capitalista) seja a mediação por excelência da conquista da justiça social, assim como o urbanismo estatista seja a via para a concretização da justiça socioespacial. Acontece que o urbanismo estatista, pelos seus próprios fundamentos, não pôde sequer se aproximar de tal pretensão.

As contradições colocadas pelo processo de urbanização capitalista aparecem sintomaticamente como caos, desordem e incoerência, justificando a reivindicação insistente da ordem e da coerência como necessárias à superação dessas contradições. A prática industrial pareceu, histórica e logicamente, ser portadora de, pelo menos, duas características que explicariam, em parte, o seu "sucesso": coerência e eficácia. Segundo Lefebvre, o urbanismo – solicitado a resolver ou amenizar os efeitos socioespaciais contraditórios do processo de urbanização capitalista – pretendeu seguir a racionalidade "eficiente" que caracterizou a prática industrial, adotando os paradigmas da programação e da planificação como padrões próprios a si. Para o autor, o *urbanismo* institucionalizado acabou por prolongar a racionalidade industrial à realidade urbana, traduzindo e reduzindo os problemas dessa realidade ao nível das questões técnicas e financeiras, mesmo quando aparentou preocupar-se com as questões ditas sociais. Só pôde adquirir um papel tão decisivo porque o Estado, o único ao qual o Direito concede o poder, estendeu-lhe a autoridade provisória para interferir politicamente na produção do espaço urbano. A questão essencial, no entanto, é que esse sentido político foi suplantado e neutralizado por ideologias da tecnicidade e da cientificidade que o urbanismo passou a proferir em seu nome.[64]

A abreviação dos problemas urbanos à escala das questões técnico-científicas sugeriu que as soluções correspondentes passassem necessariamente por esse caminho. Mas, como operar (pois assim se pretende) diante e por sobre um espaço que é produto social, admitindo as complexidades e as necessidades (sociais) que escapam ao reino da lógica formal, ao império da razão, às determinações do número e da quantidade que lhe dão fundamento? A experiência não demorou a demonstrar que uma tal operação ("técnica") só seria possível a partir de uma redução: a redução do espaço social a um meio vazio, plano, especular, geométrico, cabível à ação ordenadora.

Planos e projetos de ação à escala urbana demonstram que uma das práticas do urbanismo (inclusive o estatista) foi justamente proceder sobre o espaço (urbano) a partir de sua perspectiva como continente, preenchido por um conteúdo (pessoas e objetos), ou como forma-pura, às vezes a ser esvaziada, às vezes a ser ocupada, dependendo do contexto ou da situação de interesse. Concebido como material, objetivo, neutro, e percebido como preenchido por um "conteúdo caótico", o espaço urbano foi submetido à razão, à ciência e à tecnologia, com a expectativa de que uma ordem urbana pudesse ser estabelecida, permitindo a emergência de novas relações sociais ou, de maneira menos ambiciosa, a solução satisfatória de problemas pontuais que viessem a interferir na coerência do todo. O resultado dessa operação, segundo Carlos (2009), foi a produção de um espaço abstrato e a sistemática redução da cidade "ao seu quadro físico, inerte".[65] Aparentemente neutro (condição adquirida por consequência da ilusão de neutralidade de técnica e da ciência), o planejamento urbano pôde apresentar-se em aparência como lógica do espaço. A análise proposta por Henri Lefebvre, no entanto, aponta outros conteúdos para esse processo.

Os setores técnico-administrativos das burocracias ligadas ao urbanismo estatista – compostos por engenheiros, arquitetos, urbanistas, economistas, consultores, políticos etc. – foram colocados ao desafio de pensar e agir sobre esse setor aparentemente livre e disponível à ação: o espaço urbano. Completamente livre à ação e à intenção dessa tecnocracia? Certamente não. Contratados para o estudo e para o encontro de soluções técnico-científicas dos problemas urbanos, esses profissionais, segundo Lefebvre:

> dispõem apenas de um poder de decisão limitada; com efeito, engenheiros que se tornaram administradores executam ordens, as ordens do poder político que dispõe das "variáveis estratégicas". O poder impõe aos tecnocratas de que dispõe as escolhas decisivas. Estes propõem soluções para os problemas oficialmente reconhecidos e formulados e o poder estatal escolhe entre elas.[66]

Com essa frase, o autor nos ajuda a descortinar, ao menos, uma das muitas ilusões associadas ao urbanismo estatista. Operando um conjunto de conhecimentos disciplinares e fragmentários para a elaboração dos diagnósticos e relatórios técnicos de viabilidade para ação ao nível da cidade, este setor técnico-administrativo da burocracia envolvida com o planejamento está muito longe de representar seja a objetividade, a neutralidade e as certezas da ciência, seja as boas intenções individuais dos profissionais ou mesmo as demandas oriundas das necessidades sociais reais. Esse setor obedece apenas a uma demanda e encomenda – para usar os termos proferidos por Lefebvre –, aquela que provém do Estado, nível mais geral e abstrato do poder, nível em que as estratégias (que são políticas e econômicas) se formulam de acordo com uma racionalidade própria. O que esse setor pode, no máximo, representar são as demandas do político e, simultaneamente, do econômico.[67]

Os problemas urbanos se colocam à ação (ou à intenção) planejadora porque se definiram e se legitimaram, não técnica, mas política e institucionalmente como *problemas*. Dentre eles, podemos dizer que se erigiram ao menos dois como os mais importantes à atuação do planejamento: a questão das infraestruturas urbanas (especialmente as de circulação viária) e a questão da habitação (ou da moradia).[68] Poderíamos refletir mais verticalmente sobre esses dois problemas, mas aqui tomaremos apenas a questão da habitação, pois ela nos reconecta aos objetivos centrais de nossa preocupação.

A fim de solucionar (ou pelo menos amenizar) os problemas da habitação, o setor técnico-especializado-administrativo, ligado ao âmbito do planejamento urbano produziu por toda parte uma profunda redução: transformou uma qualidade (a do habitar) em uma quantidade e em uma função – a do *habitat*, mesmo quando não soube que o fez. Apresentado como um problema administrativo, técnico e orçamentário, a questão da moradia foi colocada de maneira generalizada como "o projeto de fornecer moradias o mais rápido possível pelo menor custo possível".[69] Ignorando a prática social e o sentido mais qualitativo do que seria morar ou habitar, em função de uma justificada urgência,[70] os planos e projetos direcionados à questão da habitação voltaram-se à produção de espaços simplificados, funcionais e homogêneos. A consequência mais diretamente perceptível foi a redução e a funcionalização da vida privada a "alguns atos elementares: comer, dormir, reproduzir-se".[71]

O que tomou forma, a partir dos planos e projetos concebidos, foi, segundo Lefebvre, o conceito de *habitat.* Assim sintetizou: "O habitat foi instaurado pelo alto: aplicação de um espaço global homogêneo e quantitativo obrigando o 'vivido' a encerrar-se em caixas, gaiolas, ou 'máquinas de habitar'".[72] Esse processo e essa produção – o habitat – foram válidos para análise que Lefebvre fazia sobre a França, assim como são válidos para o que se observa no Brasil em termos de produção de habitação social. A produção de conjuntos habitacionais e seus similares – que se disseminou como fórmula de operacionalização das questões da moradia – pôde revelar empiricamente "o conceito de habitat levado à sua forma pura pela burocracia estatal".[73]

Complexificando ainda um pouco mais a questão, Lefebvre demonstrou que a produção do habitat não se realiza apenas como produção de espaços funcionalizados, *volumes habitáveis*; a produção desses espaços também significou a produção simultânea de um tempo cotidiano, repetitivo, programado, que se estendeu para além do espaço da moradia, recobrindo arredores, "(espaços intermediários, percursos, equipamentos, 'adjacências')".[74] Sob a capa da eficácia, o planejamento urbano, significou, portanto, uma atividade que programou e reduziu a prática social a funções elementares; a questão do habitat apenas revelou isso de modo mais claro. A produção da moradia representou, portanto, mais do que a produção de um volume habitável. Representou tanto a produção de uma cotidianidade quanto a reprodução das relações de produção e a produção de relações sociais novas.

Um elemento a ser considerado consiste no fato de que a produção de espaços abstratos, homogêneos e funcionais[75] permitiu apenas muito residualmente a resolução rápida e prática de um problema urbano. Colateralmente, entretanto, podemos dizer que essa produção possibilitou a inserção desses espaços, produzidos enquanto unidades de valor, às relações de troca. Vejamos mais de perto esse processo.

A definição política da questão da moradia como *problema urbano* não é uma decisão meramente casual, aleatória. Se anteriormente vimos que o Estado tem uma função essencial na formalização de um aparato jurídico que possibilita a efetividade das relações de troca, haveríamos de considerar que a ele também cabe garantir praticamente a inserção das unidades de valor, incluindo a força de trabalho, nessas relações. No curso do desenvolvimento crítico do capitalismo, observamos que o salário[76] não pôde se constituir efetivamente como a categoria que garante a satisfação das necessidades básicas que reproduzem o trabalhador como força de trabalho (real ou potencial). Diante desse processo, o Estado atua sistematicamente no atendimento (crítico) das necessidades básicas que não podem ser completamente satisfeitas pelo mercado e que, no entanto, são fundamentais à reprodução da força de trabalho. Aqui já estamos levando em consideração a reflexão desenvolvida anteriormente com a ajuda dos argumentos de Claus Offe e Volker Ronge[77] de que o Estado atua na criação das condições para que todo "cidadão" seja incluído nas relações de troca, uma vez que a própria estrutura do Estado se torna problemática se as unidades de valor não puderem ser incluídas nessas relações, das quais dependem, necessariamente, a produção e o consumo de mercadorias, portanto o processo de valorização e acumulação do capital, ponto de referência também da reprodução do Estado.

A definição da questão da moradia como *problema* a ser equacionado pelo urbanismo estatista não está, portanto, desvinculada dessa problemática. Passa a ser de sua competência, ao menos parcialmente, o atendimento a algumas necessidades sociais básicas, fundamentais à reprodução da força de trabalho, dentre as quais a moradia é uma das mais importantes. Acontece que a noção de *necessidade social* no capitalismo precisa ser considerada segundo uma inversão crucial apontada por Marx: como a finalidade da sociedade capitalista é a realização da valorização do valor, o trabalho – e, portanto, o trabalhador – existe para a valorização do capital, ao invés da riqueza material existir para a satisfação das necessidades amplas de desenvolvimento do indivíduo. Segundo tal racionalidade, é perfeitamente cabível que as necessidades sociais constituídas historicamente reduzam-se "à mais necessária e miserável subsistência da vida física".[78] Soma-se a isso o fato de que, *do ponto de vista do capital*, as necessidade sociais são reduzidas a seu aspecto econômico, resultando que todo objeto de necessidade é traduzido no capitalismo sob a forma de mercadoria. Nesse sentido, podemos considerar que toda necessidade social tende, no capitalismo, a realizar, acima de tudo, um valor de troca.

Uma vez que as necessidades sociais no capitalismo foram transformadas em necessidades de um objeto, a cada necessidade social interpretada politicamente ofereceu-se um objeto enquanto forma-mercadoria. O urbanismo institucionalizado pelo Estado não pôde escapar dessa premissa. Diante do reconhecimento da necessidade social de moradia, o urbanismo estatista produziu valores de uso extremamente simplificados como meio de realização do valor de troca. Com isso, destituiu o *uso* de seu significado. É assim que o *habitar* (o qualitativo) desaparece como o sentido da produção do próprio espaço urbano. No seu lugar, produziu-se o *habitat*, a existência precária como norma, posto que as necessidades sociais foram reduzidas ao mínimo da sobrevivência.

O que significou de forma mais profunda o *habitat*? Significou em primeiro lugar e, de forma aparentemente simples, a produção de valores de troca, a extensão do mundo da mercadoria. Nesse processo, o habitante foi "reduzido não apenas à função do habitar (ao habitat como função), mas à função de comprador de espaço, realizando a mais-valia".[79] Em realidade, o *habitat* é um meio pelo qual se permite (ou se coage) o habitante a se inserir duplamente às relações de troca: como vendedor (potencial) da mercadoria força de trabalho – uma vez que a moradia é uma das condições essenciais de reprodução da vida do trabalhador – e, simultaneamente, como comprador de mercadoria (casa, espaço). A produção dos arredores, aquilo que cerca e acompanha os espaços funcionalizados de moradia, apenas amplia em escala a reprodução das relações de troca.[80]

A conclusão mais apropriada a se derivar pode ser resumida da seguinte maneira: o planejamento urbano que se fez modelo a atender necessidades sociais urbanas codificadas como necessidades por um objeto (mercadoria) correspondente produziu valores de uso como meio, corporificação, para a realização do valor de troca. Obviamente que para o habitante, metamorfoseado em "consumidor de espaço", a mercadoria se realiza por seu valor de uso, um dos motivos pelos quais o planejamento pode aparecer como atividade geradora de satisfações; o que é apenas um "fetiche de satisfação".[81]

O que fica, no entanto, dissimulado é o fato de que o planejamento urbano não é uma atividade que produz estritamente uma materialidade (habitações, equipamentos urbanos, a própria cidade), a ser colocada à disposição dos habitantes servindo ao uso; esse entendimento seria limitado. O planejamento urbano (o urbanismo estatista) precisaria ser entendido, conforme anunciamos, como instituição: essa atividade é responsável pela produção de uma materialidade por meio da qual se concretizam profundas abstrações: a do valor, a do Estado. A produção da materialidade, do *habitat*, bem como de seus arredores é a produção de uma cotidianidade, cujo sentido, conforme dissecou Henri Lefebvre, é a expressão da programação (para o consumo), da repetição dos atos; é a vida cotidiana que se realiza através da norma, dos interditos, das coações e dos constrangimentos postos pela lógica da cambialidade. Seria redutor pensar que ao planejamento cabe, enquanto orientação prática, a produção da cidade enquanto valor de uso. A esse sempre se vincula um valor de troca e, na verdade, no capitalismo, é somente por ele que o valor de uso existe. Assim, o que o planejamento urbano permite é a possibilidade de que a reprodução das relações de produção – as relações de troca – se efetive, mas não mais somente a partir das esferas restritas à produção de mercadorias.

O que aqui nos desperta um interesse mais específico é o fato de que, em realidade, em seu sentido mais profundo, o planejamento urbano é um instrumento fundamental para a extensão e generalização das relações de troca, para a reprodução das relações sociais fundamentadas na troca. *O que está no cerne dessa questão é o fato de que, ao possibilitar a extensão e generalização das relações de troca, se generaliza a violência e a coerção como fundamentos das relações sociais.* Isso porque a troca pressupõe estruturalmente um caráter violento e coercitivo, uma vez que a montagem das cadeias de equivalências só pode se realizar pela força, omitida na representação pacífica do contrato.

Como destacamos antes, só há troca (ou seja, só há relação de troca) porque todas as desigualdades, diferenças, não equivalências foram forçadamente – pelo poder – equalizadas. Somente a violência, diz Lefebvre,

> permite a cisão entre esses dois momentos do ato da troca [valor de uso e valor de troca] e a preponderância do valor de troca. "O aniquilamento do desigual, do diferente, do conteúdo, isto é, a equalização do desigual, equivalência do não equivalente: tal é a *lei da forma e sua força fundamental*, ela mesma fundamento do poder em geral e em particular do poder político".[82]

Esse sentido – o de que a violência é desdobrada no e pelo processo de urbanização capitalista, também fundamento da reprodução das relações de troca – não pode ser negligenciado. Obviamente, se se estabelece uma aderência entre as noções de violência e criminalidade, qualquer expectativa de pensar a violência como fundamento do processo de urbanização pode ser altamente frustrante. Mas, ainda que não possa se constituir por si só como processo de desfetichização e desalienação, o reconhecimento da violência nas relações de troca (relações contratuais) e, por conseguinte, nas relações institucionais, realiza a potência do sentido da crítica social.

O urbanismo estatista, como instituição importante na reprodução das relações sociais de produção, atingindo todos os momentos da vida, chegando ao nível da vida cotidiana, atua, em seu sentido mais íntimo, *na extensão e generalização da violência, uma vez que ela é categoria inerente das relações de troca (também relações contratuais) que ele mesmo ajuda a reproduzir e expandir.* Daí a pertinência de sua investigação. Contrariamente à ideia de que ele produziria respostas técnicas e científicas aos problemas urbanos, de que atuaria segundo uma lógica do espaço, apontamos para o fato de que o planejamento produz um *espaço político* (que é também econômico) e *instrumental*, a partir de uma política do espaço. Com isso, corroboramos o argumento desenvolvido por Lefebvre e que parece apontar o sentido de nossa reflexão:

> Uns dizem que o capitalismo se mantém unicamente pela pressão ideológica, que alguns chamam de aparelhos ideológicos do Estado. Outros dizem que as novas relações de produção se inauguram pela via política e são constituídas por meios políticos. Nenhum desses raciocínios me parece suficiente, e peço que reflitamos a esse respeito. A meu ver, as relações sociais no capitalismo, isto é, as relações de exploração e dominação, se mantêm pelo e no espaço inteiro, pelo e no *espaço instrumental*.[83]

No entanto, enquanto for submetido às máscaras da justiça, da igualdade (e mesmo da liberdade), que acompanham ainda a representação do Estado capitalista, o *urbanismo estatista* só pode se realizar ocultando e dissimulando o que realmente produz: um espaço de "necessidades filtradas e codificadas".[84] Segundo Offe,[85] um dos problemas estruturais do Estado capitalista consiste em que ele precisa, simultaneamente, "praticar e tornar invisível o seu caráter de classe". O seu caráter de instrumento de *uma* classe? Não, o seu papel na reprodução de uma *sociedade de classes* (apesar do sentido embotado atualmente), cuja sociabilidade se realiza pelas relações de equivalência.

O planejamento urbano, como instituição do Estado capitalista, tem uma função importante na resolução desse problema estrutural: atua realizando e dissimulando a reprodução das relações de produção por meio da produção do espaço urbano. Segundo Lefebvre, o urbanismo, em realidade, dissimula uma série de estratégias, mascara uma situação, encobrindo uma operação; "ele implica a intervenção de um poder mais que a de um conhecimento".[86] Esse urbanismo, levando a crítica às suas últimas consequências, permite que o poder do Estado se concretize por meio da produção de um espaço que é, simultaneamente, político e instrumental. Assim, o urbanismo domina (ou ao menos pretende dominar) e submete à sua ordem – aquela do Estado – o processo de urbanização e a prática urbana.[87] Qual a potência dessa ordem, no que ela resulta? Sem exagerar, podemos dizer que ela resulta na produção de um "*espaço repressivo*",[88] onde se expressam todos os constrangimentos da cambialidade pressuposta nas relações de troca, e onde a prática social se realiza a partir de determinações que, ao invés de libertar, aprisionam: determinações que são da ordem do quantitativo, do repetitivo, do homogêneo, do abstrato. Se é possível reivindicar outra prática social? Certamente, mas não a partir de uma simultânea reivindicação do Estado e de suas instituições – dentre elas o planejamento urbano, por todos os motivos já longamente expostos.

ÚLTIMAS CONSIDERAÇÕES

Quando se colocaram ao desafio de escrever *Dialética do esclarecimento*,[89] Adorno e Horkheimer se propunham a responder àquela que seria uma preocupação central à época: "por que a humanidade, em vez de entrar em um estado verdadeiramente humano, está se afundando em uma nova espécie de barbárie"?.[90] Essa pergunta, completamente pertinente ao que os autores puderam se deparar durante os horrores do fascismo (e também no período pós-fascista), ainda tem profunda pertinência nos dias de hoje.

Essa pergunta crucial, mesmo que não considerada ou formulada pelo nosso próprio pensamento, pode fundamentar uma explicação para a nossa recusa em prosseguir em um caminho que aderia e imobilizava a reflexão sobre "violência" estritamente à noção de criminalidade. Pois, apesar de midiaticamente a criminalidade (e sua crueza) aparecer como identidade à barbárie dos nossos tempos, nós não conseguimos aceitar e sustentar teoricamente tal interpretação. Se não entramos em um "estado verdadeiramente humano", a resposta a essa pergunta nos parece estar muito mais relacionada com o fetiche de nossa sociedade que coisifica os homens (quando não os animaliza) e anima as coisas, do que com a brutalidade individual que personifica o criminoso. Por isso, a busca por um sentido da barbárie, mesmo que escondida sob a máscara da democracia burguesa, não poderia residir ou resumir-se na noção de criminalidade. Foi por esse motivo que, mesmo admitindo os caminhos tortuosos e descontínuos, procuramos procurar os conteúdos que sustentam uma sociedade ancorada na ideologia ocidental do progresso capitalista, que se realiza a nosso ver violentamente, repressivamente e, mesmo, totalitariamente.

A busca de uma compreensão do processo de urbanização capitalista teve para nós, como sentido estratégico do conhecimento, o objetivo de se contrapor teoricamente à ideia (ou à ideologia) de que o processo de urbanização é a expressão, por excelência, do progresso capitalista. Se o processo de urbanização permitiu melhoras concretas na vida individual e social, no entanto, acreditamos que a sua admissão enquanto progresso esconde que ele só pode se realizar dialeticamente, a partir de e colocando contradições profundas. Nesse sentido, desvendar o que se coloca contraditoriamente ao progresso, assim como desvendar o que se coloca contraditoriamente a um processo que parece pacífico, mas que, em essência, também é violento, é um passo importante na conquista da desmistificação da consciência que enxerga na reprodução dessa sociedade o caminho em direção a uma felicidade abstrata e codificada, quando na realidade continua colocando, mesmo que disfarçadamente, a barbárie como seu fundamento e resultado.

Se o urbano como lugar da realização de um estado verdadeiramente humano está virtualmente colocado na realidade, tal como nos diz Lefebvre, acreditamos que sua possibilidade de vir a tomar forma também reside no esforço coletivo de se desvelar teoricamente os conteúdos e processos que o impedem de se concretizar. Acreditamos que a violência imanente ao processo de urbanização que incorpora a racionalidade irracional e destruidora do capital é um desses conteúdos e, por isso, invocou nossa atenção. Esperamos ter dado uma mínima contribuição a esse esforço coletivo profundamente necessário.

NOTAS

1 Cabe destacar aqui que muitos trabalhos importantes foram desenvolvidos a partir da noção de violência urbana ou da noção de criminalidade, o que ilumina o fato de que não negamos a sua validade, apesar de questionarmos o seu conteúdo.

2 As reflexões expostas neste capítulo são resultado da pesquisa de mestrado da autora: *Da noção de violência urbana à compreensão da violência do processo de urbanização: apontamentos para uma inversão analítica a partir da Geografia Urbana* (2012).

3 Em nossa pesquisa de mestrado, partimos da investigação de um fragmento espacial da metrópole de São Paulo: o fragmento que compreende o bairro Real Parque, as favelas Real Parque e Jardim Panorama e o Empreendimento Parque Cidade Jardim, todos situados administrativamente no distrito do Morumbi, Zona Oeste da capital paulistana.

4 Alfredo, 1999.

[5] Marx, 1985.
[6] Marx, 1986.
[7] Alfredo, 1999: 37.
[8] Marx, 1985: 45.
[9] Carlos, 1994.
[10] Cabe aqui uma observação das mais importantes e que o leitor deverá considerar na leitura do que segue. Uma análise crítica e radical da sociedade (*dessa* sociedade) não pretende a sua afirmação positiva como finalidade, cujo resultado possível seria, ao menos na esfera do pensamento, uma conciliação com a reprodução de uma sociedade contraditória, que perdeu, em parte, o seu próprio sentido. Essa análise, ao contrário, encontra e coloca os limites do objeto (a sociedade em suas contradições). Negativamente aos fatos, o pensamento não afirma complacentemente essa sociedade, mas a nega dialeticamente, pondo, no limite último, a superação como horizonte. Por isso é preciso enfatizar: não pretendemos, aqui, desconsiderar absolutamente o planejamento urbano, as ações do Estado ou a boa vontade de urbanistas e planejadores. Se o pensamento caminha em direção a uma negação do planejamento urbano, é preciso considerá-la, então, necessariamente, como negação dialética.
[11] Villaça, 2004.
[12] Idem: 183.
[13] Adorno, 1995: 56.
[14] Para efeito de nossos objetivos, neste capítulo a cisão entre urbanismo e planejamento urbano (como dois sentidos distintos) não se efetua completamente. Isso porque aqui a noção de *urbanismo* acompanha e fundamenta-se numa vasta reflexão teórica desenvolvida por Henri Lefebvre no seio de seu pensamento a propósito do processo de produção e reprodução do espaço (urbano).
[15] Lefebvre, 1999: 137.
[16] Lefebvre aponta para a existência de três tipos de urbanismo, sem que por isso seja possível considerá-los, no interior do pensamento lefebvriano, como absolutamente distintos ou isolados. Segundo o autor, podemos identificar: a) *o urbanismo dos homens de boa vontade ou dos humanistas*, dentre os quais arquitetos, urbanistas e escritores. Nesse tipo de urbanismo, as reflexões e projetos elaborados estão em relação ou implicam uma filosofia, geralmente de tradição humanista – aquela ligada ao humanismo clássico. Imbuídos de legítima "boa vontade", tais especialistas habitualmente assumem o papel ou creem-se "médicos da sociedade" ou "criadores de relações sociais" (Lefebvre, 2006: 24). Para Lefebvre, na maioria das vezes, no entanto, esse tipo de urbanismo conseguiu, no máximo, resultar ou em formalismo (produção de modelos destituídos de conteúdo) ou em estetismo; b) *o urbanismo dos promotores imobiliários*. Aqui, projetos e produtos não têm outra finalidade senão o mercado. Vende-se *urbanismo*, reduzido à condição de valor de troca; c) *o urbanismo do Estado*, aquele ligado aos administradores do setor público estatal ou aos tecnocratas. Pragmático, tecnocrático e sistematizado, pretende-se técnico e científico (legitimando-se segundo a ideologia do racionalismo operatório), quando é, em realidade, representação e política (em seu aspecto simultaneamente institucional e ideológico).
[17] Weber, 1982 [1919].
[18] Idem, p. 98
[19] Idem.
[20] Em nossa pesquisa de mestrado, analisamos especificamente os trabalhos de Raquel Rolnik (1994), Ermínia Maricato (2002), Flávio Villaça (2004), João Sette Ferreira (2010) e Mariana Fix (2004).
[21] Offe, 1984: 142.
[22] Idem.
[23] A expressão "classe dominada" é utilizada como recurso para uma oposição adequada ao termo mencionado anteriormente "classe dominante".
[24] Considerando seus diversos níveis institucionais.
[25] Não desconsideramos de forma alguma a importância das diferenças históricas concretas ou as mudanças diversas de estrutura e função referentes ao Estado. Apenas consideramos que elas são, sozinhas, insuficientes para a elaboração de nosso raciocínio.
[26] Política, ideológica, teórica.
[27] Teórico marxista alemão formado no *Instituto para a pesquisa social* (Institut für Sozialforschung) da Universidade de Frankfurt, tido como um dos representes de um legado crítico deixado pela chamada "Escola de Frankfurt".
[28] Offe, 1984.
[29] Idem: 143
[30] Offe e Ronge, 1984: 123.
[31] O livro *Problemas estruturais do Estado capitalista* (1984) é composto por um conjunto de artigos de autoria de Claus Offe. Alguns desses artigos foram escritos em parceria, como é o caso do artigo intitulado: "Teses sobre a fundamentação do conceito de 'Estado capitalista' e sobre a pesquisa política de orientação materialista", escrito em parceria com Volker Ronge, citado ao logo de nosso texto.

[32] Offe e Ronge, 1984: 123.
[33] Idem.
[34] Idem, p. 124.
[35] Idem, p. 125.
[36] Idem.
[37] Idem.
[38] O que inclui os trabalhadores, dada a ficcionalização da força de trabalho como mercadoria.
[39] Offe e Ronge, 1984: 126, grifo nosso.
[40] Kosminsky e Andrade, 1996: 56.
[41] Offe e Ronge, 1984: 128.
[42] Idem, p. 129.
[43] Idem, p. 147.
[44] Para Offe e Ronge (1984), o sistema de instituições políticas atuaria segundo um critério de seletividade que corresponderia a uma restrição não acidental e não aleatória de um conjunto de possibilidades. O que isso significa? Significa considerar que as possibilidades políticas passam por uma filtragem (ou por um sistema de seleção), que determina quais acontecimentos são passíveis de serem realizados e quais serão excluídos no processo político. Se algumas políticas sociais não são implementadas (ao menos satisfatoriamente), ou mesmo se as possibilidades de mudança social e política não chegam a se colocar concretamente, isso não deriva de uma incapacidade momentânea da classe dominante em fazer valer seus objetivos. Esses 'não acontecimentos' estão determinados muitas vezes na própria estrutura do Estado que, através de mecanismos de seleção institucionalmente arraigados, exclui as possibilidades que coloquem em risco (ou entrem em conflito) interesses que são, simultaneamente, fundamentais à reprodução de uma classe dominante, bem como à reprodução do Estado. A garantia dos direitos liberais, especialmente a manutenção da propriedade privada, representa um bom exemplo de como essa seletividade pode funcionar. Nesse sentido, poderíamos interpretar a **não** concretização da *função social da propriedade privada (da terra urbana)* – demanda central das entidades sociais envolvidas na luta pela Reforma Urbana – como um desses 'não acontecimentos', discerníveis também a partir de um processo de filtragem que tenta excluir toda possibilidade de destituição daquilo que ameaça ou fundamenta a sociedade alicerçada na troca. Não se trata de forçar uma mistificação, dada a abstração própria do Estado. No processo político de disputa do poder, isso pode *aparecer* como resultado de uma correlação de forças sempre pendente ao atendimento dos interesses particulares de uma autorreproduzível elite política e econômica. Parece-nos, entretanto, fazer mais sentido a compreensão de que a manutenção formal e real da propriedade privada tem um sentido *essencial*, cuja explicação teórica passa pelo estabelecimento de relações estruturais. Dadas as condições de sua reprodução – que inclui a produção e a reprodução de relações sociais de produção fundamentadas na troca de mercadorias –, o Estado por meio de seu aparelho institucional atua segundo uma seletividade que busca decantar um interesse de classe disperso e, ao mesmo tempo, proteger o capital contra articulações e interesses contrários. O problema reside no fato de que o Estado necessita, simultaneamente, ocultar e desmentir essas atividades de seleção.
[45] Sem dúvida nenhuma, uma reflexão que se restringisse a discorrer "apenas" sobre o papel do Estado na sociedade e na economia organizada de forma capitalista já seria, por si mesma, espinhosa o suficiente para preencher o trabalho de toda uma vida acadêmica. Evidentemente, não tivemos tamanha pretensão e, exatamente por isso, as limitações no tratamento dessa temática já estão colocadas fatalmente. Há ainda que se considerar outros limites: em primeiro lugar, ressaltamos aqueles que resultam de nossa leitura particular do autor em questão. A ênfase colocada em um trabalho específico sempre correrá o risco de reduzir a complexidade do pensamento que, longe de estar imobilizado nas linhas do texto, possui um movimento que dá sentido seja a uma obra, seja a um percurso intelectual; em segundo lugar, os limites também se anunciam como limites do próprio autor. Mesmo já anunciando a importância da reflexão elaborada por Offe (1984) para o desenvolvimento de nossa argumentação, reconhecemos que as dificuldades colocadas na/pela leitura de seu trabalho também são produtos das lacunas interpretativas deixadas por ele ao longo do texto a propósito do Estado.
[46] Offe, 1984.
[47] Muito dos avanços interpretativos permitidos por Henri Lefebvre decorrem de sua formulação teórico-conceitual que amplia o *conceito de produção*, não mais restrito à produção de coisas, de bens, mas referindo-se simultaneamente às relações sociais, valores, costumes, ideologia.
[48] Sposito, 1996.
[49] Offe e Ronge, 1984.
[50] Sposito, 1996: 43.
[51] Idem.
[52] Kosminsky e Andrade, 1996.
[53] Sposito, 1996: 43, grifo nosso.
[54] Kosminsky e Andrade, 1996: 57, grifo nosso.

[55] Além do contrato ou do aspecto jurídico, é preciso considerar que a troca pressupõe, simultaneamente, um aspecto ético e um aspecto lógico, todos eles unificados pelo Estado.

[56] Harvey, 2005.

[57] Sposito, 1996: 45.

[58] Idem, p. 46.

[59] Idem, p. 45.

[60] O pressuposto teórico que permitiu a Lefebvre considerar o papel Estado fundamenta-se na consideração de que o Estado mundializou-se; não como um Estado-Mundial, mas como a forma geral do político e do poder.

[61] Kosminsky e Andrade, 1996: 58.

[62] Sposito, 1996: 46.

[63] Aqui cabe uma observação imprescindível: estamos plenamente de acordo com uma diferenciação amplamente utilizada por Lefebvre a respeito de uma crítica do urbanismo. Para Lefebvre existiriam dois tipos fundamentais de crítica: uma **crítica de direita** e uma **crítica de esquerda**. Conforme o autor: "a **crítica de direita** é, grosso modo, uma crítica da burocracia, das intervenções estatistas, na medida em que tais intervenções perturbam a iniciativa 'privada', ou seja, dos capitais. Do mesmo modo, a **crítica de esquerda** é uma crítica da burocracia e da intervenção estatista, na medida em que essa intervenção não considera, ou considera mal, os usadores, a prática social, quer dizer, a prática urbana" (Lefebvre, 2008: 64). A crítica de direita, segundo Lefebvre, é a crítica que "oculta e justifica, direta ou indiretamente, uma ideologia neoliberal [...]" (Lefebvre, 1999: 17). Precisamos nos cercar de todos os cuidados ao realizar uma crítica do urbanismo que se realiza, simultaneamente, como crítica do Estado, pois ela não pretende, de forma alguma, se alinhar ao discurso neoliberal; ao contrário. De acordo com a diferenciação proposta por Lefebvre, a crítica que se pretende aqui é uma **crítica de esquerda**, à esquerda, mas que não é feita, conforme enfatizou o autor, "em nome de determinado grupo, partido ou agremiação de esquerda. Não se trata de crítica levada a cabo em nome de uma ideologia mais ou menos classificada à esquerda. É preciso ir ao cerne das coisas" (Lefebvre, 2008: 66). Ela tem como ponto de partida "o usador, o habitante, considerado não apenas em quantidade, à maneira habitual de cifrar o problema da moradia, mas em qualidade" (Lefebvre, 2008: 68). Para Lefebvre, uma crítica de esquerda só alcança o radicalismo necessário "recusando o Estado, o papel do Estado, a estratégia do Estado, a política do espaço" (Lefebvre, 1999: 147), sem reivindicar, entretanto, o mercado.

[64] A 'crença' nos 'poderes' da razão, da técnica, da ciência, da matemática etc., não é um atributo específico e isolado dessa atividade denominada urbanismo, somente podendo ser compreendida na relação com a racionalidade positivista que (ainda) lhe dá subsídio.

[65] Carlos, 2009: 301.

[66] Lefebvre, 1969: 15.

[67] Daria para extrair da citação anterior o fato de que nem mesmo caberia à tecnocracia decidir e legitimar quais são os problemas urbanos por excelência e, portanto, passíveis de serem postos à operacionalização. Apenas para continuar no exemplo da propriedade privada da terra que nos chama particular atenção: não queremos dizer com as afirmações acima que o setor técnico-administrativo ligado ao planejamento não disponha de qualquer autonomia; tal afirmação seria, de todo, forçosa. O reconhecimento da propriedade privada da terra como problema urbano, ou seja, como problema ao desenvolvimento social urbano, pode eventualmente aparecer no âmbito dessa esfera da burocracia, em relatórios e diagnósticos técnicos. No entanto, não caberá, certamente, a esse nível, a legitimação (formal e real) da propriedade privada da terra como um problema urbano. O setor técnico-administrativo opera apesar e reproduzindo o próprio problema. A legitimação *formal* da propriedade privada da terra como problema urbano só poderia se constituir em outro nível político.

[68] Lefebvre já enfatizava um processo de redução do urbano às questões relativas à moradia e aos equipamentos, o que sinalizava, para ele, uma estreiteza da vida política.

[69] Lefebvre, 2006: 19.

[70] É importante assinalar, sempre que possível, que o sentido crítico do *habitat* esbarra, do ponto de vista analítico, no reconhecimento de que as urgências individuais de acesso ao abrigo (um dos aspectos fundamentais para a reprodução social da vida) são extremamente importantes, especialmente porque esse acesso está muito longe de estar garantido no Brasil. No entanto, esse reconhecimento não pode paralisar a crítica de buscar o sentido radical da prática urbanística que encerrou o habitat.

[71] Lefebvre, 1999: 79.

[72] Idem.

[73] Lefebvre, 2006: 19.

[74] Lefebvre, 2008: 128.

[75] A forma representada pelos conjuntos habitacionais pode ser interpretada como a sua manifestação mais sintomática.

[76] Seria preciso considerar também as questões do desemprego, do exército industrial de reserva.

[77] Offe e Ronge, 1984.

[78] Marx, 2004: 141.

[79] Lefebvre, 2008: 141.

[80] Isso não significa, entretanto, que o habitante é exposto pela primeira vez às relações de troca por meio do consumo do habitat. Não é exatamente a isso que se refere esse processo. Um exemplo que pode exprimir de forma mais clara essa questão: os moradores de favelas e loteamentos irregulares que não estão inseridos nas relações formais da propriedade privada da terra, não estão, de forma alguma, excluídos das relações de troca globais que fundamentam a sociabilidade capitalista. A sua integração às relações formais de propriedade – como é o caso da possível mudança à condição de morador de conjunto habitacional – não representa a sua inclusão (primeira) às relações de troca, mas a extensão e intensificação das relações de troca no conjunto de sua própria sociabilidade.

[81] Lefebvre, 1999.

[82] Lefebvre, 1977, apud Nasser e Fumagalli, 1996: 33, grifo nosso.

[83] Lefebvre, 2008: 156.

[84] Lefebvre, 2008: 144.

[85] 1984: 163.

[86] Lefebvre, 1999: 145.

[87] Lefebvre, 1999.

[88] Idem.

[89] Os escritos de *Dialética do esclarecimento* (2006) datam de um contexto sombrio marcado pelos horrores vivenciados durante e após a 2ª Guerra Mundial.

[90] Adorno e Horkheimer, 2006:11, grifo nosso.

BIBLIOGRAFIA

ADORNO, T. "Progresso". In: ADORNO, T. *Palavras e sinais*: modelos críticos. Petrópolis: Vozes, 1995, pp. 37-61.

ADORNO, T. W.; HORKHEIMER, M. *Dialética do esclarecimento*. Rio de Janeiro: Zahar, 2006.

ALFREDO, A. "A luta pela cidade na metrópole de São Paulo. Do projeto à construção da Avenida Água Espraiada". 1999. Dissertação (Mestrado) – Faculdade de Filosofia, Letras e Ciências Humanas - Departamento de Geografia, Universidade de São Paulo.

CARLOS, A. F. A. *A (re)produção do espaço urbano*. São Paulo: Edusp, 1994.

_____. "A ilusão da transparência do espaço e a "fé cega" no planejamento urbano: os desafios de uma Geografia Urbana Crítica". In: *Revista Cidades*, v. 6, n. 10, jul./dez. 2009, pp. 289-306.

FERREIRA, J. S. W. "Cidades para poucos ou para todos? Impasses da democratização das cidades no Brasil e os riscos de um urbanismo às avessas". In: OLIVEIRA, F; RIZEK, C.; BRAGA, R. (orgs.). *Hegemonia às avessas*: economia, política e cultura na era da servidão financeira. São Paulo: Boitempo, 2010, pp. 185-213.

FIX, M. "A fórmula mágica da parceria público-privada: Operações Urbanas em São Paulo". In: SCHICCHI, M. C; BENFATTI, D. (orgs.). *Urbanismo*: Dossiê São Paulo - Rio de Janeiro. Campinas: PUCCAMP/PROURB, 2004, pp. 185-98.

HARVEY, D. "A teoria marxista do Estado". In: HARVEY, D. *A produção capitalista do espaço*. São Paulo: Annablume, 2005, pp. 77-94.

KOSMINSKY, E. V.; ANDRADE, M. "O Estado e as classes sociais". In: MARTINS, J. de S. (org.). *Henri Lefebvre e o retorno à dialética*. São Paulo: Hucitec, 1996, pp. 51-70.

LEFEBVRE, H. *Posição*: contra os tecnocratas. São Paulo: Editora Documentos, 1969

_____. *A Revolução Urbana*. Belo Horizonte: Ed. UFMG, 1999.

_____. *O direito à cidade*. São Paulo: Centauro, 2006.

_____. *Espaço e Política*. Belo Horizonte. Ed. UFMG, 2008.

MARICATO, E. "As ideias fora do lugar e o lugar fora das ideias – Planejamento urbano no Brasil". In: ARANTES, O.; VAINER, C.; MARICATO, E. (orgs.). *A cidade do pensamento único*: desmanchando consensos. Petrópolis: Vozes, 2002, pp. 121-92.

MARX, K. *O Capital. O Processo de Produção do Capital*. v. I, Livro Primeiro, t. 1. São Paulo: Nova Cultural, 1985.

_____. "Metamorfose do sobrelucro em renda fundiária". Seção VI. In: MARX, K. *O Capital.* O *Processo Global da Produção Capitalista*. v. III, Livro Terceiro, t. 2. São Paulo: Nova Cultural: 1986. pp.123-66.

_____. *Manuscritos Econômico-Filosóficos*. São Paulo: Boitempo, 2004.

NASSER, A. C. A.; FUMAGALLI, M. "A opressão da equivalência, as diferenças". In: MARTINS, J. de S. (org.). *Henri Lefebvre e o retorno à dialética*. São Paulo: Hucitec, 1996, pp. 25-38.

OFFE, C. "Dominação de classe e sistema político. Sobre a seletividade das instituições políticas". In: _____. *Problemas estruturais do Estado capitalista*. Rio de Janeiro: Tempo Brasileiro, 1984, pp. 140-77.

OFFE, C.; RONGE, V. "Teses sobre a fundamentação do conceito de 'Estado capitalista' e sobre a pesquisa política de orientação materialista". In: OFFE, C. *Problemas estruturais do Estado capitalista*. Rio de Janeiro: Tempo Brasileiro, 1984, pp. 122-37.

ROLNIK, R. "Planejamento urbano nos anos 90: Novas perspectivas para velhos temas". In: RIBEIRO, L. C. de Q.; SANTOS JÚNIOR, O. A. (orgs.). *Globalização e fragmentação da Reforma Urbana*: o futuro das cidades brasileiras na crise. Rio de Janeiro: Civilização Brasileira, 1994, pp. 351-60.

SPÓSITO, M. P. "A produção política da sociedade". In: MARTINS, J. de S. (org.). *Henri Lefebvre e o retorno à dialética*. São Paulo: Hucitec, 1996, pp. 39-50.

VILLAÇA, F. J. M. "Uma contribuição para a história do planejamento urbano no Brasil". In: DEAK, C.; SCHIFFER, S. R. (org.). *O processo de urbanização no Brasil*. São Paulo: Fupam/Edusp, 2004, pp. 169-244.

WEBER, M. "A política como vocação". In: H. H. Gerth; C. Wright Mills (orgs.). Max Weber: ensaios de Sociologia. Rio de Janeiro: LTC - Livros Técnicos e Científicos, 1982. pp. 97-153.

ESPAÇOS DE DESINDUSTRIALIZAÇÃO NA URBANIZAÇÃO CONTEMPORÂNEA DA METRÓPOLE

Rafael Faleiros de Padua

O entendimento da dinâmica de reprodução da metrópole[1] hoje nos coloca a necessidade de investigar a transformação dos lugares, em um momento em que a metrópole passa por um processo de reestruturação produtiva, com uma desconcentração industrial articulada a uma centralização dos serviços ligados à gestão e ao financeiro.[2] A desindustrialização em São Paulo, nessa perspectiva, é visualizável em determinadas regiões da metrópole, e não na metrópole como um todo.[3] As regiões em processo de desindustrialização, com disponibilidade de terrenos incorporáveis ao mercado imobiliário, são integradas ao processo produtivo e forjadas como novas fronteiras econômicas no urbano. A urbanização aparece aí como um negócio importante para os mecanismos da acumulação de capital, e nesse sentido os espaços de desindustrialização se revelam como novas regiões a serem manejadas pelos agentes hegemônicos da produção do espaço,[4] num contexto crescente de mundialização. A reestruturação de espaços deteriorados nas grandes cidades industrializadas do mundo se apresenta com muita evidência, dada a centralidade dessas áreas e o espaço que ocupam no tecido urbano. São regiões industriais ou portuárias, que, com a reestruturação produtiva, a modernização dos transportes e da logística, além do adensamento e congestionamento das grandes cidades, se tornam espaços obsoletos e não produtivos no sentido econômico.[5] Dessa forma, o processo de integração de regiões degradadas do ponto de vista econômico às dinâmicas de valorização aponta, como tendência mundial, para a centralidade que a produção do espaço e a urbanização tomam hoje para a reprodução do capital.

Na cidade de São Paulo, identificamos dois tipos de espaços de desindustrialização: um que se refere às regiões de industrialização mais antigas,[6] ao redor das ferrovias, no sentido Noroeste-Sudeste da cidade, cujo processo de desindustrialização também é mais antigo, regiões onde até pouco tempo atrás não se percebia uma tendência mais clara à revalorização efetiva do espaço.[7] Trata-se de espaços que apresentam processos de reutilização para atividades diversas e que agora passam a se apresentar também como novas fronteiras econômicas no urbano, com grande expansão do setor imobiliário, sobretudo residencial; o outro tipo de espaço de desindustrialização são aqueles onde a industrialização efetiva se deu posteriormente, a partir da década de 1950. Nesses espaços, se constituíram lugares totalmente ligados à indústria de grande porte, responsável em grande parte pela própria urbanização dos lugares, onde hoje a disponibilidade de terrenos é grande, com grandes galpões de antigo uso industrial desativados e com uma localização e acessibilidade relativamente privilegiadas no contexto atual da metrópole, pois estão nas proximidades da avenida Marginal do Rio Pinheiros.

A diferença do processo de produção do espaço entre as regiões de industrialização mais antiga e as regiões de industrialização mais recente onde a partir da década de 1990 se intensificou a desindustrialização é que nessas últimas o dinamismo do setor imobiliário incorporou os grandes terrenos de antigo uso industrial de maneira extremamente rápida em relação ao próprio período de permanência consolidada da indústria ali, relativamente curto (30 anos aproximadamente),[8] dinamismo ajudado pelo fato de parcelas dessas regiões se localizarem estrategicamente na extensão de eixos de valorização já consolidados, como é o caso da porção norte do distrito de Santo Amaro, que se apresenta como a ponta sul do eixo de valorização do vetor sudoeste da metrópole. Esse movimento de incorporação acelerada de terrenos hoje passa a incorporar também os terrenos disponíveis nas regiões de industrialização antiga, que ainda dispõem de terrenos desocupados pela indústria para a incorporação imobiliária.[9]

Neste capítulo, procuraremos problematizar as mudanças produzidas pela expansão do setor imobiliário sobre espaços de desindustrialização, que aparecem no momento atual como regiões privilegiadas para os negócios da reprodução do espaço urbano, dada a sua localização e a disponibilidade de grandes terrenos de antigo uso industrial. A escassez de terrenos em São Paulo faz com que o setor imobiliário se expanda para onde haja terrenos disponíveis, criando, nas regiões onde isso seja possível, novos eixos de valorização, novas fronteiras da urbanização como negócio. A análise desse processo nos encaminha à apreensão de um processo de mudança, de persistências e rupturas que apontam para a configuração de novos modos de ver a cidade e a metrópole, novas formas de sociabilidade, apresentando conflitos entre diferentes tipos (e tempos) de sociabilidades presentes ainda no mesmo lugar. Trata-se da produção de novos lugares na metrópole, com novos conteúdos, não se tratando somente de uma mudança da paisagem dos lugares, com a verticalização, mas dos conteúdos concretos nos lugares, com novas linguagens e novos modos de se viver na metrópole.

A escassez de terrenos para a produção imobiliária em São Paulo produz um fenômeno novo: a expansão do setor imobiliário tanto em regiões menos valorizadas dentro da cidade de São Paulo como em outros municípios da região metropolitana e mesmo para além dela (Jundiaí e Santos, sobretudo). Em muitos casos, constitui um movimento que modifica profundamente a vida cotidiana de lugares consolidados da metrópole. Esse é o caso dos espaços de desindustrialização que são tomados por esse processo. Lugares onde predominava a atividade industrial, mas que contavam e contam ainda com uma população moradora tradicional, passam a receber grandes condomínios residenciais, se convertendo em objetos para a expansão acelerada do setor imobiliário. Bairros tradicionais, de pequenas casas, pequenos sobrados, vizinhos de antigas indústrias, muitas delas desativadas, se veem tomados por um grande e rápido processo de mudança. Agora, nas ruas, um intenso fluxo de carros, ônibus, vans escolares, vans de entregas de produtos e caminhões de construção. Pequenas casas, agora cercadas por grandes condomínios, se tornam estabelecimentos comerciais requintados, voltados para um consumo da nova população moradora dos recentes condomínios.

O MOVIMENTO DA PAISAGEM E A TRANSFORMAÇÃO DOS LUGARES

São Paulo se apresenta hoje como uma metrópole que vem se inserindo cada vez mais nas redes e nos fluxos mundiais, ganhando características de uma cidade mundial, se transformando nesse processo de inserção aos mecanismos gerais da economia global, fazendo com que as suas antigas regiões industriais se apresentem como novos eixos de incorporação imobiliária. Em nossa tentativa de pensar uma geografia dos lugares da metrópole partindo do que chamamos de "espaços de desindustrialização", num primeiro momento a observação da paisagem revela lugares em franca transformação, sobretudo com um movimento acelerado de construção de grandes condomínios residenciais, os condomínios clube, que levam na esteira novos comércios voltados para um novo público consumidor que passa a morar no lugar.

Observamos nos lugares um momento de passagem, com uma grande quantidade de edifícios prontos ou em construção, grandes condomínios, em meio a conjuntos de pequenas casas, muitas delas transformadas em comércios. Na paisagem, o novo e o antigo coexistem, com as pequenas casas, os pequenos bares, os galpões de antigo uso industrial desocupados, convivendo agora com os novos empreendimentos residenciais já prontos ou em construção. Isso mostra um movimento acelerado da paisagem nesses lugares, quando os novos elementos vão ocupando o lugar dos elementos do tempo da indústria. Nesse movimento de transformação das formas espaciais, há a transformação das práticas cotidianas, com novos conteúdos substituindo os antigos conteúdos produzidos e vividos quando a indústria ainda era a principal atividade dos lugares.

Esse processo de transformação evidente na paisagem exige a reflexão sobre as práticas dos moradores tradicionais, que vão sendo destituídas, revelando os conteúdos dessa nova inserção dos lugares no movimento de reprodução da metrópole. As regiões que hoje aparecem como espaços de desindustrialização, sejam aquelas onde a industrialização se deu já a partir do final do século XIX e começo do XX (Água Branca, Barra Funda, Brás, Mooca, Belenzinho), sejam aquelas que se industrializam a partir da década de 1950 (Vila Leopoldina, Santo Amaro), tiveram sua urbanização extremamente ligada ao processo industrial que se realizava ali. Nesse processo de industrialização/urbanização de lugares industriais periféricos, o processo de instalação da indústria e com ela a produção dos bairros operários faz com que essas regiões sejam incorporadas ao tecido urbano da metrópole. Hoje, no movimento de reestruturação produtiva, passam a ser regiões com estoque de terrenos para a incorporação imobiliária, diante de uma escassez de terrenos nas regiões mais valorizadas da metrópole.

Enquanto espaços industriais se revelavam também como lugares da reprodução de uma classe trabalhadora envolvida pelas necessidades da reprodução da indústria, com seu ritmo próprio, num processo repetitivo, reprodutivo. Esses lugares aparecem não só como o lugar da fragmentação do espaço e do tempo pelas necessidades da indústria, mas também como lugar da apropriação, lugar da reprodução da vida na metrópole, com seus espaços-tempos qualitativos, pela própria concentração de pessoas, nos bares, nos restaurantes, na estação de trem, ou seja, há a produção de uma vida social ligada ao lugar. A vida de uma classe média, ou média baixa, que tinha seus espaços de sociabilidade e suas relações de vizinhança e de amizade com as outras pessoas do lugar, partilhando a realidade de um cotidiano dominado pela produção industrial. O lugar aparecia contendo certa unidade, se realizando para além do espaço privado da casa. No presente, as estratégias dos agentes hegemônicos da produção do espaço tomam os lugares como se fossem espaços vazios para serem manejados para a valorização. Nessa produção capitalista do espaço, mostra-se a necessidade da transformação acelerada de grandes regiões da metrópole para uma efetiva valorização do espaço. O que é específico nesse momento é a magnitude do processo de transformação dos lugares, o tamanho das regiões e a velocidade com que as estratégias são realizadas. A produção do espaço torna-se acelerada, novas tendências são produzidas e novas regiões são incorporadas rapidamente às estratégias da produção do espaço.

Nesse movimento de incorporação de novas regiões às estratégias da produção do espaço, o Estado tem um papel fundamental de produzir as condições necessárias para a expansão das fronteiras econômicas no urbano. As operações urbanas se colocam como instrumentos-chave para a formação de novos eixos de valorização na metrópole. A operação urbana é um instrumento urbanístico de exceção à lei de zoneamento, permitindo, em seu perímetro, a construção acima do coeficiente estabelecido na lei, através do pagamento ao poder público pelos empreendedores privados. O montante auferido nesse processo deve ser reinvestido em obras de infraestrutura nos limites do perímetro da operação urbana. Ou seja, o Estado agiliza o processo de valorização, produzindo novas possibilidades para a reprodução do setor imobiliário. As operações urbanas na cidade de São Paulo (em vigência, em estudo ou propostas) incorporam os espaços de desindustrialização aos seus mecanismos, indicando essas regiões como prioritárias para os processos de "renovação urbana". Áreas cada vez maiores da metrópole são encampadas como perímetros desse instrumento urbanístico.

Nas operações urbanas, os espaços de desindustrialização aparecem como regiões a serem recuperadas para a cidade, renovadas, revitalizadas, com novas articulações entre o poder público e o setor privado, como se o crescimento econômico desses lugares produzisse automaticamente um desenvolvimento social. A questão central é que nesses processos de renovação desses espaços, a população moradora antiga dos lugares faz parte da "degradação", e as estratégias hegemônicas promovem um arrasamento da vida social desses lugares, revelando o aprofundamento da fragmentação do espaço e da vida cotidiana neles, impondo a segregação como um conteúdo central da urbanização contemporânea da metrópole.

A SEGREGAÇÃO COMO CONTEÚDO DA URBANIZAÇÃO CONTEMPORÂNEA

Fica claro que as estratégias e ações do poder público articuladas aos interesses dos setores privados transformam o espaço cada vez mais em um espaço produtivo no sentido econômico, aprofundando a fragmentação e a segregação. Com essas estratégias se realizando, produzindo outro espaço, com outros conteúdos diferentes dos que estavam estabelecidos nos lugares, ocorre um arrasamento da vida social já estabelecida neles, quebrando as relações sociais constituídas no período de predomínio industrial ou mesmo anteriores a esse período. Por se tratar de tendências de valorização, há a saída de parte da população antiga, que é segregada de seu próprio lugar de moradia na cidade.

Sobretudo nos projetos dos grandes condomínios residenciais é expressiva a tentativa de promover um "novo modo de viver" na metrópole. Os condomínios passam a ser temáticos, dedicados ora ao lazer, ora à sustentabilidade e ao discurso do verde, ora ao esporte e às atividades físicas, com inúmeros espaços internos especializados, desde espaços dedicados exclusivamente às crianças pequenas a praça contemplativa e *spa* com hidromassagem. São condomínios construídos em grandes terrenos, de 17.000, 20.000, 70.000 m^2, com mais de uma torre e com uma infinidade de serviços e equipamentos dentro de seus muros. O discurso da segurança tem um peso forte para a realização desses condomínios, que jogam com a questão da violência urbana atual nesses projetos que são totalmente fechados à cidade. Aliados aos equipamentos presentes dentro do próprio condomínio, é oferecido ao morador uma grande gama de serviços de lavanderia, *personal training*, *pet shop*, motorista, aluguel de filmes etc., a serem consumidos. Ou seja, propõe-se uma vida na qual se precisa o menos possível sair do condomínio, pois ele satisfaz grande parte das necessidades cotidianas dos moradores, logicamente com um custo adicional para esses serviços. Do ponto de vista dos novos equipamentos de entretenimento, casas de shows, casas de eventos, ou mesmo novos edifícios de escritórios, também há um fechamento à cidade, pois são todos espaços cujo uso é mediado por pagamento e aonde se chega de carro e se sai de carro. É preciso salientar que quando se verifica o avanço da fronteira econômica, com a instalação de novos equipamentos em regiões da cidade onde antes predominava a indústria, os vizinhos a eles não participam em nada do seu funcionamento. Os vizinhos da casa de shows não frequentam os shows, pois as atividades são voltadas para outro padrão de consumo, assim como não usam os serviços que vão se instalando para atender ao público dos novos condomínios. Ao mesmo tempo que avançam esses novos equipamentos e condomínios, aumenta o volume do trânsito de carros no lugar, pois o uso dos novos equipamentos de entretenimento e lazer, assim como a própria vida nos novos condomínios está baseada no deslocamento de carro pela metrópole.

Podemos dizer que pelo volume das estratégias e das ações nesses espaços de desindustrialização existe um direcionamento da urbanização desses lugares no momento atual de reprodução da metrópole. Trata-se de uma urbanização desurbanizante,[10] pois nega a cidade, uma vez que o aprofundamento da fragmentação do espaço, com uma funcionalização extrema dos usos, na disseminação de espaços de consumo privados, especializados, obedecendo a ordens estritas de uso, projetados para funções determinadas, esvaziam o conteúdo da cidade como o lugar da reunião, do encontro das diferenças, dos espaços qualitativos e livres. A vida se divide cada vez mais no uso de espaços com funções específicas em momentos específicos, que são vendidos como produtos. Dessa forma, a própria cidade se torna um produto, pois se trata da venda de um novo modo de vida através dos novos empreendimentos, produzindo uma vida cotidiana cada vez mais fragmentada. Resulta disso que a cidade toma cada vez mais um conteúdo de mercadoria, segregando as classes empobrecidas do uso dos espaços sociais urbanos. Ocorre, com isso, uma instrumentalização da vida na cidade para a realização de interesses ligados à reprodução econômica, contraditórios à reprodução da vida.

Um dos conteúdos essenciais propostos por essa urbanização voltada para a realização do econômico na metrópole é a destituição do habitar, que já era residual no caso dos espaços industriais, para a afirmação do habitat.[11] O habitar não carrega somente o sentido de morar na cidade, mas de realizar as potencialidades da vida urbana. A vida urbana carrega as possibilidades das conquistas do homem em sua história, no sentido de sua emancipação. No momento atual, o habitar é instrumentalizado através de inúmeras ideologias, como a ideologia da segurança, do verde, da sustentabilidade, do crescimento econômico ilimitado, da qualidade de vida, revelando a cidade mais como um conjunto de coações do que de realização da vida. Há a negação dos lugares públicos da metrópole, afirmando-se a cidade do automóvel, que contribui para esse modo de vida fragmentado e de lugares fechados e privados.

A produção do espaço se revela, com isso, como a produção de novas raridades, novos equipamentos, novos produtos, novas tendências, novas ideias hegemônicas de como se morar na metrópole. Nesse processo material e ideológico da produção do espaço, há um refinamento da segregação. Para os mais pobres, os moradores de favelas, população de rua, comunidades carentes, a segregação é vivida como a expulsão violenta e arbitrária, pois, para efetivar a valorização do espaço, faz parte das estratégias dos agentes hegemônicos da produção do espaço a retirada dos pobres, através das articulações entre os empreendedores privados e o Estado.

Identificamos que a segregação se realiza também para aqueles que são moradores antigos dos lugares, proprietários de imóveis, que vivem esse processo como uma destituição dos seus espaços habituais de sociabilidade, com o fechamento de bares, a mudança de vizinhos de longa data, o aumento do movimento de carros, a transformação das pequenas casas em espaços de consumo para a população mais abastada que chega ao lugar e aos quais a população antiga do lugar não tem acesso, em função dos altos preços. Ou seja, o lugar vai se tornando exterioridade para moradores que muitas vezes passaram a vida toda ali, e que, com a transformação do lugar, vão sofrendo um processo de destituição dos seus espaços-tempos da vida. Nesse sentido, esboça-se uma tendência de as pessoas ficarem cada vez mais restritas ao espaço da casa, ao âmbito do espaço privado.

O avanço acelerado da construção dos grandes condomínios residenciais impõe aos lugares uma nova sociabilidade, ligada à moradia e ao consumo de uma classe com maior poder aquisitivo, criando novas desigualdades no lugar, apontando a segregação como forma de sociabilidade, a do não encontro, do evitar o diferente, da vida restrita a espaço-tempos entre os iguais (aqueles que têm o mesmo nível de renda). Para o avanço acelerado e a realização desses processos de valorização, as ideologias têm um peso forte. Isso é revelado até mesmo na ambiguidade que muitas vezes aparece nas falas dos moradores, os que sofrem a segregação, muitas vezes reproduzem as ideologias que os segregam. É o peso da ideia de progresso evidenciada com as novas construções e os novos espaços de consumo.[12] Na produção dos grandes condomínios residenciais, que se apresentam como os produtos mais potentes da transformação dos lugares, identificamos três matrizes discursivas amplamente difundidas, tornando-se "valores" fundamentais para a realização desses empreendimentos: a sustentabilidade, a qualidade de vida e a segurança. Elas atuam como formas de mascaramento das contradições produzidas no espaço urbano, invertendo o conteúdo concreto posto nesse processo de urbanização. Trata-se, assim, de uma urbanização desurbanizante, porque nega os conteúdos concretos do urbano, negando a cidade como o lugar da reunião, da troca concreta dos diferentes, na produção de um espaço abstrato voltado para a valorização mercantil. Com isso, há a redução do morador do lugar a proprietário e a degradação do lugar em uma localização privilegiada da metrópole.

A sociabilidade imposta por esse tipo de produção do espaço baseia-se na fragmentação profunda da vida cotidiana, vivida em espaços/tempos específicos, a moradia, o trabalho e o tempo livre e, entre esses espaços-tempos, o deslocamento de carro pela cidade, reduzindo a rua a local de passagem, negando o espaço público como local de sociabilidade. O espaço público, lugar por excelência da experiência urbana,[13] nessa perspectiva é o lugar a ser evitado, o lugar da violência, da sujeira, da pobreza.

AS REGIÕES DA CIDADE COMO MERCADO DE TERRENOS PARA O SETOR IMOBILIÁRIO

Nos últimos anos, o mercado imobiliário brasileiro viveu uma grande euforia, tanto na produção de empreendimentos residenciais quanto na produção de empreendimentos comerciais nas grandes cidades, apresentando a maior alta mundial (média) dos preços no setor imobiliário.[14] Nesse conjunto, São Paulo é a cidade que observa o maior dinamismo do mercado imobiliário, onde os preços dos imóveis mais tiveram aumento. O dinamismo do setor imobiliário acompanha o crescimento econômico geral, mas é evidente que vem se alçando como uma fatia importante da produção da riqueza, no movimento em que o capital financeiro passa a comandar cada vez mais os circuitos da produção, numa articulação entre as condições específicas de São Paulo às determinações mais gerais da economia mundial. Nesse processo em que a produção do espaço passa a ser uma esfera central da reprodução do capital, o mundial, o mundo da mercadoria se desenvolve com mais fluidez, produzindo contradições profundas e evidentes nos lugares. O consumo do espaço (produção de espaços de consumo) revela este como uma mercadoria especial, em que ao mesmo tempo em que é produzida, produz novas práticas socioespaciais. Objetos cada vez mais determinantes da vida social vão preenchendo os espaços (condomínios, espaços de lazer, academias, carros etc.) e criando um tipo específico de sociabilidade na cidade.

Uma aproximação para entendermos esse movimento em São Paulo pode ser visualizada na expansão do mercado imobiliário nos espaços de desindustrialização. É preciso refletir sobre a prática socioespacial que vai se forjando nesse momento, com os diferentes pontos de vista presentes na produção do espaço revelando o conflito gestado cotidianamente na vida urbana.

Estamos diante de um desafio de pensar um fenômeno que se apresenta como algo novo no contexto da reprodução da metrópole. Os espaços de desindustrialização aparecem no cenário atual da metrópole como grandes parcelas a serem incorporadas para a expansão dos negócios imobiliários, quando a produção do espaço passa a ocupar um papel cada vez mais proeminente na reprodução do capital.

Agora, não se trata de refletir a reprodução da indústria, mas a reprodução da urbanização, desenvolvendo a questão de como esses lugares, que estamos designando *espaços de desindustrialização*, são incorporados aos mecanismos dinâmicos da economia de São Paulo. Nesse sentido, verificamos uma tendência, que já se concretiza parcialmente, da valorização das regiões em processo de desindustrialização. No entanto, para a realização efetiva da valorização dessas regiões, é necessária uma mudança radical dos lugares. Esse processo poderia ser definido como uma atualização dos lugares ao movimento da economia metropolitana, uma atualização que incorpora e provoca mudanças profundas na vida e nas práticas cotidianas das pessoas que vivem nos lugares, impondo novas relações socioespaciais, atualizando o modo de vida nos lugares da metrópole. Para essa mudança, as ações conjugadas do setor privado com o Poder Público são fundamentais, através das ações que a Prefeitura empreende nos espaços de desindustrialização no sentido de torná-los mais atraentes aos investimentos privados. Esse conjunto de ações que visa dinamizar economicamente o espaço produz nos espaços de desindustrialização uma desestruturação profunda da vida cotidiana de uma população de classe média e média baixa, produzindo um lugar de consumo e moradia de uma classe média alta.

Para o setor imobiliário, é a terra que interessa. As casas, os galpões, são um momento de todo o processo, possivelmente dos mais irrisórios no processo de produção imobiliária. Talvez uma barreira fundamental para a produção imobiliária seja justamente a parte subjetiva dos moradores que não querem sair dali, por apego ao lugar. Para os empreendedores, o lugar é mera localização a ser forjada como especial na metrópole.

Segundo a discussão de Harvey sobre o ambiente construído, devemos pensar que a realização do imobiliário depende da imobilização em um lugar e a valorização depende da localização. No entanto, há uma série de barreiras que o capital precisa transpor para a sua realização. Se de um lado precisa criar a raridade para conduzir lugares a processos de valorização, e no caso de São Paulo a escassez de terrenos faz com que a formação de terrenos para novas construções seja um momento necessário e importante, sendo fundamental produzir a localização. Por outro lado, a propriedade privada e a própria raridade, fundamental para a valorização do espaço, criada pelo movimento do setor imobiliário na cidade se tornam barreiras para a realização da valorização.

Após isso, e após a constituição de uma "nova localização privilegiada", coloca-se o problema de que o esgotamento dessa localização exige a produção de novas localizações, mostrando o limite da disponibilidade espacial como uma barreira evidente para os negócios urbanos da incorporação imobiliária. Seguindo o raciocínio de Harvey, podemos pensar que a valorização mercantil no urbano é, já a partir da compra do terreno e da construção dos novos empreendimentos, um processo de desvalorização do capital, inevitável, dado que representa uma imobilização do capital que durará um longo tempo. Ou seja, a própria qualidade fundamental da moradia (e das produções espaciais em geral) como permanência, durabilidade, significa um limite para o ciclo do capital se realizar indefinidamente. A relativa permanência de que necessita a acumulação para se realizar (produção de espaços de moradia, edifícios comerciais e corporativos etc.) é contraditória com a reprodução do capital, mostrando um processo essencialmente crítico, como mostra Harvey,

> O capital fixo que aparece, do ponto de vista da produção, como um pináculo do êxito do capital, se converte, do ponto de vista da circulação do capital, em mera barreira a acumulação futura. Nesta forma, o capital encontra barreiras em sua própria natureza. Só há duas formas de resolver essas contradições. Resolvem-se pela força da crise ou se deslocam para um plano mais alto e mais geral aonde proporcionam os ingredientes para a formação de uma crise diferente e mais profunda.[15]

Adriano Botelho também mostra como a propriedade fundiária representa uma barreira para a reprodução do setor imobiliário, pois a compra do terreno representa *"28,41% dos custos de produção totais (Dieese, 2001:33)"*.[16]

> Nesse processo de expansão da área construída urbana como estratégia para o enfrentamento da alta dos preços nas áreas mais "nobres" da cidade é fundamental o papel dos promotores/incorporadores imobiliários para a criação de novas necessidades, que se materializam em uma diferenciação do espaço urbano.[17]

Assim, o mercado imobiliário precisa de uma velocidade cada vez maior para se realizar, incorporando de maneira rápida os terrenos disponíveis na cidade, cada vez mais determinado pelos mecanismos da reprodução do capital financeiro. Francisco de Oliveira mostra a criação de uma nova sociabilidade com o domínio do capital financeiro. Uma sociabilidade dependente de uma indeterminação como norma e uma violência estatal para assegurar o processo de rentabilidade do capital. No caso do urbano, a polícia em suas diversas instâncias está de prontidão para garantir a propriedade privada, forma básica para a circulação do capital na cidade. Resumindo, é a sociedade e suas condições de reprodução cada vez mais envolvidas pelos mecanismos da reprodução financeira.

Francisco de Oliveira resume assim o contexto de entrada do Brasil na chamada globalização, momento em que se explicita a passagem para a hegemonia do financeiro:

> Desregulamentação do mercado, abertura indiscriminada às importações, perda do controle cambial, financeirização total da dívida interna e da dívida externa e, não menos importante, a construção do discurso com o qual se acusava os adversários de "corporativismo", negando a "ação comunicativa" anterior e tentando instaurar uma nova sociabilidade, cuja matriz central era tanto o discurso liberal da iniciativa dos indivíduos quanto da desregulamentação e o desmanche que davam bases materiais à nova "ação comunicativa".[18]

Ou seja, trata-se da preparação do terreno para a nova etapa da modernização, o período dominado pelo financeiro. O discurso da deterioração, com a saída da indústria de lugares da cidade, ajuda a estender as regiões de atuação do mercado imobiliário e do Estado.

Mas o processo só alcança essa magnitude através da articulação das ações do setor privado com as ações do poder público. Apesar do discurso oficial (diminuição da desigualdade, função social da cidade etc.), as ações concretas da prefeitura, através, sobretudo, das operações urbanas, apontam para a configuração de parcelas da metrópole em regiões atraentes a investimentos, endossando o esforço do setor imobiliário na criação de novas frentes de valorização do espaço. Com isso, são as leis de mercado que vão balizar também as ações do poder público, numa perspectiva de que a dinamização de regiões da metrópole no sentido econômico, tornando-as produtivas economicamente, seja através da própria produção de condomínios residenciais, seja através da produção de espaços de consumo (crescimento das atividades comerciais e de serviços etc.), representa um processo de desenvolvimento da metrópole, com benefícios que seriam para todo o conjunto da sociedade.

OS CONFLITOS E DESCOMPASSOS NA TRANSFORMAÇÃO DOS LUGARES E DA PRÁTICA SOCIOESPACIAL

A reprodução do espaço nos espaços de desindustrialização produz necessariamente conflitos, e são esses conflitos que revelam os conteúdos da urbanização contemporânea da metrópole. Os elementos que aparecem como o novo vão destituindo os elementos antigos, tanto no movimento de transformação da paisagem, que é evidente, como também no movimento de transformação da prática socioespacial. Novos empreendimentos, novos equipamentos urbanos com novos usos tomam o lugar dos espaços tradicionais da indústria, destituindo os antigos espaços de sociabilidade dos moradores antigos, produzindo conflitos que se realizam na vida cotidiana dos moradores dos lugares. Trata-se da imposição de uma nova prática socioespacial que no momento atual vai destituindo a sociabilidade tradicional dos lugares através da transformação dos bares, restaurantes, pequenos comércios, casas, fábricas, voltados para a população tradicional dos lugares, em espaços do consumo da classe média alta que chega ali para morar nos novos condomínios-clube e frequentar os novos estabelecimentos comerciais, aos quais a população antiga do lugar não tem acesso, devido ao preço alto dos produtos, ou também porque os novos espaços de consumo não fazem parte do tipo de consumo cotidiano dos moradores tradicionais.

Se por um lado podemos pensar que o movimento da paisagem, que revela a mudança de usos, de funções, de atividades, de práticas socioespaciais, é algo inerente à própria ideia de metrópole, ressaltamos que o que é específico do momento atual é a grande velocidade com que se realizam mudanças radicais nos lugares e a magnitude do processo, em se tratando dos espaços de desindustrialização. Fica evidente que esse movimento de mudanças radicais de lugares respeita interesses específicos dos agentes hegemônicos da produção do espaço (incorporadoras, construtoras, imobiliárias, bancos e o Estado), revelados por esses processos de reprodução espacial. Essas mudanças radicais dos lugares são difundidas como "revitalização", "requalificação" ou ainda "renovação" de espaços desvalorizados e degradados da metrópole, tendo na ação dos empreendedores privados a vanguarda do processo como agentes sociais do "progresso". O Estado desempenha aí o papel de implementador da infraestrutura necessária nos lugares e de garantidor legal dos processos de valorização, legitimando as mudanças e neutralizando os conflitos. Esse conjunto de táticas tendo por finalidade a valorização do valor envolve os espaços de desindustrialização como se fossem espaços vazios, como se não tivessem vida social, nem moradores com seus espaços de uso tradicionais, como se não fossem espaços urbanos. Em resumo, as estratégias envolvem esses lugares como lugares deteriorados a serem "revitalizados", encampam o espaço de maneira abstrata e produzem um espaço abstrato, onde as finalidades são exteriores ao uso concreto do espaço, se situando na reprodução do valor de troca.

Quando nos deparamos com espaços de desindustrialização, verificamos a existência de lugares da metrópole, com uma vida social consolidada e, se por um lado apresentam uma deterioração aparente na paisagem, com a própria saída das indústrias e a consequente presença de edifícios e terrenos desocupados, que se impõem como forma, por outro lado se obscurece a perpetuação de relações qualitativas que vem do processo de urbanização induzido pela forte industrialização dos lugares, nos modos de uso destes lugares na construção de sua história, na construção de uma vida social, com momentos qualitativos de reconhecimento possível dos moradores com os lugares, e que persistem no processo de fragmentação promovido pela industrialização. Dessa maneira, entender o que está acontecendo nesses espaços de desindustrialização passa pelo estudo do movimento da prática socioespacial dos lugares, refletindo como a vida social aí se metamorfoseia.

Assim, temos ao mesmo tempo a produção do espaço no sentido de torná-lo cada vez mais produtivo economicamente, com a criação de novas fronteiras econômicas no urbano, com a fragmentação e a funcionalização do espaço e, de outro lado, temos o espaço como instância fundamental da vida, como espaço vivido. A crítica do processo de urbanização atual tem como fundamentação o papel histórico da cidade e do urbano como o lugar do encontro, da apropriação, da diferença, da qualidade. No entanto, estamos diante de uma realidade urbana cada vez mais reduzida a valor de troca e a signos que realizam este valor de troca. A sociedade urbana como hipótese estratégica vislumbra uma verdadeira e concreta socialização da sociedade no urbano. Porém constatamos que o que foi e está sendo socializado são os signos para o consumo, ou seja, há a socialização de abstrações que se concretizam na vida cotidiana.

A pesquisa sobre a reestruturação de espaços de desindustrialização em São Paulo demonstra a necessidade de um encaminhamento voltado a perceber o movimento da realidade, os conflitos entre o novo e o velho, entre o que permanece e o que modifica, produzindo uma nova realidade, com novos conteúdos e novas contradições.

A industrialização produziu uma cidade da produção que nega a cidade da fruição, mas que contraditoriamente ainda tem elementos de uma vida urbana concreta. Os lugares industriais de São Paulo, os que podemos chamar de antigos bairros industriais e operários, revelam ao mesmo tempo a formatação de uma grande parcela da população da cidade ao ritmo e às necessidades da indústria, fragmentando a vida, impondo um tempo quantificado, mas revela também a reunião, o encontro, as necessidades essenciais (radicais) da vida que estão para além do que a própria industrialização fornecia. Criou uma vida social específica, com lugares de sociabilidade que fazem parte da lógica industrial, mas também subvertem essa lógica, pois propõem outra apropriação do espaço e do tempo diferentes da racionalidade industrial. Para José de Souza Martins, o cotidiano fabril também tem momentos de apropriação:

> Os operários não são apenas uma classe social, uma categoria abstrata que junta num destino os que trabalham. Fora da situação de trabalho e fora da fábrica, na sua vida cotidiana, os operários dos diferentes setores de uma mesma fábrica conversam entre si. São vizinhos, viajam no mesmo trem ou no mesmo ônibus. Muitas vezes em conversas de botequim a inteireza do processo de trabalho se torna evidente e consciente. O trabalho e o que acontece dentro da fábrica é freqüente tema de conversação casual fora da fábrica. Às vezes, os poetas veem isso melhor, como o fez Vinícius de Moraes: "um operário dizia e outro operário escutava". Mesmo os mudos trocam ideias.[19]

A produção industrial é também a produção de uma cultura, fragmentada, empobrecida, frequentemente resultado do esfacelamento de matrizes culturais anteriores, se revelando como a domesticação do corpo para a produtividade, não só no momento da produção, mas também nos demais momentos da vida. Mas não captura todo o ser do homem. Devemos ressaltar que a noção de espaço está necessariamente ligada à de apropriação. Há também na cidade industrial espaços-tempos de reconhecimento e de apropriação. Segundo Chombart de Lawe,

> A percepção dos objetos familiares, a apropriação do espaço, a relação com o ambiente próximo tem uma incidência na sensação de prazer que pode dar à vida sua qualidade quando o sujeito, indivíduo ou grupo, chegam a se liberar dos constrangimentos ou das opressões. Mas sobretudo os modos de compreensão mútuos e de comunicação por gestos, as formas originais da língua, as expressões do rosto, as cumplicidades, são a expressão de laços afetivos entre os trabalhadores e seus camaradas de fábrica ou entre os habitantes de um bairro que se encontram nos comércios e constituem uma primeira forma de identidade coletiva, de reconhecimento como pertencendo a um mesmo meio de vida.[20]

Mesmo nos bairros industriais, os moradores e trabalhadores criam um conhecimento concreto do lugar, conhecem os códigos, vivem aqui e ali o reconhecimento com o outro, nas brechas da massificação e dominação da realidade industrial.

Os espaços de desindustrialização hoje mostram o momento de passagem de lugares com uma sociabilidade fundada na industrialização para lugares de expansão do mercado imobiliário, sobretudo. Por se tratar de um momento de passagem, encontramos inúmeras permanências e inúmeras rupturas, o novo vai destituindo o antigo. Estamos diante da produção de um novo espaço em lugares consolidados da cidade, transformando a paisagem e a vida social desses lugares, na cidade produzida cada vez mais como espaço produtivo do ponto de vista econômico. Verificamos que a incorporação dos espaços de desindustrialização pelas atividades dinâmicas da economia representa o aprofundamento da segregação, tanto no próprio lugar, com a destituição dos próprios habitantes de seu lugar, como no contexto da metrópole como um todo, com uma ampliação espacial da segregação, já que o processo produz uma mobilidade das classes empobrecidas para lugares mais distantes do centro e mais desprovidos de infraestrutura. Estamos pensando a segregação também como um rompimento de laços, tanto de relações entre as pessoas nos espaços habituais de sociabilidade, como em relação ao próprio espaço urbano, à paisagem e relações sociais a que os moradores estão habituados.

Se por um lado a segregação se apresenta assim, expulsando da vida urbana quem não tem condições de arcar (financeiramente) com ela, por outro, a vida proposta pelos novos equipamentos (condomínios verticais fechados e espaços de consumo), que ideologicamente propiciam uma "qualidade de vida" urbana, tampouco realizam uma apropriação concreta da cidade, pois se fecham à cidade, colocando a autossegregação como uma solução dos problemas urbanos (violência, trânsito, falta de lazer, escassez de espaços verdes etc.), naturalizando a segregação. Assim, a análise da produção do espaço em espaços de desindustrialização indica um processo de abstração deste.

Diante do fato de que a metrópole vive um momento de passagem da primazia do capital industrial para o capital financeiro, acompanhando o movimento geral da economia capitalista, o espaço passa a ter um novo sentido no movimento de reprodução geral da sociedade.[21] A reprodução do capital financeiro passa cada vez mais pela produção e reprodução do espaço. Nesse sentido, os espaços de desindustrialização se tornam áreas privilegiadas para a ação das estratégias do capital financeiro articulado aos setores da construção civil e do imobiliário. São grandes construtoras, incorporadoras e empresas financeiras os promotores dos novos empreendimentos que em pouco tempo transformam profundamente a paisagem e a vida dos lugares.

Em São Paulo, onde o espaço para novos empreendimentos se torna escasso, pelo adensamento da metrópole em suas áreas mais valorizadas, esses espaços de desindustrialização aparecem como novas fronteiras a serem exploradas por esses agentes hegemônicos da produção do espaço, com a vantagem de se tratar de espaços relativamente desvalorizados devido ao seu uso industrial pretérito. É preciso, para esses agentes da produção do espaço, forjar novos espaços atrativos para o consumo, seja para moradia, seja para escritórios, seja para ambos ao mesmo tempo, ou ainda para novos serviços ou entretenimento, shows etc. Difunde-se para esses lugares novos discursos ligados ao desenvolvimento do lugar com a chegada de novos empreendimentos, novos serviços, de uma classe com maior padrão de consumo. Esses discursos ideológicos têm o papel de construir uma ideia capaz de realizar esses espaços como fronteiras econômicas no urbano.[22] Mesmo nas estratégias do poder público, muitas vezes desenvolver uma região da cidade significa prepará-la para um público com poder de consumo, que irá, em tese, dinamizá-la economicamente. Nesses planos, procura-se adensar regiões, o que também significa, na maioria das vezes, incentivar a moradia das classes mais abastadas ali. Por trás desses discursos está uma visão de cidade como mercadoria, para a qual os lugares da cidade devem se preparar para atrair o capital, devem se tornar produtivos. O poder público encampa os discursos provenientes dos setores privados da produção do espaço, para os quais interessa o aprofundamento da cidade como mercadoria.

O mercado passa a mediar, cada vez mais, a vida na cidade, transformando completamente e rapidamente porções desta, produzindo novos usos em lugares consolidados da metrópole. A cidade como mercadoria invade os lugares da vida das pessoas que não participam do alto consumo. São os moradores dessas regiões em processo de transformação que sofrem passivamente as consequências da lógica da mercadoria na cidade, muitas vezes não podendo permanecer nos seus lugares originais de moradia, em razão da valorização dos lugares. A própria transformação dos lugares, tanto na paisagem como na vida, afasta os moradores tradicionais de seus lugares.

A produção espacial é produzida por relações sociais e produz novas relações sociais, se configurando, assim, como um produto especial. Ela envolve a cidade e as contradições presentes nela, transformando a vida na cidade. Queremos dizer que ao mesmo tempo que o espaço é produzido por determinações sociais do momento atual, ele também induz o modo de apropriação da cidade. Nesse processo de fragmentação da metrópole, afirma-se o estatuto da propriedade privada da terra, ou seja, o espaço é produzido socialmente,[23] mas a sua apropriação se dará através da mediação do dinheiro para pagar pelo seu uso, através da mediação da propriedade privada da terra. Dessa forma, os usos na cidade serão diferencialmente distribuídos de acordo com as possibilidades de consumo das diferentes parcelas da população. Configura-se, assim, uma produção do espaço segregadora, já que exclui do uso aqueles que não podem pagar para tê-lo. Nesse sentido, as transformações em curso nos espaços de desindustrialização aprofundam a fragmentação do espaço e consequentemente aprofundam a segregação socioespacial na cidade. A segregação no momento atual já não é mais algo dissimulado, mas explícito nos novos produtos imobiliários que são construídos nesses lugares anteriormente ocupados pela indústria. É uma cidade fragmentada e segregada a que é produzida aí, com a negação do espaço público e a negação da própria cidade.

O processo revela a negação da ideia de cidade (como lugar do encontro, da reunião, das diferenças, da centralidade), pois está ancorado em discursos e equipamentos que apresentam a cidade como o caos, com seu trânsito caótico, seguido de grandes congestionamentos, a dificuldade da mobilidade; a cidade como o império do cinza, do concreto que afasta as pessoas da natureza, pela falta de espaços verdes; a cidade como o lugar do estresse, da velocidade, da falta de tempo; mas, entre outras razões apontadas, destaca-se a ideia de que o espaço público da cidade é o lugar privilegiado da violência, um lugar inóspito a ser evitado, ou ao menos a ser usado com o máximo de precaução possível. Esse conjunto de ideias faz parte da construção concreta e abstrata dos novos produtos imobiliários e são centrais para a realização dos novos negócios urbanos, apontando claramente que a produção do espaço necessita ao mesmo tempo da produção física de novos lugares e de um conjunto de ideias, de matrizes discursivas que criem "verdades" sobre o que deve ser o "morar com qualidade" na metrópole.

Estamos diante, como já exposto, de uma urbanização desurbanizante, pois nega o urbano na medida em que produz práticas segregadoras que separam os diferentes e que negam o espaço público, a materialidade concreta fundamental para a realização das possibilidades da cidade como o lugar do encontro. A própria morfologia que o avanço acelerado dos grandes condomínios produz nos espaços de desindustrialização indica a negação do urbano, pois são grandes fortalezas, empreendimentos totalmente fechados ao entorno, contando com um aparato de segurança ostensivo, o acesso extremamente restritivo, onde o limiar entre o espaço público e o espaço privado é fortemente controlado, com um limite entre o espaço interno dos condomínios e a rua, violentamente delimitado e vigiado pelo aparato de segurança. Aponta também para a extrema funcionalização dos espaços-tempos da vida cotidiana, afirmando o carro como instrumento central, e a rua se transforma em estrito local de passagem, mediação necessária entre os diversos locais que compõem a vida diária das pessoas (casa, trabalho, escola, faculdade, lazer, compras etc.). O cidadão-consumidor emerge aí com força, pois é consumidor na maior parte do tempo, mesmo da moradia (consumidor de um "estilo de morar" na metrópole) como da cidade, que passa a se reduzir a locais específicos e privados, para os quais os habitantes da metrópole se deslocam de carro. O que é alardeado como "qualidade de vida" se revela como um conjunto de coações, induzido por um mundo mediado pela mercadoria, que produz um individualismo com as feições modernas, com os equipamentos urbanos e as ideologias que o justificam, impondo um tempo linear, vivido em espaços estritamente funcionais em momentos específicos.

Nesse encaminhamento, observamos que os objetos presentes na vida cotidiana são resultados de relações sociais e induzem novas relações sociais. Cada vez mais são mediadores de relações sociais, tendo em vista um espaço social e um tempo social, definindo a prática socioespacial (a cidade e os equipamentos da cidade envolvidos como objetos), denotando uma linguagem, seja da mercadoria, seja dos novos padrões de costumes, jeitos de vestir, vocabulário etc.[24] Linguagem do cotidiano, ou antes, linguagem de uma cotidianidade programada que é compartilhada por todos, que expressa/define a inserção ou não das pessoas e lugares aos movimentos dinâmicos do momento atual. Coisas, mobilidade, acesso, objetos, momentos, lugares, passam pela mediação da mercadoria. Saber, conhecimento e técnica aparecem como dominação, mercantilizados. É a lógica da mercadoria que passa a definir a apropriação, ideologicamente, impedindo a apropriação, sem deixar de permitir alguma apropriação, contraditoriamente. A cidade aparece aí como linguagem da mercadoria, expressão da troca nos moldes capitalistas envolvendo a produção do espaço. No entanto, a totalidade impõe o uso como forma de reprodução da vida, a qualidade entra necessariamente mesmo para realizar a quantidade, revelando a totalidade do espaço (da metrópole) como o lugar do habitar. É a produção do espaço como produção da vida na cidade, que é permeada pela programação, pelos objetos que invadem a vida cotidiana, preenchendo vazios produzidos pela própria cultura do consumo. A produção da abundância das coisas revela a escassez, a miséria, a privação, que se alçam como contradições presentes na realização do urbano contemporâneo.

A cidade hoje se revela como a expressão de um novo momento da urbanização, com o avanço de um modo de vida, que é vivido por todos, mesmo que nem todos participem dele. Consumo de grandes terrenos para construção de grandes condomínios fechados; a casa como investimento, reduzindo o morador do lugar (concreto) a proprietário (abstrato) de um terreno que ganha valor no movimento de transformação do lugar (valorização do espaço); transformação de casas em espaços de consumo, que por sua vez transformam a calçada em estacionamento; intensificação do movimento de carros; imposição/constituição de novos padrões de movimentação na cidade; especialização dos lugares (segundo função, renda), evidenciando uma dependência estrita do carro.

É preciso decifrar a linguagem do mundo da mercadoria que produz a "cidade" atual (o mundo da segregação). A segregação aparece como forma de sociabilidade (forma da sociabilidade restrita, da não sociabilidade) que é naturalizada e que se impõe na sociedade como apaziguadora de conflitos sociais, o que produz ainda mais conflitos. Mesmo que a cidade carregue já há muito tempo as marcas da fragmentação, é preciso ver hoje o que há de novo. A fragmentação do espaço e da vida atinge um nível jamais alcançado e indica (produz) uma realidade que é fundamentalmente segregadora, que separa os diferentes, que produz a desigualdade e relega grande parte da população da cidade à vida distante da centralidade, conteúdo do urbano. Os espaços de desindustrialização na metrópole podem mostrar como o espaço é produzido e, ainda, como novas sociabilidades são produzidas nesse processo, apresentando, em grande medida, novas formas que compõem a produção do urbano atual, fazendo parte do processo geral de reprodução da metrópole. Eles mostram tendências da reprodução da urbanização da metrópole hoje.

A produção do lugar, nesse processo, é na verdade um conjunto de constrangimentos, pois dita-se de antemão como cada indivíduo deve ser, o que deve querer, o que deve ter; apresenta uma vida pronta, acabada, dada e sem conflitos, baseada no consumo irrestrito de objetos, inclusive do "objeto" moradia, ou do "objeto" condomínio ou mesmo do "objeto" "bairro", "cidade", enfim, tudo o que bastaria para a satisfação plena das necessidades dos moradores (aqueles que podem participar dessa vida privilegiada) da metrópole.

As próprias grandes construtoras produzem suas revistas, distribuídas gratuitamente nos estandes de vendas, mostrando a "realidade" que elas "produzem", articulada ao verde, ao sustentável, ao moderno design etc., mostrando como se deve viver, com que produtos equipar a casa, como se deve decorá-la. Os grandes empreendimentos residenciais são apresentados como produtos "totais", um tanto quanto autossuficientes, procurando dar conta em seu interior de muitos momentos da vida diária das pessoas.[25] Esse universo da produção imobiliária parece (e pretende) produzir uma vida específica na metrópole, implantada em uma série de elementos ideológicos, como aquele de "sair" da metrópole caótica (estando nela) dentro desses equipamentos, fechados à cidade, o que não tem realidade concreta. É preciso decifrar o que há de irreal, que no entanto é produzido, é consumido como coisa concreta, o que acaba se tornando realidade (abstrata e concreta), o que se realiza na cidade e no lugar. No lugar onde são construídos, produzem mudanças bruscas, desde o momento do lançamento, ou mesmo antes, quando há demolições para a formação de terrenos, com a própria construção dos empreendimentos e depois o empreendimento pronto e os moradores instalados

Se esses empreendimentos como produtos imobiliários se realizam através das representações e inúmeras ideologias empregadas para a sua publicidade, a realização deles enquanto moradia impõe mudanças no lugar. As ideologias que são difundidas e a concretização dos empreendimentos produzem novas condutas, novos procedimentos e novos olhares, através da produção de novos lugares. Da mesma forma, novos conflitos são produzidos por esse "novo modo de morar na metrópole", com a valorização do espaço e com o encarecimento dos serviços e comércios do entorno, com a rua se afirmando como lugar de passagem de carros, com o trânsito crescente e a calçada como estacionamento de lojas, com o entra e sai de veículos dos condomínios. É um mundo que é produzido como se não existissem moradores antigos no lugar, é como se o lugar não tivesse história e fosse unicamente localização, um ponto na metrópole, cuja qualidade é a sua acessibilidade. Maneja-se com as contingências para que questões sociais (moradores de rua, catadores de material reciclável, favelas, comunidades carentes) não atrapalhem a realização dos negócios urbanos, o que se faz expulsando ou escondendo os pobres dos lugares, o que não ocorre sem resistências. Assim, ao buscar espaço para a sua expansão, o setor imobiliário avança sobre lugares periféricos às regiões mais valorizadas da cidade, constituindo um movimento tendencial de expulsão dos moradores, muitas vezes de comunidades autoconstruídas em terrenos públicos, fenômeno inerente ao processo de industrialização e urbanização brasileiros. Isso mostra que o movimento da valorização do espaço reproduz a periferia, pois esses moradores são empurrados para periferias mais distantes. Os que resistem mostram os conflitos presentes na produção de novas fronteiras econômicas no espaço urbano de São Paulo. Esse conjunto de elementos mostra a preocupação central com a valorização do capital, tendo como mediação o espaço urbano.

NOTAS

1 Este capítulo se baseou na tese de doutorado *Espaços de desindustrialização na reprodução da metrópole*, defendida em 1º de março de 2012 no Programa de Pós-Graduação em Geografia Humana da Faculdade de Filosofia, Ciências e Letras da Universidade de São Paulo, sob orientação da profa. dra. Ana Fani Alessandri Carlos.

2 Lencioni, 2003; Carlos, 2004.

3 Ramos, 2001.

4 Definimos como os agentes hegemônicos da produção do espaço o Estado, os empreendedores privados, o imobiliário, o financeiro.

5 É o caso da região das *docklands* em Londres, da periferia norte de Paris (Saint-Denis), das reconversões de espaços industriais no Vale do Ruhr, na Alemanha, ou ainda de Puerto Madero, em Buenos Aires, além de incontáveis outros exemplos. Segundo Roncayolo, no caso das *docklands* de Londres, uma grande área portuária e industrial deteriorada no leste da capital inglesa, a intervenção urbanística, implementada numa parceria do poder público com o setor privado, com o discurso da "reintegração" da região à cidade de Londres, acabou por transformar o espaço em um exemplo de gentrificação, e que esse projeto pode ser descrito como "uma estratégia econômica e mesmo especulativa evidente" (Roncayolo, 1997: 252).

6 São espaços da primeira fase da industrialização paulistana, ocorrida no período do final do século XIX até aproximadamente a década de 1930.

7 Nestes espaços de desindustrialização mais antigos, até poucos anos atrás verificávamos apenas pontos que apresentam uma tendência a uma valorização do espaço na Água Branca, Barra Funda e Mooca. Nos últimos anos, no entanto, percebemos que o avanço da incorporação imobiliária constitui novos eixos de valorização também nessas regiões mais centralizadas da metrópole. Observamos que há um grande esforço do Estado, através das operações urbanas, de tornar essas regiões atraentes para o setor imobiliário.

8 É o caso de regiões como Vila Leopoldina, Jaguaré e Santo Amaro.

9 É expressivo o processo de expansão do setor imobiliário que ocorre atualmente na Mooca.

10 Henri Lefebvre, *O direito à cidade*, 4. ed., São Paulo, Centauro, 2006.

11 Henri Lefebvre, *Introduction*, em Henri Raymond, N. Haumont et al. *L'Habitat Pavillonaire*. Paris, Centre de recherche d'urbanisme, 1965.

12 Um dos moradores antigos da Vila Leopoldina entrevistados em nossa pesquisa de doutorado evidencia essa ambiguidade quando diz que "Valorizou? Muito, muito, só que vai nos tirar daqui, né, e a gente gostava muito de morar aqui" (Padua, 2012: 199). Alguns desses moradores que são proprietários de casas na Vila Leopoldina e estão em locais em que o setor imobiliário pressiona para a formação de novos terrenos relatavam que cogitavam vender suas casas, mas pretendiam se mudar para outro local próximo, permanecendo na região.

[13] Mongin, 2005.
[14] Revista *Exame*, maio de 2011.
[15] Harvey, 1990: 242-3; tradução nossa.
[16] Botelho, 2007: 56.
[17] Idem, p. 57.
[18] Oliveira, 2007: 30-1.
[19] Martins, 2011: 351.
[20] Chombart de Lawe, 1982: 30
[21] Carlos, 2004.
[22] Smith, 2008.
[23] Carlos, 2008 [1994].
[24] Observamos nos grandes veículos de informação uma grande quantidade de propagandas e reportagens dos grandes empreendimentos imobiliários e dos objetos de decoração para preencher os apartamentos voltados para a classe média alta. É tudo voltado para o consumo dessa classe, mas o que aparece, sobretudo, são objetos para os apartamentos luxuosos, tudo o que envolve o luxo, o requinte. É a construção de uma ideia de que o cotidiano é ditado de cima para baixo, partindo do alto consumo. Essa profusão de anúncios se dá também pelo volume financeiro que circula nos diversos ramos de realização do setor imobiliário. A publicidade aí é fundamental.
[25] Gomes, 2006.

BIBLIOGRAFIA

Botelho, A. *O urbano em fragmentos*: a produção do espaço e da moradia pelas práticas do setor imobiliário. São Paulo: Annablume/Fapesp, 2007.

Carlos, A. F. A. *Espaço-tempo na Metrópole*: fragmentação da vida cotidiana. São Paulo: Contexto, 2001.

_____. *A (re)produção do espaço urbano*. São Paulo: Edusp, 2008 [1994].

_____. São Paulo: do capital industrial ao capital financeiro. In: Carlos, A. F. A.; Oliveira, A. U. de (orgs.). *Geografias de São Paulo*: a metrópole do século xxi. São Paulo: Contexto, 2004.

Chombart de Lawe, P. *La fin des villes*: mythe ou réalité. Paris: Calman-Lévy, 1982.

Exame (revista). São Paulo: Editora Abril, maio 2011.

Gomes, P. C. C. *A condição urbana*: ensaios de geopolítica da cidade. 2. ed., Rio de Janeiro: Bertrand Brasil, 2006.

Harvey, David. *Los limites del capitalismo y la teoria marxista*. México: Fondo de Cultura Económica, 1990.

Lefebvre, H. *O direito à cidade*. 4. ed. São Paulo: Centauro, 2006.

_____. Introdution. In: Raymond, H.; Haumont, N. et al. *L'habitat pavillonaire*. Paris: Centre de Recherche d'Urbanisme, 1965.

Lencioni, S. "Reestruturação urbano-industrial no Estado de São Paulo: a região da metrópole desconcentrada". In: Santos, M.; Souza, M. A. A.; Silveira, M. L. (orgs). *Território*: globalização e fragmentação. São Paulo: Hucitec/Anpur, 1994.

_____. "Uma nova determinação do urbano: o desenvolvimento do processo de metropolização do espaço". In: Carlos, A. F. A.; Lemos, A. I. G. (orgs.). *Dilemas urbanos*: novas abordagens sobre a cidade. São Paulo: Contexto, 2003.

Martins, J. de S. *Uma arqueologia da memória social*: autobiografia de um moleque de fábrica. Cotia: Ateliê, 2011.

Mongin, Olivier. *La condition urbaine*: la ville à l'heure de la mondialisation. Paris: Éditions du Seuil, 2005.

Oliveira, F. de. "Política numa era de indeterminação". In: Oliveira, F. de; Rizek, C. S. (orgs.). *A era da indeterminação*. São Paulo: Boitempo, 2007.

Padua, R. F. de. "Espaços de desindustrialização na reprodução da metrópole". São Paulo, 2002. Tese (Doutorado em Geografia) – fflch, Universidade de São Paulo.

_____ "Implicações socioespaciais da desindustrialização e da reestruturação do espaço em um fragmento da metrópole de São Paulo". São Paulo, 2007. Dissertação (Mestrado em Geografia) - fflch, Universidade de São Paulo.

Ramos, A. "Desindustrialização na metrópole paulistana: o caso da Água Branca". In: *Geousp* – Espaço e Tempo, n. 10, 2001.

Roncayolo, M. *La ville et ses territoires*. Paris: Gallimard, 1997.

Smith, N. "Gentrificação, a fronteira e a reestruturação do espaço urbano". In: *Geousp* – Espaço e Tempo, n. 24, 2008.

NOVA PRODUÇÃO DAS PERIFERIAS URBANAS E REPRODUÇÃO DO COTIDIANO

Danilo Volochko

Como entender as intensas transformações espaciais em curso nas cidades e metrópoles brasileiras nas últimas décadas? Quais são os conteúdos econômicos, sociais e políticos que movem a constante reprodução da morfologia dos espaços urbanos e que vêm redesenhando a prática da vida cotidiana dos habitantes? Por que, em especial, a produção capitalista do espaço tem revelado uma expansão dos investimentos em direção ao tecido urbano das periferias? O que isto pode nos revelar sobre o momento atual da urbanização e que implicações socioespaciais vêm sendo produzidas nesse processo? Essas são algumas das questões que orientam o raciocínio que buscamos construir neste capítulo.[1] No entanto, tais fenômenos, que tomamos como ponto de partida empírico da análise, buscam trazer, em seu tratamento teórico – como *questão a ser analisada* –, um caminho metodológico a ser exposto e debatido.

Parece óbvio que o levantamento de questões e problemas pelos pesquisadores carrega sempre e de modo imanente uma proposta metodológica a ser debatida; propomos inicialmente uma reflexão que caminha no sentido de ressaltar a importância da construção teórico-metodológica das problemáticas e objetos de pesquisa em geografia, pois, de modo tendencial e como hipótese, pensamos que a geografia brasileira atual estaria se constituindo cada vez mais no que poderíamos denominar uma *geografia temática* ou uma *geografia de temáticas*, com pesquisas cada vez mais fragmentadas em que novos temas se multiplicam e potencializam uma ultraespecialização temática, o que talvez esteja inserido como tendência no contexto das ciências como um todo.

Mas o que estaria guiando esta ultraespecilização/ultrafragmentação na e da geografia? Ela revelaria uma nova postura dominante, balizada por uma busca competitiva em explorar novos nichos de pesquisa/financiamento? Vemos que em grande medida o tempo lento da reflexão tem sido subsumido pelo pragmatismo, que por sua vez realiza-se como produtivismo, estabelecendo a competição/hierarquização das instituições de ensino superior como prática que vem sendo crescentemente naturalizada e consolidada na comunidade geográfica. Uma tal *geografia temática* como horizonte apresentaria como problema o fato de que apenas os temas – a verticalização, o aquecimento global, os "megaeventos", o ensino, o livro didático etc. – parecem bastar para definir, por exemplo, a seleção dos autores e da bibliografia das pesquisas, revelando amiúde inconsistências e incoerências metodológicas ou então ratificando um ecletismo através de ideias como *pluralidade* e *complexidade*.

O desafio passa a ser então aquele de situar nossa temática de pesquisa num movimento ampliado, que supere o fragmento-temático articulando-o numa perspectiva possível de totalidade aberta e movente (dialética). Assim, pensaremos a reprodução desigual do cotidiano no movimento da nova produção habitacional nas periferias urbanas como momento de construção de uma problematização teórico-metodológica, como ponto de partida, mediação e chegada; portanto, (e) levando a temática exposta e analisada ao estatuto de mediação, e não como um fim em si mesmo. A construção dessa problemática (teórico-metodológica) de pesquisa apoia-se na análise conceitual da geografia; particularmente, o conceito de produção/reprodução do espaço nos ajuda a elucidar os novos conteúdos do urbano atual; entre os novos conteúdos destacamos: *as periferias capitalizadas reintegrando frações sociais a um novo cotidiano urbano – através do consumo/endividamento/financeirização/institucionalização – ao mesmo tempo que desintegrando tais frações da cidade, da centralidade e da vida urbana, reproduzindo em novos patamares as segregações e alienações socioespaciais.*

A temática anteriormente enunciada articula-se a um modo de fazer geografia que compreende a produção do espaço em sua dimensão concreta (prática) como ponto de partida e mediação para sua construção teórico-metodológica, o que envolve de modo geral pensar os novos conteúdos da urbanização contemporânea por meio dos conflitos entre a cidade como espaço capitalista (espaço dominado pela ação estatista e pela lógica da valorização) contraposto à cidade como espaço do uso e apropriação pela vida cotidiana. Então trata-se de pensar como a produção do espaço pode apontar para uma compreensão dialética do mundo a partir da geografia, entendendo a totalidade socioespacial em suas contradições.

Essa perspectiva nos leva a pensar a produção dos novos espaços das periferias urbanas a partir de uma escala qualitativa de análise: aquela dos sujeitos sociais concretos, dos habitantes, dos movimentos urbanos, em um nível da *práxis* que ilumina a produção do espaço e o cotidiano na dimensão dos conflitos, das práticas e representações dos sujeitos que vivem a prática socioespacial em seus conteúdos contraditórios, em outras palavras, que se enfrentam à produção lógica do espaço emitida pelas ordens distantes – pelo poder político e pela mercantilização. A produção do espaço vista como escala qualitativa de análise não nega as quantificações, apenas busca estabelecer uma dialética entre qualidade/ quantidade que seja capaz de superar a redução da compreensão do espaço a seus termos formais, tipológicos e locacionais (espaço sistêmico), redução própria às lógicas do Estado, que entende o espaço como meio a ser organizado e ordenado (meio a ser equilibrado ao receber programas e políticas), e do capital, que o vê como fonte de acumulação. Nesse sentido, a temática particular da reprodução atual das periferias, articulada à problemática geral da produção/reprodução do espaço, visa compreender a relação entre a produção do espaço *stricto sensu* e *lato sensu*, em que na primeira se empreende a análise no plano da produção capitalista e estatista e na segunda a da produção de relações sociais. Além disso, trata-se de uma leitura que sublinha as diferenças e aponta para as possibilidades, ainda que irrisórias e/ou virtuais, de transformação da realidade socioespacial a partir dos novos conteúdos da produção do espaço urbano.

NOVOS ESPAÇOS NAS PERIFERIAS: DA AUTOCONSTRUÇÃO E DOS CONJUNTOS HABITACIONAIS AOS EMPREENDIMENTOS IMOBILIÁRIOS "POPULARES"

Habitar talvez represente a forma mais imediata pela qual os homens se apropriam do espaço; na realidade, de acordo com Rodrigues,[2] "[...] é sempre preciso morar, pois não é possível viver sem ocupar espaço". Mas, como escreve Carlos,[3] "o homem vive onde ele pode morar, e onde pode morar será determinado pela renda que recebe e pelos sacrifícios que ele pode fazer". A questão da moradia tem sido uma preocupação de análise direta ou indireta de muitos autores, entre geógrafos, arquitetos, urbanistas, cientistas sociais e historiadores.

Existe uma articulação interna bastante dinâmica entre o problema da habitação e o modo pelo qual o capitalismo vai se reproduzindo como um processo de crise do trabalho e do salário que sempre pesa para os trabalhadores mais pobres. Engels[4] escreve: "vejamos que salário, sob a forma de habitação, vestuário e alimentação, a sociedade paga de fato ao operário por seu trabalho". Para o autor, a instabilidade estrutural do trabalho e do salário na indústria determinam as condições de moradia, além das outras necessidades básicas: "qualquer operário, mesmo o melhor, está constantemente exposto ao perigo do desemprego, que equivale a morrer de fome [...]".[5]

Aproximando-nos do contexto habitacional brasileiro, vemos que a questão da moradia é central na produção das periferias urbanas. Para Bonduki,[6] as primeiras atuações um pouco mais sistemáticas do Estado na formulação de diretrizes que buscavam ordenar políticas sociais de provisão de habitações para os trabalhadores remonta à década de 1940, quando o Estado (governo Vargas) empreende, por meio dos Institutos de Aposentadoria e Pensão (IAPS), a construção de diversos conjuntos habitacionais com o apoio da arquitetura moderna. Paralelamente, como coloca Bonduki,[7] em 1942 é instituída a Lei do Inquilinato, que congela os aluguéis, em tese beneficiando o trabalhador, mas que também desestimula a produção legal de habitações para locação, fazendo com que os operários construam, eles mesmos, "uma casa na zona rural, independentemente de um planejamento mais geral ou mesmo de um projeto urbanístico [...], ou seja, em precários loteamentos recém-abertos por especuladores".[8] Bonduki assevera ainda que:

> [...] a produção de habitações ganhou assim características claramente não capitalistas, ou seja, a moradia foi excluída do processo normal de produção de mercadorias e também das regras de ocupação do solo urbano. Transformou-se num sistema de produção doméstica, transacionada num mercado de locação em que não atuavam os mecanismos de regulação capitalista, embora plenamente integrado, enquanto componente básico da reprodução da força de trabalho, ao processo de acumulação capitalista.[9]

O "trinômio casa própria-loteamento periférico-autoconstrução", assinalado pelo mesmo autor, vai ganhando amplitude sobretudo nas maiores cidades. A autoconstrução é um processo longo, pois, segundo Rodrigues,[10] "a autoconstrução é realizada nos fins-de-semana e em parte das férias. O ritmo da construção depende do "tempo-livre", do dinheiro disponível para a compra do material de construção [...]", sendo que a autora diz ser "[...] comum se construir inicialmente, no fundo do lote uma edícula, ou [...] um barraco de madeira, que serve de habitação enquanto se constrói em alvenaria no meio ou na frente do lote. Esta é também uma maneira de economizar o aluguel [...]". Assim, pensamos que a provisoriedade da periferia (cf. termo de Damiani) liga-se à provisoriedade das condições de habitação e de vida dos mais pobres, sujeitos às violências de diversas ordens, desde a insegurança do não acesso à propriedade privada formal/legal do solo, passando pelos salários insuficientes, pelo isolamento e pelos enormes tempos de deslocamento, pela truculência policial, pelas ameaças do crime e das drogas, pelas desapropriações, pela valorização e expulsão via de regra sempre para mais longe.

Paralelamente ao processo de produção das periferias, sobretudo através da difusão da autoconstrução da casa própria em loteamentos irregulares e regulares, o Estado, em meados da década de 1960, inicia uma ação sistemática de produção habitacional através dos Conjuntos Habitacionais das Companhias Habitacionais (COHABS) e do Banco Nacional da Habitação (BNH). Como analisam alguns autores,[11] neste momento a produção da moradia significava um controle sobre as periferias, evidenciando o caráter de tutela das classes trabalhadoras por parte do Estado, no contexto político repressivo da ditadura militar. Uma "integração da população ao Estado" e também ao cotidiano, nos dizeres de Damiani, que escreve:

> [...] a casa própria, feita artesanalmente, pela própria família, em lotes, a maioria, irregulares, essa periferia que saía do controle, iria ser contraposta a uma periferia, incorporada à cidade legalizada, sem ganhar, exatamente, o direito à cidade. Mas seria a figura de uma periferia alvo do poder centralizado. Em princípio, uma vida segura, com água, asfalto, equipamentos sociais à disposição, em troca dessa ordem imposta.[12]

Já a análise da paisagem contemporânea das periferias nos mostra importantes transformações. Com efeito, a paisagem nos evidencia o plano do imediatamente visível, apontando ao mesmo tempo para o espaço edificado/construído (morfologia espacial) e para o movimento da vida: as relações sociais, também atravessadas pela realidade das classes sociais (morfologia social). Nesse sentido, a evidente mobilização atual do espaço periférico das cidades e metrópoles levada a efeito pelo mercado imobiliário formal/hegemônico[13] articulado à políticas habitacionais do governo federal – Programa Minha Casa, Minha Vida[14] – e à internacionalização/financeirização geral da economia e do setor, realizou uma explosão de novos empreendimentos[15] sobretudo residenciais em espaços pouco valorizados localizados em sua maioria em bairros periféricos autoconstruídos, que contavam (e em parte ainda contam) com terrenos incorporáveis à nova construção.

Essa nova produção imobiliária e seus produtos – a habitação popular de mercado, de acordo com Shimbo[16] – são marcados por conjuntos massificados (horizontalizados e verticalizados) de moradias com reduzida metragem, ocupando geralmente terrenos distantes, com pouquíssima infraestrutura e equipamentos urbanos no entorno imediato. Problemas construtivos são bastante comuns nessas unidades habitacionais, devido à velocidade da construção e à baixa qualidade dos materiais empregados nas casas e apartamentos, que são reveladores da lógica que rege esse tipo de negócio, em que uma grande quantidade de imóveis deve ser produzida e comercializada o mais rapidamente possível, para que o investimento seja lucrativo. Daí a tecnologia construtiva de muitos desses empreendimentos ser toda voltada para a otimização da construção, utilizando fôrmas e materiais pré-fabricados que permitam uma montagem mais rápida e padronizada. A aprovação desses grandes condomínios – que abrigam milhares de famílias – junto ao poder público costuma ser marcada por uma maior permissividade dos órgãos municipais, a despeito do fato de que nos empreendimentos financiados pela Caixa Econômica Federal – como os do Minha Casa, Minha Vida – existem critérios e normas construtivas que devem ser fiscalizadas por um corpo de engenheiros.

A foto a seguir mostra um desses novos condomínios habitacionais fechados[17] sendo construídos na cidade de Cotia, na Região Metropolitana de São Paulo (RMSP). Ao fundo podem ser vistos os edifícios novos e no primeiro plano se nota o bairro Jardim Isis, separado do empreendimento por muros (posteriormente guaritas):

Condomínio Residencial Vale Verde Cotia, na RMSP

Danilo Volochko

Assim, as incorporadoras oferecem "produtos imobiliários completos" uma vez que supostamente podem "urbanizar" fragmentos das periferias através da construção de empreendimentos fechados que contam com algumas infraestruturas (ruas pavimentadas, iluminação, esgotamento sanitário). Mas, ao realizar isso, acentua-se a separação existente entre estes novos espaços e os lugares do entorno, além de gerar uma grande demanda por serviços urbanos que muitos municípios podem não conseguir suprir. Então esse processo revelaria que primeiro se garante a realização dos negócios imobiliários, depois solicita-se que poder público municipal os torne espaços dotados de melhores condições de urbanidade. Por vezes, o conjunto de condomínios localizados em determinada região pode constituir uma centralidade e atrair o comércio, outros empreendimentos e melhorias urbanas para esse local, mas com isso também se valoriza o lugar, levando ao encarecimento dos preços dos imóveis, potencialmente expulsando os moradores em situação de maior pobreza.

A poderosa estratégia publicitária e de *marketing* ainda explora o "sonho da casa própria" e acaba fazendo com que muitos dos novos moradores se sujeitem às más condições, entre as já listadas adicionamos as enormes distâncias em relação ao local de trabalho. Mas os problemas não param por aí. Muitas vezes eles se intensificam com a manutenção desses condomínios, pois as dificuldades das famílias quanto ao pagamento das elevadas taxas de condomínio e impostos podem prejudicar a administração dos imóveis. A moradia segue sendo produzida como uma mera mercadoria a ser consumida, sendo o morador confundido com o consumidor de um produto como outro qualquer, intensificando a integração do cotidiano de amplas frações sociais à mercantilização ao passo que reproduzindo as históricas desigualdades socioespaciais em novas bases, como tratado adiante.

Uma população urbana – empregados do comércio, serviços, da própria indústria e da construção civil –, em grande parte mantida durante décadas à margem dos circuitos de financiamento imobiliário e da propriedade privada formal do solo é assim empurrada[18] para os novos condomínios, em um processo de reprodução urbana que desloca camadas da população entre as periferias. Nesse sentido, uma possível configuração anterior do espaço periférico (aquela da autoconstrução e da informalidade do ponto de vista da propriedade privada do solo, mas também a do "viver de aluguel") vai se tornando fonte para uma nova mercantilização habitacional, entrando na contabilidade dos novos negócios urbanos que envolvem os setores imobiliário e financeiro, além do Estado. Destarte, estamos diante de uma reprodução das periferias que soma ao tripé loteamento periférico-autoconstrução-casa própria, às favelas, aos conjuntos habitacionais e aos condomínios fechados luxuosos uma nova morfologia e um novo processo: a produção imobiliária-financeira-estatista dos novos condomínios habitacionais populares. Esse processo sinaliza a tendência de uma intensificação da contradição *totalização/fragmentação do espaço urbano.*

A LÓGICA ESPACIAL DA NOVA (RE)PRODUÇÃO DAS PERIFERIAS: ENTRE O IMOBILIÁRIO, A FINANCEIRIZAÇÃO MUNDIALIZADA E AS NOVAS POLÍTICAS HABITACIONAIS

O processo em tela nos remete à necessidade de pensar os termos da *diferenciação* e da *desigualdade*: a diferenciação como fundante do avanço espacial do capitalismo, a desigualdade como forma necessária de reprodução do capital. Assim, os conceitos de desenvolvimento geográfico pouco uniforme de Harvey[19] e desenvolvimento desigual de Smith[20] nos ajudam a pensar como a diferenciação e a desigualdade socioespacial são constante e simultaneamente reproduzidas, uma vez que constituem uma das fontes de acumulação do capital. Essa afirmação pode ser compreendida ao pensarmos o desenvolvimento do capitalismo como um processo espaço-temporal que se realiza desigualmente. Na base dessa compreensão está a ideia de que a reprodução do capitalismo necessariamente se nutre de diferenciações entre países, regiões e mesmo no interior de uma metrópole para realizar uma acumulação sempre ampliada do capital. Tais diferenciações se referem a diversos processos, entre eles o modo como se organiza e se reproduz a força de trabalho em cada país, as instituições e os órgãos públicos que regulamentam a atividade produtiva, a capacidade tecnológica das empresas, cidades, regiões e países (composição orgânica do capital), as infraestruturas presentes no território (capital fixo) etc.

Significa dizer que tanto novas produções do espaço quanto sua destruição/reconstrução – de determinadas áreas das cidades, das infraestruturas do território – representam momentos nos quais os capitais podem encontrar formas mais rentáveis de aplicação, podendo realizar novas valorizações, sobretudo diante das crises – sobreprodução, circulação, recessões –, migrando de um setor ou ramo da economia para outro que se apresente mais vantajoso do ponto de vista da lucratividade. Quando analisamos o desenvolvimento do capitalismo na história do Brasil e de outros países, observamos um deslocamento da dinâmica da acumulação, que passa a se concentrar na urbanização a partir da industrialização mais intensa (a partir da década de 1940 no Brasil), o que não significa dizer que a acumulação deixou de estar presente no campo – o agronegócio sendo, por exemplo, um dos pilares contemporâneos da reprodução econômica capitalista.

Do ponto de vista da produção intraurbana do espaço em nosso país, os setores econômicos mais atuantes na produção da cidade – o setor imobiliário formado por grandes empresas construtoras e incorporadoras (ligadas também aos capitais comercial e industrial) e o setor financeiro (bancário em um primeiro momento) – concentraram suas ações na produção dos bairros nobres e bem localizados, bem servidos em termos de equipamentos urbanos, voltados à moradia das elites políticas e econômicas. Com isso não desconsideramos a existência de empresas e proprietários que possuíam negócios imobiliários voltados à construção e locação de moradias populares para os trabalhadores, mas estamos admitindo que a produção imobiliária privada hegemônica se concentrava espacialmente em bairros centrais e/ou que iam se tornando centrais, sendo as periferias o lugar onde essa produção imobiliária-financeira não atuava de modo contundente até pelo menos a última década. Dadas às necessidades de continuidade de produção ampliada da acumulação urbana, e dadas algumas barreiras como a raridade do espaço em certas regiões valorizadas e densamente ocupadas das cidades e metrópoles, o setor imobiliário de ponta e o capital financeiro, com o auxílio do Estado, passam atualmente a investir pesadamente na produção habitacional nos espaços periféricos – mas não apenas aí –, onde a pobreza historicamente constituída vem sendo mobilizada lucrativamente. Por isso, o que se observa hoje nas periferias integra o que se pode pensar como uma nova rodada espacial da reprodução do capitalismo imobiliário no Brasil, que se liga estreitamente à chamada mundialização financeira.

Essa é uma questão interessante, pois remete a uma nova e ampliada escala e poder de atuação do setor privado na urbanização atual, e faz parte também daquilo que chamamos de novo patamar da reprodução espacial do capitalismo. Nesse novo momento, a política urbana vem sendo abandonada ou está sendo entregue nas mãos dos interesses imobiliários e financeiros privados, sendo o Programa Minha Casa, Minha Vida a manifestação mais acabada desse processo. A produção do espaço urbano envolve uma série de sujeitos que agem conflituosamente pela conquista de espaços voltados para o uso na vida cotidiana e de espaços voltados para a satisfação dos requerimentos produtivo-lucrativos. Nessa luta, o Estado se coloca como um campo de mediações e disputa entre o social e o econômico. Mas o que se observa é que legislações como o Estatuto da Cidade – e seus dispositivos que buscam combater a especulação imobiliária, como o IPTU regressivo no tempo – são atropeladas por programas de governo que se colocam como pacotes anticrise e que têm por objetivo precípuo dinamizar o mercado imobiliário, possibilitando-o escavar novas fronteiras no urbano, que se materializam na construção dos grandes condomínios fechados voltados às frações populares e às frações inferiores das classes médias nas periferias. Os governos se articulam cada vez mais aos interesses privados, dando mais potência ao protagonismo econômico como forma de gestão/administração urbana. Há uma naturalização e um fortalecimento da ideia de empreendedorismo e de governança em que o Estado, no plano do poder político, se coloca como representante natural dos interesses econômicos, e não dos interesses da maioria da população.

Para que se avance no estudo desse processo se faz necessário reconhecer a dialética entre a *valorização/desvalorização/capitalização do espaço*. A valorização do espaço ocorre, *grosso modo*, quando o trabalho social é incorporado efetivamente na produção do espaço através de melhorias em infraestruturas que fortalecessem a centralidade do lugar.[21] Já a capitalização se liga a um processo mais fictício ligado ao aumento de preços considerando uma especulação sobre a valorização futura de algumas áreas. A capitalização prenuncia simbólica e ideologicamente a valorização, sendo um momento central do processo de valorização, o qual, todavia, pode se realizar com maior ou menor amplitude. Portanto, torna-se necessário conhecer e considerar cada espaço e suas articulações com o contexto urbano/metropolitano para projetarmos a valorização e se o nível de capitalização do espaço está descolando-se das possibilidades de valorização efetiva (momento possível da crise ou bolha imobiliária).

Uma das bases da dinâmica espacial que explica o avanço dos empreendimentos residenciais para as periferias refere-se à raridade do espaço, que é um produto da dinâmica histórica da produção social da cidade e da urbanização, e à escassez, que no interior dessa raridade significa particularmente ausência ou quase ausência de terrenos que realizem os níveis de rentabilidade esperados. Sobretudo, a raridade é mais evidente do ponto de vista da instalação do eixo terciário-moderno e do mercado de prédios de escritórios, mas pode se constituir também como raridade de terrenos mais amplos, não edificados e baratos, capazes de abrigar os novos condomínios habitacionais. O próprio processo de construção dos empreendimentos em espaços periféricos pode se concentrar em determinadas regiões, produzindo constantemente a raridade e com ela a capitalização/valorização ganha impulso significativo.

Esse processo intensifica a transformação da habitação em investimento financeiro, fazendo com que a moradia seja forçada a se distanciar cada vez mais dos seus conteúdos sociais. Na verdade poderíamos pensar na própria cidade ou na urbanização sendo gestada como negócio, como "força produtiva", como uma "máquina de crescimento", como fonte de lucros. E cada vez mais de ganhos financeiros, que para se realizar empreendem uma expropriação financeira (cf. termo de Lapavitsas[22]), que diz respeito à absorção crescente dos salários familiares e rendas pessoais dos trabalhadores para a realização de necessidades básicas da população: moradia, saúde, educação, transporte, pensão. Isso significa que essas necessidades foram privatizadas, tornando-se serviços pagos que demandam crédito.

Os bancos lidam com esse crédito ao consumidor, mas os capitais industriais e comerciais devem pedir crédito emprestado não mais apenas para os bancos, e sim no mercado de capitais, intensificando as relações e contradições entre as frações de capitais colocadas pela competição. O Estado é chamado a cumprir um papel nesse campo de disputas, e é ele quem vai estruturar as transformações macroeconômicas (e a política econômica) no plano dos governos em suas diversas escalas de atuação política. A financeirização da economia é um processo longo que caminha com mais força com as desregulamentações promovidas nas economias nacionais desde a década de 1970 e que ganham impulso com as medidas do Consenso de Washington na década de 1980 e que mostrariam mudanças no sentido de preparar um novo regime dominante de acumulação do capitalismo: o financeiro.

Alguns economistas vão se colocar a questão se vivemos um novo regime de acumulação no capitalismo, que seria marcado atualmente pela dominância da acumulação financeira, o que nos coloca diante do ganho de importância da esfera da circulação do valor e da mais-valia frente à sua produção. Chamamos a atenção para o fato de que se tratam de novas formas adicionais de capitalização e valorização do capital que não mudam, entretanto, o fundamento da exploração do trabalho e da extração da mais-valia na produção, mas que colocam novos matizes para a circulação e reprodução das mais-valias mundialmente. Então, mesmo considerando a dominância financeira, é preciso não perder de vista a necessária concretude desse processo, que, aliás, tem se apoiado francamente na produção do espaço, como vimos discutindo.

A relação intrínseca e crescente entre o setor imobiliário e os capitais financeiros aponta na direção da necessidade de se criar um *mercado de garantias concretas para as derivações financeiras fictícias*, sendo este papel jogado atualmente pela propriedade imobiliária. Por isso a importância das mudanças jurídicas envolvendo a garantia dos financiamentos imobiliários que protegem os credores, através da mudança do Sistema Financeiro da Habitação (SFH) para o Sistema de Financiamento Imobiliário (SFI), centrado nas figuras da alienação fiduciária e do valor incontroverso, que em poucas palavras garantem ao credor o retorno rápido e facilitado do investimento em caso de inadimplência (Alienação Fiduciária de Coisa Imóvel, Lei n. 9.514/97) e garantem a continuidade (não suspensão) do pagamento dos valores tidos como "não controversos" em caso de que o consumidor entre com uma ação judicial questionando determinadas cláusulas e/ou valores do contrato imobiliário (regra do valor incontroverso, art. 50 da Lei n. 10.931/2004), impedindo assim a paralização do pagamento das parcelas pelo mutuário durante o processo judicial e garantindo o fluxo de caixa dos credores. No fundo, a alienação fiduciária e o valor incontroverso retiram os últimos nuances sociais da produção da moradia, e passam a utilizar o acesso formal à moradia como mecanismo de manutenção da exploração do trabalho, ao instituir o terrorismo dos despejos quase sumários pela inadimplência. Força-se ainda mais a manutenção dos trabalhadores trabalhando, seja onde e como for esse trabalho. Todavia, a financeirização do setor imobiliário é realizado de modo lento e ainda um tanto dificultoso, dependendo de inúmeras variáveis macroeconômicas, institucionais, jurídicas, políticas e sociais que podem escapar ao seu controle, daí a constante tentativa de enquadramentos legais que respaldem as estratégias econômicas.

Admitindo a hipótese da dominância financeira, basicamente esse regime vê o imóvel e o próprio espaço como ativos financeiros, dotando de liquidez e grande mobilidade mercadorias imóveis, implicadas em negociações cada vez mais exponenciais, reforçando um processo de constituição do *espaço abstrato* (que já está colocado com sua condição de mercadoria (valor de troca), mas inclui outros elementos com essa *abstração da abstração* (via financeirização acionária, derivativos etc.), entre eles a imagem, que ganha relevância em detrimento do conteúdo concreto do espaço social, que tende a se esvaziar. A evidência máxima da força da aparência que se materializa na morfologia e na paisagem para a realização de negócios imobiliários-financeiros no urbano parece ser a China, onde, por exemplo, a hiperurbanização, como a define Arantes,[23] também carrega o fato de que os diferentes níveis da burocracia das municipalidades competem entre si pelos investimentos, forçando politicamente o crescimento urbano.[24]

Esses novos espaços – comerciais, mas também residenciais –, financeirizados e diríamos também *imobiliarizados*, dependem de jogos políticos que imbricam interesses locais, regionais, nacionais e internacionais, e dependem de uma homogeneização da paisagem para seguir atraindo investimentos. Os capitais financeiros dependem de uma representação do espaço que lhe sirva de mediação pseudoconcreta (ou espetacular, como escreve Guy Debord) e que produzem espaços numa escala amplificada, e esses estetismos têm a ver com a capitalização do espaço (especulação com preços que pode redundar em valorização). Embora talvez de modo menos espetacular, a produção habitacional financeirizada e imobiliarizada produz suas próprias representações do espaço para todas as frações das classes sociais: a vida supostamente segura e cercada pelo "contato com a natureza" dos condomínios e loteamentos horizontais/verticais fechados.

NOVA COTIDIANIDADE?

Partindo da hipótese de que a produção do espaço não se separa da produção da vida, o debate sobre o conceito de cotidiano à luz da problemática aqui proposta se faz de suma importância, pois pode revelar a prática cotidiana como prática socioespacial. Com efeito, o desafio presente no plano analítico do cotidiano passa a ser entender as linhas de tensão e de contato entre os mundos da subjetividade e da objetividade, ou melhor dito, tentar compreender como, objetivamente e tendo como mediação a produção do espaço, se pode chegar a moldar subjetividades. Pensamos que, para o pesquisador, a percepção do indivíduo sobre seu mundo não se trata, desse modo, apenas de uma visão singular e própria, subjetiva, mas pode ir se alinhando em uma percepção parecida com a de outros, mais coletiva, e que vai se compondo virtualmente como um sujeito coletivo: os habitantes de determinado bairro ou região que integram certo grupo e classe social.

Como possibilidade de encontrarmos uma continuidade da ideia da inseparabilidade produção do espaço/produção da vida na história do pensamento geográfico, situamos Seabra,[25] que indica que "com Paul Vidal de La Blache (1922) [...] foi incorporado ao conhecimento geográfico a noção de gênero de vida". E segue avaliando que "geógrafos como J. Brunhes (1920), Max Sorre (1952) e mais tarde Pierre George (1969) [...] não puderam negligenciar que a Geografia Humana integrava como conhecimento, as experiências do cotidiano".[26] A maneira como se interseccionam o modo de produção capitalista e o modo de vida supõe uma relação não propriamente indireta, mas bastante direta. Para Granou,[27] "todo intento duradouro do capital supõe, necessariamente, um desenvolvimento [...] da base social sobre a que se reproduzem as relações de produção capitalista". E reforça sua argumentação, "[...] o capitalismo não podia se impor definitivamente contra os modos de produção anteriores se não realizasse a revolução nascida no modo de produção ampliando-a para o modo de viver [...]."[28] Assim, este autor entende o modo de vida como uma totalidade concreta produzida e reproduzida pelo desenvolvimento mesmo do modo de produção, uma produção que não é somente material, mas que também se coloca como uma "imensa acumulação de imagens":

> dito de outra forma, a este modo de vida capitalista não basta produzi-lo materialmente, é necessário também produzi-lo como ideia, tanto como novo ritual e nova moral, quanto como ordem social. Definitivamente, é a capacidade do modo de produção capitalista para transformar incessantemente esse ritual e essa moral até fazê-los coincidir em todo momento com as necessidades da reprodução das relações de produção, do que dependem sua capacidade para alterar materialmente o modo de vida e, por isso, para colocar novamente em marcha sua própria reprodução.[29]

Poder-se-ia dizer que esse necessário aumento da base social e das transformações no modo de vida como momento ativo da reprodução capitalista inclui, então, a vida cotidiana, a reprodução econômica passando pela produção do espaço e pela reprodução de um cotidiano. E quais seriam as transformações por que passam os novos moradores dos condomínios habitacionais fechados produzidos pelo mercado imobiliário – potencializado pelas políticas habitacionais e pela financeirização – nas periferias urbanas mais ou menos distantes e mais ou menos consolidadas? Em primeiro lugar, temos que reconhecer que a busca da casa própria marca e mobiliza as trajetórias individuais e familiares, regendo a organização de casamentos, maternidade, empregos, educação dos filhos. A programação da vida se intensifica na separação dos espaços-tempos de realização da vida cotidiana, na qual o espaço público e a rua se atrofiam como espaços de sociabilidade espontânea e os circuitos condomínio-escola, condomínio-trabalho, condomínio-compras passam a programar o movimento da vida cotidiana, estabelecendo o bairro e a vida de bairro como meros pontos de passagem e pseudoespaços do uso, da apropriação, da identidade. Uma primeira mudança diz respeito aos diferentes ritmos e à temporalidade do cotidiano, já que as novas distâncias e o novo consumo supõe uma intensificação do tempo produtivo e dos tempos obrigatórios (aqueles cumpridos diariamente no trajeto casa-trabalho). Além disso, o encontro entre alguns moradores que dominavam parcialmente a técnica de (auto)construção e os imóveis já prontos revela elementos de uma maior formalização das relações.

Segundo Silvana Pintaudi,[30] esses novos imóveis marcam espaços de confinamento e de isolamento, espaços onde se atrofia o espaço de sociabilidade, condição para o desenvolvimento da vida. Ainda segundo a autora, haveria uma "superexploração do espaço periférico", uma vez que a entrada de famílias com rendas reduzidas nesse mercado se daria via diminuição não dos valores médios do m^2, mas através de uma redução absoluta na metragem dos imóveis e de um maior afastamento (terrenos baratos). Aqui, a elevação da área total dos empreendimentos revela, de um lado, o montante de famílias sendo mercantilizadas por uma nova estrutura de crédito que vem exigindo uma escala territorial mais ampla dos empreendimentos (uma massificação dos financiamentos imobiliários) e de outro mostra a redução das metragens úteis da unidades habitacionais ao mínimo do mínimo como condição necessária a essa massificação e a uma "diminuição" da faixa de preço dos imóveis e o consequente enquadramento aos financiamentos.

Nesse processo que analisamos a nova produção do espaço habitacional nas periferias metropolitanas aparece nos discursos oficiais e do senso comum como política de interesse social, inclusive abusando do argumento da redução do déficit habitacional para legitimar tais estratégias. Há uma nova relação Estado-espaço, em que a dinâmica econômica da valorização do espaço pauta a lógica. A cooptação pode estar ocorrendo inclusive como tentativa de arrefecimento das lutas dos movimentos sociais por moradia pelo balizamento e suposto atendimento das reivindicações através de políticas como o Programa Minha Casa, Minha Vida, de cunho claramente empresarial mas que se utiliza do jargão das políticas de combate à pobreza.

Também a chamada "ação comunitária" direta das incorporadoras junto aos moradores do entorno desses empreendimentos visando ao convencimento de que um novo condomínio poderá trazer benefícios futuros a eles, em que pese os enormes transtornos e transformações que já passam, reforçam as tentativas de formalização e controle da vida e das lutas cotidianas. Para Cibele Rizek,[31] a reprodução social da periferia é complexa, as inúmeras relações econômicas e políticas (como o clientelismo reproduzido na relação vereadores-líderes comunitários ou presidentes de bairro) envolvem e são envolvidas por um conjunto de obstáculos, evidenciando uma espécie de carapaça política – como as associações de bairro cooptadas, ou outras entidades representativas dos moradores – que estabelecem muitas sobreposições ao uso e à apropriação no lugar.

Pensamos ser não apenas possível como também necessário refletirmos sobre o novo cotidiano que busca se impor atualmente – como momento central do avanço da mercantilização de uma parcela mais específica da sociedade: as frações sociais sem acesso formal aos financiamentos imobiliários – de um ponto de vista progressivo-regressivo. Neste sentido, a noção de cotidianidade, para as frações sociais em questão (ou para parte significativa delas), possuiria/revelaria um desenvolvimento histórico no Brasil cujas origens remontariam, no limite, à massificação da produção habitacional iniciada pelo regime militar, via atuação das COHABS/BNH. Assim, a cotidianidade se desenvolve como uma complexidade espacial produzida a partir da industrialização, que potencializa o urbano e o faz passar para uma problemática francamente espacial, de onde vem se desdobrando nos últimos anos. Antes do início dessa massificação (antes da década de 1960), a lógica era a da habitação produzida para o alojamento (via aluguel) do trabalhador, para o operário, para a constituição da indústria e do homem urbano-industrial. Esse momento anterior faria parte de um primeiro ciclo da produção dos espaços periféricos, momento no qual a reprodução se ligava mais às condições de produção através da reprodução da força de trabalho.

Partindo da obra de Henri Lefebvre sobre a vida cotidiana, e tendo em vista que este autor se debruça sobre a realidade francesa e em certa medida norte-americana, tentaremos articular o que consideramos os principais elementos que envolvem a crítica da vida cotidiana deste autor com alguns elementos próprios da realidade brasileira, que assim constituir-se-ão como mediações necessárias. O próprio autor[32] já sinaliza para esta necessidade, quando pergunta se "há, na escala mundial, homogeneização do cotidiano e do moderno? Ou existem diferenças crescentes? Ou quando indaga a propósito do cotidiano: dirigimos-nos até uma homogeneidade mundial que engendrará um sistema único e absoluto? Ou as diferenças e resistências se acentuarão até destruição dessa estrutura?".[33] Com isso, buscaremos abordar a complexidade da totalização – há um sentido de colonização, organização, estruturação e integração – do cotidiano a partir dos elementos e mediações contraditórias que a sociedade brasileira, como particularidade necessária, aporta ao espaço global do modo de produção capitalista.

Para o autor, o cotidiano se trata de um produto histórico – o que mais uma vez exigiria pensá-lo a partir da uma realidade concreta –, uma base, um campo programado e programável da reprodução do modo de produção capitalista, onde o Estado exerce seu controle, onde o espaço tem prioridade sobre a temporalidade. Ao mesmo tempo, o cotidiano abriga o resíduo desta dominação, o que lhe escapa, na vida cotidiana. Assim entendido, o cotidiano se põe como relação (mediação) entre o universal e o particular, entre o local e o global, mas com aspirações de erigir-se como sistema total. Ele figura entre as modernas produções do modo de produção capitalista.

Situando as classes médias como epicentro da cotidianidade, haveria uma modulação ou níveis de integração à cotidianidade, por ele definidos como infracotidiano e supracotidiano. Mas o que sustenta esta análise, sublinhamos novamente, é a realidade francesa. Se para Lefebvre a cotidianidade na França se liga à modernidade, às classes médias e ao Estado, como pensar seu desenvolvimento na realidade brasileira, inserida na globalidade capitalista? Seria preciso considerar, ainda que não exaustivamente, alguns traços da história de nosso país, os quais apontariam certas particularidades de nossa sociedade em sua inserção na totalização capitalista como um dos países mais desiguais do mundo, com uma péssima distribuição de renda.

Elementos vindos de nossa história irão matizar decisivamente nossa modernidade, como de resto a da América Latina, como "constituída ao mesmo tempo por temporalidades que não são as suas", que "incorpora também efetivas relações sociais datadas, vestígios de outras estruturas",[34] alçando ao primeiro plano, quando este autor pensa em nossa modernidade, as ideias de uma modernidade frágil, difícil, híbrida, inconclusa, incompleta, liminar, anômala, superficial e aparente. As especificidades do desenvolvimento da vida privada no Brasil, que muitas vezes não se separa dos momentos da vida pública, nos fez conhecidos de processos como o mandonismo, o clientelismo, o paternalismo, o apadrinhamento, o privilegiamento, tratados por sociólogos, cientistas políticos, filósofos, antropólogos e historiadores; entre os últimos destacaríamos Holanda,[35] que escreve sobre o caráter personalista das relações na sociedade brasileira. Trava-se, neste momento, um embate entre a História e o cotidiano, e mais que isso, entre a História brasileira e o cotidiano como noção aberta. Neste embate o importante parece ser não dissociar as particularidades e contradições postas à universalidade da reprodução global do modo de produção capitalista.

Embora possa haver, por parte de Henri Lefebvre, uma identificação de um circuito secundário com o nível *infra* do cotidiano, pensamos, para os fins do debate que procuramos tecer e considerando a natureza do capitalismo, que o que se apresenta no processo estudado tratar-se-ia não de um "cotidiano secundário", ou inferior, mas do próprio cotidiano reproduzindo-se como desigualdade, nas e pelas desigualdades sociais, como o outro necessário e constitutivo do seu inverso: o cotidiano mais plenamente constituído das classes médias, no Brasil em menor grau e no mundo "desenvolvido" mais amplamente. Se é certo que só o Estado pode "retirar" do infracotidiano absoluto os mais pobres entre os empobrecidos, não parece menos verdade que mesmo aquelas famílias que percebem melhoras mais ou menos significativas continuam necessitando da ação do Estado, cuja ausência – à exceção de programas isolados como o Minha Casa, Minha Vida, mais afeito à novas mobilizações/apropriações capitalistas do fundo público – não leva a garantia de direitos sociais, não levando, portanto, à ideia do que seria uma "plena" cotidianidade. Assim, há um processo mais amplo, tendencial e contraditório em seu desenrolar espacial, que produz uma nova rodada de reprodução do capital através de frações sociais específicas (populares e das camadas médias inferiores) postas a consumir, o que expressa uma *certa* instalação dessas pessoas no cotidiano. Uma *certa* cotidianização foi colocada como novo campo de reprodução do imobiliário, do financeiro, do estatista. Nesse processo, um consumo intensificado se estende ao espaço (moradia), e quando isso ocorre, no nível do espaço, há um enquadramento tendencial do modo de viver, de habitar, que representa um consumo intensivo, que pode chegar a comprometer 50% ou mais das rendas familiares por 30 anos, o que não exatamente supõe pensar que tais famílias deixarão de consumir outras mercadorias (embora isso possa ocorrer também), mas que provavelmente irão precarizar suas já complicadas condições de acesso à educação, à saúde, à mobilidade urbana.

Poder-se-ia pensar então em alguns termos que buscam contrapor-se à ideologia do progresso e da "nova classe média brasileira": nova pobreza, sobrevivência ampliada ou miséria enriquecida.[36] O processo em curso revelaria uma atualização do modo como, no Brasil, se reproduz o capital e ao mesmo tempo se intensificam ou se mantém as grandes desigualdades sociais, convertendo-as em vigorosas fontes reprodutivas. Nessa forma particular necessária, o cotidiano para essas parcelas da sociedade se realiza contraditoriamente, como presença-ausência do Estado, como realidade-representação, em que emerge não uma ascensão social mas o compromisso do Estado de ao mesmo tempo ampliar a base social da reprodução econômica e manter/intensificar as desigualdades historicamente constituídas. Insistimos: a forma do cotidiano desigual seria a forma mesma do cotidiano para a maioria da população no Brasil, como reprodução necessariamente desigual e contraditória do capitalismo. Esse cotidiano desigual vai também sofrendo transformações, adquirindo novos elementos, tornando-se mais povoado de objetos e mercadorias, até a propriedade privada do solo para uma parcela dessa população se vislumbra, mas tudo na medida de um crescimento econômico sem um efetivo desenvolvimento social.

É possível dizer que a relação da inserção estratégica do espaço na lógica da troca (da mercadoria) e de sua generalização guardaria, além de uma relação necessária com uma mobilidade relativa/circulação da propriedade privada do solo – levada a efeito pela sua mobilização financeira –, uma relação com a colonização da vida cotidiana através da cotidianidade? Para Lefebvre,[37] "o comprador de um volume 'habitável' adquire um tempo cotidiano [...]". Mas em primeiro lugar, é preciso perguntar: em que termos os moradores das frações populares dos novos condomínios habitacionais fechados teriam acesso à propriedade privada do solo urbano? Na forma de uma dívida financeira (financiamento imobiliário via Caixa Econômica Federal), portanto, a uma propriedade privada do solo que corre o risco de não se consumar, principalmente para as frações sociais mais pobres. Nesse processo, as modalidades de financiamento imobiliário se aperfeiçoam e se flexibilizam, justamente para poder tentar extrair rendimentos das frações populares e das frações inferiores das classes médias, o que se apoia amplamente em ações estatistas como o Programa Minha Casa, Minha Vida.

E qual seria o papel da propriedade privada do solo – quando esta por ventura se efetivar ou mesmo no caminho crítico da tentativa de sua efetivação – para o desenvolvimento da cotidianidade? Tratar-se-ia da racionalização e redução de uma prática essencial, o habitar, a outra prática, o *habitat*, mais acorde com a programação dos momentos da vida cotidiana no mundo do consumo. E como a propriedade privada do solo auxilia na efetivação das separações dos tempos da vida, das programações, das normatizações, em uma palavra, da cotidianidade? Por meio do aprofundamento da produção da cidade como espaço privado/privatizável, da identificação abstrata da possibilidade do habitar e da vida urbana nos espaços privados, aprofundando uma consciência privada e individualismos. A propriedade privada do solo pode oferecer simbólica e concretamente a estabilização no cotidiano; assim, é central na interiorização do fetiche da mercadoria que a consciência privada seja alargada como consciência cotidiana, como propriedade privada de um espaço. O repetitivo encontra na propriedade privada do solo sua formalização espacial, sendo que ela encerra o habitar no nível da homogeneidade, da lógica, da racionalização do espaço, em lugar das relações diferenciais que se bloqueiam no alargamento do privado e atrofiamento do público. Há uma relação da propriedade privada do solo com a fragmentação do espaço, sua divisibilidade e intercambialidade (venda) em pedaços maiores ou menores. A propriedade privada do solo não é em si condição para o desenvolvimento do cotidiano, mas uma necessidade de sua expansão relativa (momentânea, precária, contingente) reforçaria certo enquadramento de setores da população à cotidianidade, com todas as desigualdades sociais repostas em um novo patamar.

Assim, o (possível) acesso à casa própria por meio da propriedade privada do solo representaria um momento importante na configuração da cotidianidade. A nova casa, moradia fixa em posse (provisória, mas posse) de determinada família, pode estabelecer, de modo mais definitivo, um centro geométrico do mundo (cf. ideia de Eclea Bosi) para tais indivíduos, a partir do qual se fortalecem as articulações espaciais da vida cotidiana em um determinado lugar. Assim, o acesso à propriedade privada do solo – mesmo durante o tempo do pagamento de parcelas do financiamento imobiliário, mesmo enquanto posse – realiza a casa própria enquanto expectativa de superação da provisoriedade do "viver de aluguel" ou na casa de parentes, da falta de um "endereço fixo" e o que isso pode representar em nossa sociedade. Em um mundo em que a vida cotidiana é marcada pela estruturação do mundo da mercadoria, pelo consumo, a casa cada vez mais comprada e cada vez menos alugada ou autoconstruída representaria para certas frações sociais – para além de uma importância para o indivíduo e sua família – um signo de entrada definitiva na vida urbana – ou pelo menos de uma maior aproximação com uma vida mais estruturada – e mais do que isso representaria a possibilidade de uma entrada numa vida de maior consumo. Paralelamente à aquisição da casa (dívida financeira e nova materialidade presente), vislumbra-se, para os que conseguem manter-se pagando os financiamentos, a formação de um "lastro" para a aquisição de novas mercadorias, novos produtos para novas necessidades em um novo jeito de morar, um novo mobiliário, a sensação de uma nova inserção no mundo. A nova casa requer novos objetos que combinem com ela, novos endividamentos.[38] Mas essa nova coleção de coisas implica, em nossa realidade, a destituição da urbanidade pretensamente adquirida com a casa: novas distâncias, novas precariedades quanto aos serviços e equipamentos urbanos. Então, o que está em jogo é uma tentativa de efetivação da propriedade privada que significa, em troca, muitas vezes, uma precariedade maior na educação, na saúde, na alimentação, nos divertimentos etc.

Nessa tentativa há um mimetismo da vida cotidiana e do cotidiano consumista de classes mais abastadas, que massifica o consumo como aparência de ascensão social, revelando uma "miséria enriquecida" nos termos de Debord,[39] uma nova pobreza, materialmente mais organizada, mas que segue sendo pobre em termos dos conteúdos da apropriação dos direitos sociais e serviços e urbanos, por exemplo. Mas o que parece desconcertante é o fato dessa simulação ser, na verdade, uma representação da representação, no sentido de ser uma representação que as frações sociais populares financeirizadas-imobiliarizadas fazem das classes médias, as quais já se baseiam, elas mesmas, em representações das classes mais abastadas: ricos, famosos, artistas, celebridades... Portanto, estamos aqui diante de uma representação em segundo grau, que multiplica e complexifica as abstrações.

Nos novos condomínios habitacionais populares produzidos pelo mercado imobiliário-financeirizado nas periferias urbanas mesclam-se, em geral, características urbanísticas de conjuntos habitacionais (blocos de edifícios de até quatro andares) e de condomínios horizontais fechados (conjuntos de sobrados), observando-se igualmente nos sobrados ou nos blocos de prédios a mesma homogeneização e a mesma excessiva normatização dos usos. A propriedade privada do solo (pelo menos na condição da sua posse momentânea através da ocupação da casa), no nível da vida privada, pode até permitir alguma privacidade, mas no nível da vida pública da rua, do bairro, da cidade, essa apropriação se precariza ao se segregar, como ocorre muitas vezes com a privatização do espaço público através da instalação de muros e guaritas em um espaço público, tratando-se não raras vezes da morfologia de condomínio fechado mas que se trata de fato de um loteamento "que se fechou".

Os novos condomínios/loteamentos fechados consolidam a mudança do sentido da rua. Ela deixa de ser um espaço plenamente público, aberto às outras ruas do bairro e da cidade, e se transforma em um simulacro de rua, mera circulação, um espaço comum no interior de um espaço fechado. Esses novos espaços podem realizar apenas algumas trocas mais ou menos previstas, convivências/conveniências mais ou menos parciais. Porém, a rua no condomínio (loteamento) fechado se distancia de uma apropriação plena por sua concepção planejadamente limitada, restrita e restritiva à socialização mais espontânea com os espaços próximos. Seabra,[40] ao se referir aos condomínios fechados voltados a atender as camadas mais ricas da população (*Alphaville*), escreve que "esses territórios do urbano são inscrições espaciais com limites absolutos, visíveis no conjunto da área edificada. Seus limites formam [...] uma 'linha dura', que são as 'zonas' de contato, marcadas por singulares experiências de viver o processo urbano".

Esses são alguns dos termos de uma nova cotidianidade sendo produzida/reproduzida para uma população que passa a ser incluída em um novo universo de consumo, que inclui um novo consumismo do espaço a partir dos novos produtos imobiliários, tendendo a exercer a *dominação do espaço social* da vida cotidiana dessas frações sociais como meio da reprodução capitalista. Mas, ao tratar-se da reprodução das desigualdades socioespaciais em novos níveis, a expropriação/proletarização coloca-se como sentido último desse processo.

PERSPECTIVAS

A temática/problemática da produção habitacional levada a efeito pelos setores imobiliário-financeiro-estatista envolve, nos moldes como vem ocorrendo, a reprodução de negatividades mais amplas, entre elas uma maior precarização da vida urbana – maiores distâncias, falta de equipamentos urbanos em detrimento da "aposta" da casa própria, o que acentua a segregação urbana. Moradores de determinados espaços periféricos procuram se tornar proprietários de suas casas em outra faixa periférica mais distante, promovendo um deslocamento espacial entre periferias mais e menos distantes. A financeirização imobiliária da pobreza da moradia urbana no Brasil nos leva a pensar em novos processos de periferização, o conteúdo de um deslocamento entre periferias, uma reprodução intraperiferias se quisermos, buscando esclarecer a chamada classe C, sua miséria enriquecida diante da forte desigualdade brasileira. Cibele Rizek traz em seus questionamentos a reflexão sobre se as transformações do capitalismo brasileiro afetariam a estrutura de classes, apontando que há um conjunto de transformações da classe operária que coloca uma questão sociológica sobre a classe média. Assim, a autora indaga o que seria a classe C? Seria classe média? Seria propaganda política? Tratar-se-ia de uma classe trabalhadora com salário melhor? De qualquer modo, parece haver uma corrosão dos direitos via inclusão pelo consumo, sendo a propriedade privada do solo uma (im)possibilidade, que pode se concretizar ou não para aquelas famílias mais pobres entre as frações "integradas" aos novos contratos de financiamento imobiliário. Esse espaço da habitação como negócio deteriora as condições urbanas no seio de uma eventual aquisição da casa própria, sendo que a alienação fiduciária e o contexto social brasileiro fragilizam a conquista da propriedade e da casa própria. O tão propalado "pleno emprego" não costuma trazer o questionamento de que emprego está-se falando; na verdade empregos precarizados, terceirizados, temporários, subcontratados etc. Essas novas transformações carregam uma enorme potência em transformar modos de vida, pela escala que esse processo encerra e pelos deslocamentos espaciais que impõem.

À autoconstrução e ao aluguel se soma outra possibilidade de moradia para alguns segmentos das populações menos abastadas das periferias: o endividamento e o financiamento imobiliário. A questão é que esse endividamento é em si mesmo problemático para muitos, sobretudo para os que não têm seus empregos minimamente assegurados. E a forma pela qual esse endividamento se concretiza espacialmente na busca pela casa própria se dá através da compra de um pequeno apartamento em um condomínio fechado que, mesmo sendo habitado por famílias cujo perfil de renda muitas vezes não se distancia muito daquele dos moradores do entorno, propõe determinada prática socioespacial fundada na segregação, na ideologia de que aos novos moradores se necessita conferir a sensação de uma nova ascensão ou *status* social. Então, espacialmente e em sua morfologia, o condomínio fechado nutre essa representação e simulação de ascensão social, trazendo novos elementos e matizes para se pensar na segregação nas periferias.

Considerando a dinâmica imobiliária recentíssima, já observamos uma contenção da grande expansão dos lançamentos residenciais e a ampliação dos estoques de imóveis ainda por vender, o que aponta limites a esse processo. As novas expansões da atividade imobiliária estão muito atreladas ao seguimento dos programas de governo e da financeirização tanto do setor como das famílias brasileiras via expansão do crédito, o que também não deixa de estar relacionado ao quadro macroeconômico internacional. Nos últimos anos, o cenário de crise nas economias capitalistas avançadas da Europa e dos EUA direcionou o movimento dos investimentos para os chamados mercados emergentes, sobretudo para a China e para os BRICS, e a financeirização do setor imobiliário brasileiro está em parte associada a tal processo.

Na urbanização capitalista, os espaços menos valorizados podem sempre ser reproduzidos com vistas à realização do processo de valorização do espaço, que faz com que a produção da cidade e da urbanização assuma um papel central na reprodução do capitalismo às escalas local, nacional e mundial. Mas é importante notar a emergência, mesmo nos países ditos "centrais", de ativismos urbanos que lutam contra o sobreendividamento e a expropriação financeira e imobiliária que vêm jogando nas ruas milhares de famílias das classes médias empobrecidas e de frações de classe menos abastadas (imigrantes). As constantes crises financeiras colocam limites à expansão da valorização imobiliária em diferentes países, e o "controle social" do estoque de moradias desocupadas vem se constituindo como objeto catalisador das recentes lutas urbanas, como no caso do movimento espanhol Plataforma de Afectados por la Hipoteca (PAH).[41]

Por fim, os conjuntos habitacionais produzidos pelas COHABS/CDHUs revelam a moradia como um problema habitacional que, apesar de tudo, era mais integralmente assumido pelo Estado, o que poderia reforçar uma estigmatização dos seus moradores por um lado, mas possibilitava a identificação de um agente para o qual se podia exercer pressão política. No processo em curso, parece haver um projeto consensual implícito de urbanização: os novos condomínios habitacionais expressam o sentido da cidade produzida pelo mercado capitalista como horizonte que englobaria, virtualmente, todo o espaço urbano (mas não sem o auxílio do Estado). Como cada vez mais há uma lógica privada na produção do espaço em larga escala, a mobilização social em torno das melhorias urbanas torna-se mais dispersa, atomizada e individualizada, tratando-se de um processo estratégico em que há uma certa descentralização do agente produtor dos grandes espaços habitacionais. A acentuação da alienação se reproduz na dificuldade de união em torno das reivindicações pontualmente atendidas pelo mercado imobiliário, no caso, habitacional, que, no entanto, não tem como dar conta sozinho da produção da moradia para as frações sociais mais pobres, revelando seus limites. Não descartaríamos a ideia de que, além de bons negócios, o processo analisado também é uma estratégia de desmobilização social em torno da luta pela moradia, com força de cooptação de alguns movimentos sociais. Nessa perspectiva, esse processo integraria um dos bloqueios ao que Heller[42] define como "atividade humano-genérica consciente", que seria um momento de elevação da *práxis social* ao *não cotidiano* como modo de negação da alienação da "unidade muda e passiva entre particularidade e genericidade";[43] em outras palavras, o processo aqui exposto dificulta uma possível superação do cotidiano parcial e programado justamente por realizar sua ampliação (nos termos desiguais aqui ponderados), colocando novos desafios para a realização da vida cotidiana dessas frações sociais enquanto apropriação consciente e uso pleno do tempo e do espaço.

NOTAS

1 Capítulo fundamentado em nossa tese de doutorado, denominada *Novos espaços e cotidiano desigual nas periferias da metrópole*, a qual foi defendida em 2012.
2 Rodrigues, 2003: 11.
3 Carlos, 2008: 134
4 Engels, 2008: 70.
5 Idem: 115.
6 Bonduki, 2004.
7 Idem.
8 Idem: 93.
9 Idem: 96.
10 Rodrigues, 2003: 31.
11 Damiani, 1993; Rodrigues, 2003.
12 Damiani, 1993: 89.
13 Mercado composto pelas principais empresas incorporadoras/construtoras do país, que se financeirizaram na última década, realizando operações como a constituição de Fundos de Investimento Imobiliário (FIIS), Securitizações (Certificados de Recebíveis Imobiliários, os CRIS) e IPOs (*Initial Public Offering*, na sigla em inglês), que não trataremos aqui de modo particular.
14 Este Programa não será analisado de modo exaustivo neste texto.
15 Consideramos importante ressalvar que a produção habitacional nos espaços urbanos periféricos é apenas um das modalidades (embora tenha ganhado importância) de atuação do setor imobiliário, sendo importante considerar também a atuação imobiliária nos centros das grandes cidades, que são frequentemente objetos de renovação ou de "revitalizações", assim como sua ação em áreas de desindustrialização, geralmente mais bem localizadas e que abrigam empreendimentos imobiliários para uma camada de rendimento maior.

[16] Shimbo, 2012.

[17] Condomínio-loteamento fechado estudado em nossa pesquisa de doutoramento, com quase 500 mil m² de área total e 2.400 unidades habitacionais construído inicialmente pela *joint venture Bairro Novo* (parceria entre as empresas *Odebrecht* e *Gafisa*) que posteriormente passou o empreendimento para a *Tenda* (braço "popular" da Gafisa).

[18] Aqui desnaturalizamos a relação oferta/demanda de imóveis e financiamentos, uma vez que o que há é a construção, muito bem orquestrada, de uma demanda imobiliária e financeira.

[19] Harvey, 1990.

[20] Smith, 1988.

[21] Centralidade do ponto de vista seja comercial (e de serviços) seja residencial, pois admite-se que certos bairros residenciais valorizados adquirem centralidade em termos de consumo e que concentram investimentos imobiliários que, inclusive, estão articulados à presença das centralidades terciárias. Essa ideia está presente em nossa dissertação de mestrado, *A produção do espaço e as estratégias reprodutivas do capital: negócios imobiliários e financeiros em São Paulo*, defendida em 2007.

[22] Lapavitsas, 2009.

[23] Arantes, 2011.

[24] A autora mostra que Xangai, por exemplo, que é a imagem da ultramodernidade chinesa, não corresponde economicamente ao dinamismo que lhe é atribuído, apesar de muitos negócios se darem por lá. Ela investiga toda uma trama de articulações sobretudo políticas (uma "modernidade" entre aspas que se apoia num regime centralizado, autoritário, com redes de influência e clientelísticas envolvendo a propriedade do solo e os direcionamentos mafiosos das grandiosas obras de infraestruturas superdimensionadas) que produzem setores da cidade com uma imagem ultramoderna e que desempenha papel central na atração de investimentos financeiros globais.

[25] Seabra, 2004: 204.

[26] Idem.

[27] Granou, 1974: 45.

[28] Idem: 47.

[29] Idem: 57-8; tradução nossa.

[30] Em sua arguição de nossa tese de doutoramento.

[31] Idem.

[32] Lefebvre, 1972: 38.

[33] Idem: 87; tradução nossa.

[34] Martins, 2008: 20.

[35] Holanda, 1995.

[36] cf. Debord, 1997.

[37] Lefebvre, 2008b: 135.

[38] Em nossas pesquisas, pode-se ver como a moradia nova ou a moradia em melhores condições (reformada) significa também uma gama de objetos novos, um novo mobiliário, diretamente ligado à vida cotidiana, que adquire uma nova decoração, novas cores (casas que saem do cinza-ocre do reboco e dos tijolos aparentes para ganhar paredes pintadas, coloridas), novos gostos (que passam a incluir o *delivery*). Novos objetos que os moradores compram (em pequenas parcelas) para diferenciar, mas que homogeneízam acima de tudo.

[39] Debord, 1997.

[40] Seabra, 2004: 184.

[41] Disponível em: <http://afectadosporlahipoteca.com/>. Acesso em: fev. 2014.

[42] Heller, 2004.

[43] Idem.

BIBLIOGRAFIA

AMIN, S. et al. *Crisis financiera, económica, sistémica*. Madrid: Maia Ediciones, 2010.

ARANTES, O. B. F. *Chai-na*. São Paulo: Edusp, 2011.

BONDUKI, N. *Origens da habitação social no Brasil*. São Paulo: Estação Liberdade, 2004.

CARLOS, A. F. A. *A (re)produção do espaço urbano*. São Paulo: Edusp, 2008.

CERTEAU, M.; GIARD, L.; MAYOL, P. *A invenção do cotidiano 2*: Morar, cozinhar. Petrópolis: Vozes, 2009.

CHAUÍ, M. *Brasil*: mito fundador e sociedade autoritária. 4. reimp. São Paulo: Fundação Perseu Abramo, 2001.

CHESNAIS, F. *A finança mundializada*. São Paulo: Boitempo, 2005.

DAMIANI, A. L. *A cidade (des)ordenada*: concepção e cotidiano do conjunto habitacional Itaquera I. São Paulo, 1993. Tese (Doutorado em Geografia) – FFLCH, Universidade de São Paulo.

______. O lugar e a produção do cotidiano. In: CARLOS, A. F. A. *Novos caminhos da geografia*. São Paulo: Contexto, 1999, pp. 161-72.

DEBORD, G. *A sociedade do espetáculo*. Rio de Janeiro: Contraponto, 1997, 238 p.

ENGELS, F. *A situação da classe trabalhadora na Inglaterra*. São Paulo: Boitempo, 2008.

GRANOU, A. *Capitalismo e modo de vida*. Porto-Portugal: Afrontamento, 1975, 101 p.

GUTERMAN, N.; LEFEBVRE, H. *La conscience mystifiée*. Paris: Éditions Syllepse, 1999.

HARVEY, D. *O enigma do capital*: e as crises do capitalismo. São Paulo: Boitempo, 2011.

______. *Los límites del capitalismo y la teoría marxista*. México: Fondo de Cultura Económica, 1990.

HELLER, A. *O cotidiano e a história*. São Paulo: Paz e Terra, 2004.

HOLANDA, S. B. *Raízes do Brasil*. 26. ed. São Paulo: Companhia das Letras, 1995.

LAPAVITSAS, C. *El capitalismo financiarizado*: expansión y crisis. Madrid: Maia Ediciones, 2009.

LEFEBVRE, H. *Critique of everyday life*: from modernity to modernism. v. 3, London; New York: Verso, 2008a.

______. *Espaço e política*. Belo Horizonte: Ed. UFMG, 2008b.

______. *La presencia y la ausencia*: contribución a la teoría de las representaciones. México: FCE, 2006.

______. *La vida cotidiana en el mundo moderno*. Madrid: Alianza Editorial, 1972.

MARICATO, E. *Metrópole na periferia do capitalismo*: ilegalidade, desigualdade e violência. São Paulo: Hucitec, 1996.

MARTINS, J. de S. *Henri Lefebvre e o retorno à dialética*. São Paulo: Hucitec, 1996.

______. *A sociabilidade do homem simples*. São Paulo: Contexto, 2008.

MÉSZÁRIOS, I. *A teoria da alienação em Marx*. São Paulo: Boitempo, 2006.

NETTO, J. P.; CARVALHO, M. C. B. *Cotidiano*: conhecimento e crítica. São Paulo: Cortez, 2012.

PEREC, G. *As coisas*: uma história dos anos sessenta. São Paulo: Companhia das Letras, 2012.

ROCHA, A. S. da. *Centralidade e periferia na Grande São Paulo*: abordagem crítica sobre o morar na periferia da metrópole. São Paulo, 2000. Dissertação (Mestrado em Geografia Humana) – FFLCH, Universidade de São Paulo.

RODRIGUES, A. M. *Moradia nas cidades brasileiras*. São Paulo: Contexto, 2003.

SEABRA, O. C. de L. "Territórios do uso: cotidiano e modo de vida". *Cidades*: Revista científica/Grupo de Estudos Urbanos, Presidente Prudente, v. 1, n. 1, jul./dez. 2004, pp. 181-206.

SHIMBO, L. Z. *Habitação social de mercado*: a confluência entre Estado, empresas construtoras e capital financeiro. Belo Horizonte: C/Arte, 2012.

SMITH, N. *Desenvolvimento desigual*: natureza, capital e a produção do espaço. Rio de Janeiro: Bertrand Brasil, 1988.

VOLOCHKO, D. *Novos espaços e cotidiano desigual nas periferias da metrópole*. São Paulo, 2012. Tese (Doutorado em Geografia Humana) – FFLCH, Universidade de São Paulo.

______. *A produção do espaço e as estratégias reprodutivas do capital*: negócios imobiliários e financeiros em São Paulo, 2007. São Paulo. Dissertação (Mestrado em Geografia Humana) – FFLCH, Universidade de São Paulo.

CULTURA E PROBLEMÁTICA URBANA

Simone Scifoni

Este capítulo tem por objetivo apresentar alguns elementos para o debate atual sobre o papel da cultura e do patrimônio cultural na produção do espaço urbano, com ênfase na realidade brasileira.

Parte-se da hipótese de que a discussão que tem sido feita sobre o papel central de ambos na atual gestão urbana de caráter empresarial dá conta apenas parcialmente da compreensão do problema quando o foco da análise se volta para países como o Brasil, ou seja, aqueles que tiveram historicamente inserção na economia capitalista de forma subordinada e dependente. A discussão sobre esse "papel central da cultura" merece ressalvas, pois quando generalizada para a realidade brasileira, longe de elucidar os processos, acaba, ao contrário, obscurecendo as contradições existentes. O que se pretende neste capítulo é, assim, colocar em evidência essas contradições.

A hipótese que se apresenta aqui está fundamentada conceitualmente na ideia de que a tal emergência de uma "questão patrimonial" situa-se em um determinado momento da problemática urbana, aquele que Lefebvre[1] denomina de fase crítica. Este é um momento de crises e incertezas, no qual se aguçam as contradições, e nesse sentido, compreender os processos significa, antes de tudo, um exercício analítico de colocá-las em evidência, desnudá-las.

É dentro desta perspectiva que é preciso pensar o papel duplo e contraditório do patrimônio, muito mais do que generalizar e totalizar os processos. De um lado, o patrimônio é organizado para o seu consumo visual, portanto transformado, não propriamente em mercadoria, mas, sobretudo na mediação para ela, para a sua realização. De outro lado, ao ser, em essência, um portador de símbolos, ele também os oferece à consciência social, como lembra esse autor. O patrimônio é expressão de um passado e lhe dá concretude permitindo compreendê-lo, mobiliza memórias coletivas e estimula uma reflexão sobre os caminhos traçados na trajetória da construção da humanidade do homem. Nesse sentido, conforme apresenta Weil,[2] o amor ao passado e aos seus testemunhos, como é o caso do patrimônio, não tem nada a ver com uma orientação política reacionária, mas ao contrário, o olhar deste sobre uma perspectiva crítica é o alimento necessário para pensar a transformação e emancipação do homem. "De todas as necessidades da alma humana não há outra mais vital que o passado", diz a autora.[3]

Partindo dessa ideia central, o caminho de discussão buscará, em primeiro lugar retomar alguns elementos centrais deste debate sobre o papel da cultura e do patrimônio na atual gestão urbana, a partir de autores-chave como Henri-Pierre Jeudy,[4] David Harvey,[5] Françoise Choay[6] e Otília Arantes.[7] Estaríamos diante da emergência de uma questão patrimonial definida a partir da afirmação de uma "patrimonialização generalizada"? A intenção é situar este fenômeno no contexto de um determinado momento da problemática urbana, a fase crítica, de acordo com Henry Lefebvre.[8]

Na sequência, pretende-se debater a condição da preservação do patrimônio cultural no Brasil, a partir da afirmação de um passivo patrimonial, situação antagônica daquela vivenciada pela patrimonialização generalizada dos países europeus. Para tanto, lançamos mão de um argumento teórico pouco discutido até aqui na bibliografia especializada: a ideia da natureza desigual do patrimônio cultural no Brasil.

Por fim, à guisa de conclusão, propomos, para pensar o papel do patrimônio cultural, uma "leitura à contrapelo", conforme formula Walter Benjamim.[9] Essa leitura coloca em evidência o papel político do patrimônio como aquele que rejeita a memória celebrativa, sustentáculo da dominação econômica e social. Pensar o patrimônio à contrapelo significa tomá-lo como elemento essencial em uma leitura crítica do processo de produção do espaço urbano, recusando a tratá-lo como passado mítico ou heroico.

A EMERGÊNCIA DE UMA "QUESTÃO PATRIMONIAL"

A partir dos anos 1990 vem se consolidando uma discussão sobre o papel investido à preservação e restauração do patrimônio cultural como uma estratégia de intervenção nas áreas centrais de grandes cidades, no âmbito do chamado planejamento estratégico de caráter empresarial.

Esses patrimônios restaurados e transformados em grandes equipamentos de visitação e de espetáculos de arte, música e dança, que via de regra abrigam usos ligados à chamada cultura erudita, têm sido vistos pelo Estado e pelo empresariado urbano como capazes de atrair novos investimentos em um cenário de competição global das cidades ou também como peça central de um processo de revalorização imobiliária.

Um dos resultados perversos desse modelo de intervenção está relacionado à profunda mudança social nestas áreas centrais, derivada quer da expulsão de grupos sociais mais pobres que ocupavam o centro, ou ainda, pela transformação do uso do solo que substitui o lugar de moradia de uma população local por estabelecimentos comerciais ou de serviços voltados ao turismo.

O patrimônio entrou, assim, na ordem do dia do debate sobre a cidade e a problemática urbana, mas de forma enviesada, uma vez que a preservação, ao ser utilizada como álibi justificador de intervenções urbanísticas de cunho socialmente excludente e expropriatório, ficou, dessa forma, associada ao processo de *gentrificação*. Na capital paulista, pode-se citar dois exemplos de intervenções que usaram do discurso da preservação do patrimônio resultando em alto custo social: a requalificação do Parque do Povo, no bairro do Itaim Bibi, que eliminou as práticas populares do futebol de várzea,[10] e o recente caso da Vila Itororó, na Bela Vista, cujos moradores foram retirados para a restauração da edificação tombada e instalação de um centro cultural, projeto que desconsiderou a historicidade do patrimônio ao apagar ali os traços da memória da cidade representada na formação de cortiços habitados por população trabalhadora.

Constituiu-se, assim, um modelo de intervenção no patrimônio que tem sido entendido pelo Estado e pelos empreendedores urbanos como capaz de integrá-lo à dinâmica urbana conferindo-lhe uso e, portanto, presença no cotidiano das cidades e que foi disseminado mundialmente a partir de experiências europeias.

Entretanto, a consequência, além do grande custo social, é que este modelo de adequação dos patrimônios como mercadorias para o consumo da cultura e do turismo frequentemente os insere no tecido urbano como objetos reificados, conforme discute Menezes.[11] No bojo destes projetos está a hipervalorização da arquitetura e do estilo artístico em detrimento de outros valores do patrimônio, principalmente aqueles que contextualizam os bens no seu universo contraditório e conflituoso da história e dos processos sociais. Isso acaba por produzir um patrimônio cultural fetichizado, que se explica em si mesmo, unicamente pela técnica ou pela estética.

Esse modelo que fetichiza os objetos da cultura para explorar seus valores mercadológicos consequentemente também destrói a essência do patrimônio, uma vez que desvirtua o seu significado simbólico e social. Para Jeudy,[12] o dilema da gestão contemporânea do patrimônio reside justamente na necessidade de excluí-lo do circuito dos valores de mercado para, dessa forma, salvar o seu valor simbólico.

Gestado a partir de experiências europeias e associado a novas intervenções arquitetônicas e urbanísticas em áreas centrais, conforme discutiu Arantes[13] para os casos de cidades como Paris, Barcelona, Bilbao, Lisboa e Berlim, tal modelo evidencia a valorização da esfera da cultura, via implantação de equipamentos de uso cultural.

Entretanto, a compreensão deste papel representado pelo patrimônio não deve ser desvinculada de um contexto de processos que ocorreram nos países europeus e que levaram ao que Jeudy[14] chama de patrimonialização generalizada. Esta expressão é utilizada pelo autor para designar um processo que tem como características: a prioridade para a conservação das fachadas antigas das edificações que levou a uma verdadeira uniformização dos chamados centros históricos; a obsessão por restaurar; a museificação constante de antigas estruturas industriais; a preservação como princípio primeiro e fundador das intervenções urbanas, entre outros traços marcantes. Todos estes aspectos constituem o que o Jeudy chamou de "fervor contemporâneo pelo culto ao passado" que resultou em um excesso de patrimônio e no esgotamento do estágio de identificação e proteção, que ele chama de petrificação patrimonial, restando somente agora apenas a tarefa da sua manutenção.

Outros autores europeus também chamam a atenção para essa mesma condição na qual o interesse pelo patrimônio torna-se tendência marcante. Harvey[15] destaca o desenvolvimento, desde os anos 1970, de uma "indústria da herança" associada a uma cultura de museu, exemplificando o caso da Inglaterra, no qual um museu era aberto a cada três semanas, constituindo-se um momento de virada e de generalização e popularização, mas bem ao gosto das classes médias. Fazem parte desta indústria da herança, ainda, as tendências superficialmente historicistas seja de reconstrução de estilos passados, como também de reabilitação de edificações antigas, fato que reforça a ideia de que o passado ganhou um sentido de objeto de comercialização, quando o que deveria estar em jogo é a compreensão crítica da história.

Choay,[16] por sua vez, identifica nesse mesmo momento, pós anos 1960, um crescente interesse pela proteção do patrimônio, o que teria levado à sua ampliação numérica, fenômeno que denomina de "inflação patrimonial". A autora cita como parte desse mesmo processo a grande expansão tipológica, com o advento de novos objetos patrimonializados, o que rompeu com a ideia de um patrimônio monumentalista ligado às elites dominantes, além de bens ligados a uma história mais recente. Nesse sentido, incorporaram-se também como patrimônio mercados, hangares, habitações coletivas, espaços de trabalho ligados ao uso e à vida cotidiana, constituindo o que ela chamou ironicamente de "complexo de Noé". Parece haver no uso dessa expressão uma crítica da autora em relação à incorporação desses novos patrimônios. Apesar disso, ao contrário, a diversificação é produto de um olhar mais democrático e representativo em relação aos diferentes grupos sociais.

Mas essencial nesta discussão é compreender em que contexto esta generalização da preservação se deu fundamentalmente na Europa, levando à emergência de uma "questão patrimonial". Para isso, é preciso destacar três questões fundamentais.

De um lado, alguns autores apontam as transformações na sociedade europeia a partir dos anos 1970, levando ao processo de reestruturação econômica, além de mudanças tecnológicas e da desindustrialização que reduziram drasticamente as taxas de emprego industrial. Com base nessas novas condições, nos anos 1990 consolidou-se um debate sobre uma nova sociedade, "pós-industrial", na qual o emprego estaria a partir desse momento concentrado no terciário, principalmente no setor de serviços. Como característica desta nova sociedade, a redução da jornada de trabalho, a sua diversificação e flexibilização frente às inovações tecnológicas levariam a ampliação do tempo do lazer e consequentemente das formas de turismo.

Choay[17] refere-se a este processo como o desenvolvimento de uma sociedade de lazer para a qual se abriu um novo mercado, o dos bens culturais. A autora reforça que o Estado francês foi o primeiro a explorar e potencializar estas condições, o que é reforçado pela informação de outra autora francesa. Segundo Rébérioux,[18] a França declarou o ano de 1980 como "Ano do Patrimônio", o que representou uma ampliação de recursos estatais para aplicação pelo Ministério da Cultura, que já possuía uma dotação bastante significativa, de acordo com ela.

Portanto, é fundamental compreender o papel do Estado francês nesse cenário de criação de um mercado lucrativo de bens culturais com forte apoio no uso do patrimônio, uma vez que estes recursos públicos resultaram em restauração e reabilitação de antigas edificações, mas também na ampliação do estoque de patrimônios reconhecidos pela Unesco, o que a tornou um dos países mais bem representados na Lista do Patrimônio Mundial.[19]

Nesse contexto, o patrimônio cultural serve como campo privilegiado para essas novas formas de uso do tempo livre, o que leva progressivamente, ao longo do tempo, à ampliação da visitação aos lugares patrimoniais que se consolidam definitivamente nos roteiros das agências de turismo. Isso não se separa do fato de que a visitação aos patrimônios é, antes de tudo, consumo visual de uma estética ou de um estilo e desempenha papel importante como agregador de capital cultural, para o qual, segundo Bourdieu,[20] a indicação de gosto ou de preferência representa um notável marcador de classe social.

Sendo assim, o crescente interesse pela visitação dos lugares patrimoniais não se separa deste contexto da inserção da esfera da cultura como um novo mercado, pensado na lógica da reprodução da mercadoria, momento que Arendt[21] identifica como crise da cultura. Cultura ameaçada cada vez mais de confundir-se com entretenimento. A essência original dos objetos culturais era suportar o processo vital dos grupos sociais e serem permanentes no mundo, diz a autora. No entanto, a partir do momento em que a cultura é absorvida pela indústria do entretenimento e confundida com esta, os objetos culturais tornam-se mercadorias transitórias que são consumidas e descartadas.

Por fim, há outro elemento fundamental que explica as condições em que emerge esta questão patrimonial. O esvaziamento dos centros históricos, a partir dos anos 1960, conduzido por processos de suburbanização, segundo Ricci,[22] desdobrou-se nos anos seguintes em ampliação dos instrumentos de preservação dos chamados centros históricos, como ocorreu na Itália, por meio de leis, pesquisas, planos, financiamentos, pactos, alianças e incentivos fiscais. Em consequência, estas ações e investimentos públicos promoveram a ideia do retorno ao centro pelas camadas médias e mais abastadas, estimulada pela oferta dos novos equipamentos e de uma dinâmica e rica vida cultural.

Essas intervenções urbanísticas levadas a cabo pelo Estado caracterizam parte importante desta questão patrimonial, que aparece como necessidade econômica frente aos investimentos em infraestrutura disponíveis nas áreas centrais. Mas há também outra dimensão no retorno ao centro que é explicitada como nova necessidade social: a busca da centralidade e do urbano perdido.

Assim é que é possível compreender a emergência da questão patrimonial como parte do momento que Lefebvre[23] denominou, dentro da problemática urbana, de fase crítica. Ela sucede o processo de implosão-explosão da cidade e a generalização das formas de segregação socioespacial. Tais processos esvaziam e empobrecem a realidade social e a vida urbana nas áreas centrais, dissolvendo a urbanidade na mesma medida em que se expande exponencialmente o tecido urbano na forma de subúrbios espalhados e de periferias extensas.

Mas a fase crítica é o momento de generalização da lógica da mercadoria para todas as instâncias da vida social o que insere a cultura como objeto de consumo e como produção para o mercado.

Assim, a necessidade da cidade e da centralidade é recriada como objeto de consumo visual pela via da visitação e do turismo, o que explica o papel do patrimônio cultural nesta nova gestão urbana de caráter empresarial.

UM PASSIVO PATRIMONIAL E A NATUREZA DESIGUAL DO PATRIMÔNIO NO BRASIL

Será possível pensar que, no Brasil, o patrimônio cultural desempenha o mesmo papel na produção do espaço urbano, que esse até aqui discutido, o qual se explica em um contexto específico, o dos países europeus?

Não vivemos a sociedade de lazer com o aumento do tempo livre, ao contrário, modalidades cada vez mais distintas de precarização do trabalho, jornadas de trabalho que não foram reduzidas, além de formas de permanente exclusão do mundo do trabalho.[24] A era da informatização acarretou novas modalidades de informalização do trabalho, incluindo aí um *ciberproletariado*, como afirma o autor.

Por outro lado, ao contrário das iniciativas estatais dos países europeus os quais investiram recursos e potencializaram um mercado de bens culturais, criando equipamentos culturais em fábricas, armazéns, estações ferroviárias, entre outros lugares e implantaram planos e intervenções urbanísticas que priorizaram recuperação de fachadas e outras tantas ações, fatos que levaram Jeudy[25] a afirmar uma ordem patrimonial que se impõe, a realidade de países latino-americanos como o Brasil, entre outros da América Latina, coloca diferentes questões. Como problematiza Gutierrez:

> É possível que nos países de primeiro mundo, onde na última década, o "cultural" alcançou um elevado consenso e, por isso, tem gerado muitos investimentos no setor (museus, auditórios, palácios de música que são as vedetes da arquitetura dos anos 80 e 90), o tema pareçaoautossustentado nesta nova dimensão do consumo. Mas nos países americanos, para além do prestígio destas operações espelhar o europeu e norte-americano, os recursos destinados à cultura foram tão magros que apenas conseguiram manter em funcionamento os antigos equipamentos.[26]

Ao que parece, estamos muito distantes de uma situação de patrimonialização generalizada, na qual os excessos de conservação se fazem presentes na realidade urbana e abundam recursos públicos para investimentos em cultura. Muito ao contrário, um conjunto de problemas crônicos da preservação do patrimônio se repetem com o passar dos anos: equipes técnicas reduzidas para lidar com a pesquisa e fiscalização, além de atividades educativas voltadas ao patrimônio; salários rebaixados que constantemente esvaziam ainda mais as equipes; parcos recursos econômicos para ações de recuperação e restauração, seja para edifícios públicos tombados, seja para os privados, nos quais o pequeno proprietário não apresenta condições de conservação; o embate com intervenções e empreendimentos públicos e privados, cujo desdobramento desfavorece em grande parte os interesses da preservação; ausência de alternativa econômica de apoio, do tipo financiamento, aos pequenos proprietários de imóveis que não dispõem de recursos. Esse conjunto de problemas crônicos demonstra o fato de que o patrimônio cultural não está inserido efetivamente na agenda política do Estado brasileiro como uma questão de relevância.

Acreditamos que o uso de determinados patrimônios com papel de isca cultural para alavancar negócios urbanos não expressa uma emergência de questão patrimonial no Brasil, mas sim a cópia parcial de um modelo que se busca espelhar em função do prestígio atribuído a estas intervenções, como destacou o autor. Modelo concebido e gestado em condições gerais que por aqui não se realizaram plenamente face às urgências da problemática social frente à herança de uma inserção subordinada e dependente na economia capitalista.

A ideia que se desenvolve aqui é que, ao contrário de excesso de patrimônio, vive-se no Brasil um passivo na preservação que expressa claramente que nem o patrimônio nem a cultura são questões centrais em nossa sociedade. E que os investimentos e intervenções urbanas que exploram a valorização do patrimônio tal como alguns exemplos em capitais como São Paulo, Rio de Janeiro, Recife e Salvador,[27] são verdadeiramente expressão da natureza desigual existente no universo da produção e reprodução da cultura e, portanto, do patrimônio.

Desigualdade que se dá em primeiro lugar no plano da identificação e proteção física e legal do patrimônio e que explica uma das dimensões deste passivo patrimonial.

Não esgotamos a tarefa de identificação e proteção de nosso patrimônio, tal qual Jeudy[28] afirma ter se atingido na Europa, ou seja, muitos bens que poderiam documentar a história das cidades no Brasil têm sido constantemente demolidos, principalmente nos últimos anos, fruto da expansão dos negócios imobiliários. Muitos demolidos sem que se tenha ao menos estudado suficientemente e compreendido o seu papel como documento da história da cidade, o que demonstra a fragilidade e incapacidade das instituições públicas a quem cabe a tutela do patrimônio.

Muito embora desde o início da década de 1970 os Compromissos de Brasília e de Salvador recomendassem a criação e atuação de órgãos de preservação do patrimônio nas diferentes instâncias, como nos estados e municípios, as dificuldades de consolidação desses trabalhos em um grande número de cidades brasileiras é uma realidade muito presente. Não somente porque nem todos os municípios criaram nem órgão e nem legislação protetora, mas também porque naqueles que as criaram, as pressões dos interesses político e econômico inviabilizam estas ações em plenitude. Trata-se de uma contradição que se dá pelo fato de que não obstante os patrimônios terem uma presença cotidiana no tecido social da cidade, o que tornaria mais racional sua preservação em nível municipal, é justamente nesse nível de poder que os patrimônios estão mais vulneráveis às investidas dos interesses imobiliários ou de uma elite de proprietários de terra que busca garantir sua reserva de valor na cidade, interesses esses muitas vezes alinhados com a atuação do poder público municipal.

Nem mesmo a tão propalada inserção da preservação do patrimônio nos Planos Diretores, a partir dos dispositivos do Estatuto das Cidades, tem sido capaz de fazer frente a estes interesses econômicos que guardam estreita ligação com as instâncias políticas. Na prática a ordem patrimonial e o dever de memória dos quais Jeudy[29] trata, decididamente não se instalaram por aqui.

Em alguns casos, apenas a organização e mobilização social, por meio da criação de associações em defesa do patrimônio, têm conseguido brecar algumas demolições de patrimônios. É preciso citar na cidade de São Paulo os casos emblemáticos do Movimento pelo Cine Belas Artes, do Movimento SOS Quarteirão Itaim e do Movimento pela Reapropriação da Fábrica de Cimento de Perus, três grandes mobilizações que colocam em xeque os rumos das políticas de preservação no estado de São Paulo.

No caso do Cine Belas Artes, o desfecho recente, que resultou no projeto de retomada do funcionamento do cinema, passou muito ao largo da atuação dos órgãos de preservação municipal e estadual, sendo resultado da mobilização dos integrantes do movimento junto à Secretaria Municipal de Cultura. Os órgãos de patrimônio, muito ao contrário, posicionaram-se francamente contrários ao tombamento por entender que este instrumento não garantiria a continuidade do uso. A preservação desse patrimônio cultural e afetivo da população da maior metrópole brasileira mobilizou moradores de todos os cantos desse extenso tecido urbano e colocou novos desafios para pensar e conceber as políticas públicas nesta esfera, que foram enfrentados pelo movimento social e não pelas instituições públicas a quem caberia a sua tutela, outra contradição a ser ressaltada.

Como necessidade de superação dessas dificuldades de ação mais local, frequentemente os municípios recorrem ao pedido de tombamento nas instâncias superiores, junto aos órgãos estaduais e ao federal, o que em grande parte das vezes é inócuo. Fruto de uma forma de ver e construir um patrimônio que é essencialmente europeia e francesa, ou seja, trabalhando com uma visão de um patrimônio que deve ser excepcional e monumental e alicerçado na maioria dos casos em um chamado "valor arquitetônico", em grande parte das vezes as narrativas produzidas pelos técnicos da preservação descartam estes pedidos com base no famoso argumento de que o bem tem apenas "interesse local".

Em nossa compreensão, esse talvez seja um dos grandes mitos criados no interior das práticas dos órgãos de preservação, servindo de justificativa constante de recusa daquilo que esteticamente ou arquitetonicamente é considerado não digno de prestígio. A respeito disso, Rodrigues nos lembra que não há na legislação maior do país, aquela que rege a proteção do patrimônio cultural, qualquer referência a estes níveis de interesse para fins de preservação.

> Deve-se destacar que o patrimônio cultural é brasileiro, não havendo que se falar em "patrimônio de interesse exclusivamente estadual ou regional" ou de interesse exclusivamente municipal ou local", como querem alguns autores, o que termina por fornecer descabidos argumentos para justificar a omissão dos órgãos de preservação federais e estaduais diante da dilapidação cultural sistemática que vem sendo praticada em municípios que a soberba de alguns técnicos considera "desinteressante" do ponto de vista patrimonial. Tal posição, é preciso ressaltar, não tem nenhum amparo legal, muito menos constitucional, contribuindo, isto sim, para transformar moradores de cidades pequenas e pobres em cidadãos de segunda classe, sem direito à memória.[30]

A natureza desigual do patrimônio no Brasil tem origem, assim, na eleição do que deve ou não ser elevado à condição de herança coletiva, processo que prioriza valores formais, estéticos, estilísticos e arquitetônicos. Como resultado disso, o conjunto patrimonial espelha, sobretudo, a presença das elites econômica, política e religiosa, deixando à parte determinados sujeitos sociais, como é o caso dos trabalhadores urbanos e rurais, índios e negros, operários e camponeses. Nem mesmo o estabelecimento dos novos postulados colocados pela Constituição Federal de 1988, que superaram a ideia de um patrimônio vinculado a fatos memoráveis da história brasileira, ou seja, uma visão celebrativa e pouco crítica do passado, pôde mudar ainda a configuração tipológica do conjunto patrimonial, historicamente concentrado nos lugares do poder: as cidades da mineração em Minas Gerais, ou as capitais do Brasil Colônia e do Império, Salvador e Rio de Janeiro.

Foi justamente a visão crítica sobre a necessidade de ampliar a representatividade do patrimônio para todos os cantos do território nacional, reconhecendo assim a existência de um mapa desigual do patrimônio no Brasil,[31] que levou o Iphan a propor, a partir de 2007 uma estratégia de trabalho que buscou ampliar o estoque patrimonial de forma a distribuir melhor a presença do órgão público em todo o território.[32]

A segunda dimensão da natureza desigual do patrimônio no Brasil que é preciso destacar se expressa através das ações públicas voltadas à sua valorização, ou seja, nas políticas públicas desiguais que centralizam e canalizam recursos para a conservação e restauração de *determinados* tipos de patrimônios, deixando um grande número de outros tantos sem qualquer atenção e ação pública.

Casos como o do bairro da Luz, em São Paulo, do Pelourinho, em Salvador, do Bairro do Recife, ou da Praça 15, no Rio de Janeiro, não permitem generalizar para todo o conjunto patrimonial e nem concluir sobre um papel central do patrimônio e da cultura em nosso país. Do contrário, ao totalizar este universo a partir de alguns casos pontuais, são ocultadas as contradições existentes na ação do Estado e a natureza desigual das políticas. No mesmo bairro da Luz em que o governo estadual gastou volumosos recursos para a requalificação de edifícios históricos como a Pinacoteca do Estado, a Estação Ferroviária Júlio Prestes, o Armazém da Sorocabana e prédio do DEOPS, além dos investimentos na Estação da Luz com a criação do Museu da Língua Portuguesa, que constituem as vedetes de um novo uso que se quer para a região, contraditoriamente encontramos sob situação de penúria e degradação a Vila Economizadora, um dos raros exemplos existentes ainda hoje, de produção em série de habitação popular, por parte de sociedades mútuas, característica do início do século XX.

A ausência de investimentos e iniciativas públicas em relação a estes patrimônios representativos dos trabalhadores e da vida operária na cidade pode ser relacionada ao argumento de ausência de apelo turístico deste patrimônio, ao contrário dos grandes equipamentos culturais de visitação. No entanto, a importância de manter e preservar um patrimônio não deveria se atrelar à possibilidade de uso turístico, de entretenimento ou de visitação, mas à importância que esses objetos têm para a compreensão da cidade em sua dimensão histórica.

Além disso, é preciso questionar para o caso brasileiro um modelo de preservação que vem se impondo como única opção, constituído a partir da implantação de grandes equipamentos ligados à cultura erudita, tais como salas de espetáculo, museus e centros culturais. Segundo Menezes,[33] esse processo vem reforçando um uso cultural da cultura, ao invés de compreender o universo da cultura como parte integrante da reprodução social e do cotidiano das cidades. O caso da implantação de um centro cultural na Vila Itororó, já lembrado aqui, oferece um excelente exemplo disso. Ao invés de projetos que incorporem a preservação do patrimônio à vida cotidiana, pela dimensão do morar, por exemplo, reproduzem-se as experiências de novos equipamentos culturais, como se o cultural fosse um plano separado e superior em relação à vida cotidiana.

Lembrando Gutierrez,[34] é preciso romper com esse modelo importado e recuperar o patrimônio atendendo preferencialmente às necessidades sociais, pois em um contexto latino-americano de profunda desigualdade social e de carências dramáticas, como parte de nossa herança do passado colonial, a preservação do patrimônio cultural deve projetar-se na perspectiva de um compromisso social.

CONSIDERAÇÕES FINAIS

Assim como foi possível partir de uma perspectiva que problematiza a natureza desigual do patrimônio, questionando a generalização de um papel central deste na produção do espaço na realidade brasileira, semelhante análise pode ser feita em relação ao universo da cultura. Afirmar também um papel central da cultura significa nivelar e dar um caráter totalizador a um universo que é, em essência, desigual. Segundo Lefebvre,[35] é a ideologia de Estado ou o culturalismo que fabrica a tese oficial da coerência e unicidade e cultura, sob o comando de uma determinada forma de ver e de produzir a cultura.

Mas não se trata apenas de pensar a cultura em sua dimensão de diversidade ou pluralidade de grupos sociais, mas também de olhá-la a partir da chave da desigualdade. A perspectiva do debate colocado aqui foi a de que ao se tratar de patrimônio e cultura em sociedades como a brasileira, não se pode abstrair as relações desiguais existentes no universo da produção e reprodução da cultura, uma vez que foram e são profundamente marcadas pelo que carregamos como herança econômica-social e o que fundamentalmente nos diferencia de outras sociedades como a europeia, onde a cultura e patrimônio atingiram outro patamar de participação na vida econômica e social.

Não é possível uma leitura totalizadora da cultura no Brasil levando em consideração que nesse universo estão tanto as expressões eruditas que recebem incentivo e fartos recursos estatais (as orquestras sinfônicas, por exemplo), como também uma cultura urbana e de periferia sem qualquer apoio do Estado sobrevivendo de forma autônoma (como são os saraus realizados em botecos na zona sul de São Paulo). Afirmar um papel central da cultura no Brasil seria declarar a invisibilidade desses grupos de produtores de cultura, assim como a invisibilidade de suas expressões e manifestações culturais.

Assim, as desigualdades que se apresentam no plano da cultura fazem parte do mesmo processo em que se produzem e reproduzem as desigualdades sociais e a hierarquia dos capitais culturais, aquela que coloca o erudito em posição acima da cultura popular, é parte da mesma hierarquização social que coloca o trabalho intelectual acima das formas de trabalho material. Conforme lembrou Chaui,[36] embora a distinção entre cultura popular e erudita seja realmente expressão e consequência da divisão social das classes, ela é concebida como diferença qualitativa.

O olhar a partir da chave da desigualdade não admite a generalização de um papel central conferido à cultura e ao patrimônio na realidade brasileira. Ao contrário, permite colocar em evidência as contradições existentes no interior das políticas públicas e das práticas institucionais de preservação, momentos nos quais determinadas escolhas são feitas. O que se preserva e restaura reflete um tipo de passado e de sociedade que se deseja perpetuar no tempo. As omissões, os esquecimentos são resultado de uma construção política de um passado.

Por isso mesmo, o patrimônio guarda um papel político e estratégico na cidade como possibilidade de olhar o passado sobre outra perspectiva que não a da história oficial celebrativa. Mesmo em relação aos patrimônios monumentalizados por este modelo único de preservação é sempre possível um olhar crítico sobre eles a partir da perspectiva proposta por Benjamim,[37] de escovar a história à contrapelo. O luxo e a ostentação exibidos em muitos dos palacetes tombados relativos à fase áurea da economia do café em São Paulo, por exemplo, contrastam com a quase ausência de preservação do lugar de moradia dos trabalhadores urbanos e a leitura na perspectiva à contrapelo permite problematizar tanto este passado, como também o presente, ou seja, as políticas de preservação.

Mais evidente ainda é o papel político do patrimônio quando este aparece como resultado de lutas sociais na cidade. Desde o exemplo pioneiro em São Paulo, nos anos 1970, o da Escola Normal Caetano de Campos que resistiu às ameaças de demolição pelas obras do metrô na República, até o mais recente, o Cine Belas Artes, cujos planos seria substitui-lo por mais uma loja de departamentos, o que se vê nesses casos é o patrimônio como documento de uma dinâmica urbana e da vida cotidiana na cidade, o que faz com que seja incorporado à memória coletiva e se torne objeto de demanda e de luta dos grupos sociais.

Nesse caso, a luta se expressa como resistência àquilo que Carlos[38] chamou de produção de um espaço amnésico. Resultado de transformações que se imprimem à cidade na perspectiva de sua modernização e que são produzidas sob a lógica de um espaço homogêneo, adequado às necessidades da reprodução do capital, esse espaço amnésico produz estranhamento uma vez que é produzido a partir da destruição de referenciais urbanos, ou seja aqueles que encarnam os momentos passados vividos coletivamente e que estão no fundamento de uma relação identitária dos moradores com os lugares da cidade.

NOTAS

[1] Lefebvre, 2004.
[2] Weil, 1996.
[3] Idem: 418.
[4] Pierre Jeudy, 2005.
[5] David Harvey, 1992.
[6] Françoise Choay, 2001.

[7] Otélia Arantes, 2000.
[8] Lefebvre, 2001; 2004.
[9] Benjamim, 2011.
[10] Scifoni, 2013.
[11] Menezes, 1992; 1996.
[12] Jeudy, 2005.
[13] Arantes, 2000.
[14] Jeudy, 2005.
[15] Harvey, op. cit.
[16] Choay, op. cit.
[17] Idem.
[18] Rébérioux, 1991.
[19] Scifoni, 2006.
[20] Bourdieu, 2013.
[21] Arendt, 2009.
[22] Ricci, 2012.
[23] Lefebvre, 2001; 2004.
[24] Antunes, 2006.
[25] Jeudy, op. cit.
[26] Gutierrez, 1991: 126.
[27] Tal como aqueles realizados respectivamente na Luz, na Praça 15, no Bairro do Recife e no Pelourinho, conforme estudos de Beatriz Kara José (2007); Lia Motta (2000); Rogério Proença Leite (2007) e Márcia Santana (2004).
[28] Jeudy, op. cit.
[29] Idem.
[30] Rodrigues, 2009: 27.
[31] Rubino, 1994.
[32] Vieira Filho, 2011.
[33] Menezes, 1996.
[34] Gutierrez, op. cit.
[35] Lefebvre, 1991.
[36] Chaui, 2006.
[37] Benjamin, op. cit.
[38] Carlos, 2001.

BIBLIOGRAFIA

ANTUNES, R. "A era da informatização e a época da informalização: riqueza e miséria do trabalho no Brasil". In: _____. (org.). *Riqueza e miséria do trabalho no Brasil*. São Paulo: Boitempo, 2006, pp.15-26.

ARANTES, O. "Uma estratégia fatal. A cultura nas novas gestões urbanas". In: ARANTES, O.; VAINER, C.; MARICATO, E. (orgs.). *A cidade do pensamento único. Desmanchando consensos*. Petrópolis: Editora Vozes, 2000, pp.11-74.

ARENDT, H. *Entre o passado e o futuro*. São Paulo: Perspectiva, 2009.

BENJAMIM, W. *Magia e técnica, arte e política*: ensaios sobre literatura e história da cultura. São Paulo: Brasiliense, 2011.

BOURDIEU, P. *A distinção*: crítica social do julgamento. Porto Alegre: Zouk, 2013.

CARLOS, A. F. A. *Espaço tempo na metrópole*. São Paulo: Contexto, 2001.

CHAUÍ, M. *Cidadania cultural*: o direito à cultura. São Paulo: Perseu Abramo, 2006.

CHOAY, F. *A alegoria do patrimônio*. Trad. Luciano Vieira Machado. São Paulo: Estação Liberdade, 2001.

GUTIERREZ, R. "História, memória e comunidade: o direito ao patrimônio construído". In: Departamento De Patrimônio Histórico (DPH). *O direito à memória: patrimônio histórico e cidadania*. São Paulo: DPH /Secretaria Municipal de Cultura, 1992, pp. 121-27.

JEUDY, H. P. *Espelho das cidades*. Rio de Janeiro: Casa da Palavra, 2005.

LEFEBVRE, H. *O direito à cidade*. São Paulo: Centauro, 2001.

_____. *A revolução urbana*. Belo Horizonte: Editora UFMG, 2004.

_____. *A vida cotidiana no mundo moderno*. São Paulo: Ática, 1991.

MENEZES, U. T. B. "O patrimônio cultural entre o público e o privado". In: Departamento De Patrimônio Histórico (DPH). *O direito à memória: patrimônio histórico e cidadania*. São Paulo: DPH /Secretaria Municipal da Cultura, 1992, pp. 189-94.

______. "Os 'usos culturais' da cultura: contribuição para uma abordagem crítica das práticas e políticas culturais". In: Yagizi, E. et al. (orgs.). *Turismo, paisagem e cultura.* São Paulo: Hucitec, 1996, pp. 88-99.

Rébérioux, M. "Os lugares da memória operária". In: Departamento De Patrimônio Histórico (DPH). *O direito à memória: patrimônio histórico e cidadania.* São Paulo: DPH /Secretaria Municipal de Cultura, 1992, pp. 47-56.

Ricci, M. Temas, criticidades e fatores de sucesso das políticas de intervenção em centros históricos na Itália. In: Baptista, Dulce M. T.; Gagliardi, Clarissa M. R. (orgs.). *Intervenções urbanas em centros históricos. Brasil e Itália em discussão.* São Paulo: Educ, 2012, pp. 305-19.

Rodrigues, J. E. R. "Importância e responsabilidade dos conselhos municipais do patrimônio cultural". In: Miranda, M. P. S. et al. (orgs.). *Mestres e conselheiros*: manual de atuação dos agentes do patrimônio cultural. Belo Horizonte: IEDS, 2009, pp. 25-39.

Rubino, S. O mapa do Brasil passado. *Revista do Patrimônio Histórico e Artístico Nacional*, Brasília, n. 24, fev. 1996, pp. 97-105.

Scifoni, Simone. *A construção do patrimônio natural.* São Paulo: Edições FFLCH, 2007. Disponível em: <www.gesp.fflch.usp.br>. Acesso em: fev. 2014

______. Parque do Povo: um patrimônio do futebol de várzea em São Paulo. *Revista Anais do Museu Paulista*, São Paulo, v. 22, n. 1. No prelo.

Vieira Filho, D. *Práticas e conceitos na preservação do patrimônio material brasileiro*: Relatório de uma gestão (2006-2010). Brasília: IPHAN, 2011.

Weil, S. Experiência de vida na fábrica. In: Bosi, E. (org.). *Simone Weil*: a condição operária e outros estudos sobre a opressão. Rio de Janeiro: Paz e Terra, 1996, pp. 155-76.

TRANSFORMAÇÕES E RESISTÊNCIAS NOS CENTROS URBANOS

Glória Alves

É recorrente na atualidade termos conhecimento, nas mais diversas escalas geográficas, de ações que transformam as áreas centrais no sentido de melhor qualificá-las para cumprir os novos papéis de comando e reprodução do sistema produtivo capitalista.

As ações de transformação aparecem com as mais diferentes denominações que, ao mesmo tempo que justificam sua necessidade, contribuem também para a ocultação dos conflitos que se estabelecem em torno da apropriação do espaço. Assim, expressões como revitalização, requalificação, revalorização, refuncionalização são utilizadas para justificar ações de transformação em áreas tidas como seu contraponto necessário: degradadas, esvaziadas, desindustrializadas, abandonadas e perigosas.

Não se trata de mero jogo de palavras, mas de como a criação de consensos e aceitações em torno das mesmas abonam, na maior parte das vezes sem questionamentos, ações do poder público e/ou da iniciativa privada sobre determinado espaço que são postas como necessárias para requalificação de espaços, em especial nos centros tradicionais das cidades. A questão que não se coloca, e que achamos fundamental propor, é: quais as implicações desse processo? No sistema capitalista, o fundamento é a desigualdade, portanto falamos de um processo cujas ações tendem a beneficiar apenas alguns grupos, promovendo, em países capitalistas como o Brasil, um acirrado processo de segregação socioespacial que atinge as populações de menor poder aquisitivo.

Afirma-se, por exemplo, que os centros históricos, e aqui tomamos o centro da cidade de São Paulo para pontuar a questão, a partir da década de 80 do século XX torna-se um lugar perigoso, violento, o qual deve ser evitado. Também reforça-se que essas características, associadas ao trânsito congestionado de veículos, afugentariam os investimentos dessa área, os quais estariam sendo alocados em novas centralidades que apresentavam como qualidades a fluidez e velocidade de produtos, informações e pessoas, tudo isso graças a novos e modernos sistemas de comunicação aí instalados e à proximidade relacional, dada por sua situação geográfica, já que tais centralidades se localizavam próximas aos eixos viários, como as marginais do rio Pinheiros e do rio Tietê.

A construção desses consensos por parte do Estado associado à iniciativa privada esfuma o conflito que se estabelece nessa área, a saber, a luta entre o direito à propriedade, neste caso um dos fundamentos para a reprodução capitalista a partir do espaço, e o direito ao uso das populações, que têm nesse espaço a possibilidade de satisfação para a vivência dada pelo direito à moradia, trabalho e demais necessidades postas no cotidiano. Trata-se do embate que se instala entre a lógica do concebido e a do vivido. Como afirma Lefebvre

> [...] da parte do Logos, existe a racionalidade que não cessa de se afirmar e de se reafirmar: formas de organização, aspectos de empresa industrial, sistemas e tentativas para tudo sistematizar, aqui e lá. Desse lado se reúnem as forças que tendem ao domínio e ao controle do espaço: a empresa e o Estado, as instituições e os corpos constituídos. De outra parte, existem as forças que tendem à apropriação do espaço: as formas diversas de autogestão das unidades territoriais e produtivas, as comunidades, as elites que querem mudar a vida e tentam ultrapassar as instituições e os partidos.[1]

O que procuraremos debater neste capítulo é o processo de instituição dessas ações bem como as implicações da mesma à luz da dialética, tendo como base referencial a obra de Lefebvre.

O PROCESSO DE VALORIZAÇÃO/ DESVALORIZAÇÃO/REVALORIZAÇÃO

Tomando por base a área do centro da cidade e em especial o chamando centro tradicional/histórico em que se realizou a Operação Urbana Centro (figura 1), temos reiteradamente afirmações que reforçam o quanto a área estaria degradada, perigosa, afugentando investimentos e daí a necessidade de sua transformação de modo a torná-la novamente atraente aos investimentos privados (nos setores imobiliário, de serviços, de preferência modernos e avançados, e comerciais).

Figura 1 – Operação Urbana Centro

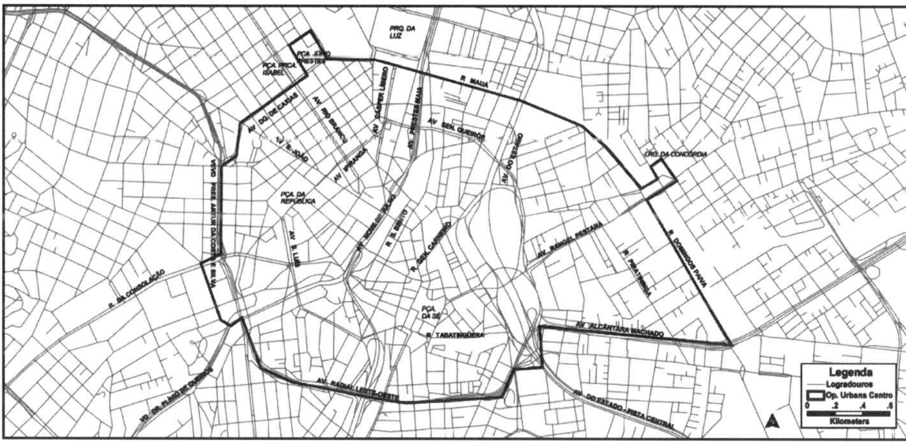

Elaborado por Danilo Cardoso

Essa mesma área, até meados dos anos 50 do século XX, era chamada de *A Cidade*. No vocabulário popular, era assim que era entendida essa parte da cidade pela maior parte de seus habitantes, e, em especial, dos que viviam a precariedade da vida nas áreas em que cotidianamente estava presente a escassez de serviços (transporte, saúde, educação, saneamento básico) que fazem parte da vida urbana: aqueles que viviam no que, no período, se caracterizava por periferia e tinham como contraponto a essa precariedade o que os geógrafos da época denominaram, tendo como referencial a produção francesa[2] que chegava ao Brasil, como sendo o centro da cidade.

Justamente por concentrar vários elementos da vida relacionados à dimensão política, econômica, social, cultural, essa área da cidade, que hoje chamamos de centro histórico/tradicional, nos anos 70 do século XX[3] era entendida como local das possibilidades, da oportunidade, do trabalho, que tudo concentrava, tendo como contraponto as periferias, que se caracterizavam pela escassez/ausência da vida citadina, já que eram locais da reprodução mais básica da vida. Desse modo, o Centro podia ser entendido como sendo a centralidade única da cidade. De acordo com Lefebvre, a centralidade se expressa

> [...] como área com forte densidade de atividades ligadas a elevados índices de frequentação ainda que as necessidades e demandas que determinam essas frequentações sejam de natureza e intensidades diferentes.[4]

Se a centralidade única era a característica nos anos 1970, hoje não podemos mais afirmar o mesmo, já que a realidade apresenta um quadro em que temos multi e policentralidades.[5] Trata-se de um processo dialético, pois o atributo de centralidade que era único e que impingia grande valorização do espaço na área central também, por outro lado, promoveu, juntamente com o processo de especulação imobiliária em outras áreas da cidade, um movimento de desvalorização imobiliária[6] dessa área central e, ao mesmo tempo, um processo de valorização de outras áreas.

Esse processo faz com que várias atividades que antes só se encontravam no Centro sejam encontradas em outras novas centralidades. Com o desenvolvimento tecnológico, principalmente no que se refere às novas redes de informação, muitos dos serviços públicos foram descentralizados e vários podem ser acessados hoje via internet, o que faz com que a necessidade de ir ao Centro, como falavam os mais velhos, não exista mais.[7]

Como se trata de processo dialético, podermos dizer que temos na área central a tríade valorização/desvalorização/revalorização do solo urbano, sendo que este último termo se torna essencial para a realização do movimento de reprodução do capital.

O Centro, área antes com o preço do solo urbano elevado, com a multiplicação de centralidades, multi e poli, associada à mudança do perfil de usuários do comércio, que toma uma característica predominantemente[8] mais popular, tem o preço do solo urbano rebaixado se comparado às novas centralidades, como a Berrini, a Nova Faria Lima, entre outras.

Não podemos nos esquecer nesse processo um elemento fundamental: a propriedade privada do solo urbano. Mesmo aparentemente desvalorizada, a área toda se compõe de inúmeros proprietários de lotes, prédios que participam do processo, mas que, como proprietários juntamente com empresários do ramo imobiliário, estabelecem um limite para o processo de desvalorização. Limite esse que é fundamental para construção de consensos sobre a necessidade de transformação social e econômica da área em questão de modo que as mudanças socioespaciais se coloquem como fundamentais e necessárias para a sociedade como um todo.

Mas de qual limite se trata? Não nos referimos aqui a valores venais médios da cidade embora disponhamos de tais dados,[9] mas ao auge da construção da necessidade de revalorização econômica e social da área. Interessante notar que, quanto à revalorização social, isso implica atração de camadas da população que teriam se afastado ao logo das décadas da área (tanto no que se refere à moradia quanto a que se serve do comércio e serviços existentes). Por outro lado, a atração dessa população demandaria a estratégia de construção da ideia de segurança, no afastamento das camadas populacionais de menor ou nenhum poder aquisitivo, que na mídia são, como sempre o foram, culpabilizadas *a priori* pela insegurança no centro. Reforça-se o preconceito existente, e já apontado por Chaui,[10] de que os trabalhadores pobres são vistos como ameaçadores já que "[...] considerados ignorantes, atrasados e perigosos, estando a polícia autorizada a parar qualquer trabalhador nas ruas, exigir a carteira de trabalho e prendê-lo para averiguação".

Essas ideias são construídas a partir de fatos que realmente ocorrem na área central da cidade como furtos, roubos e lugares do centro que concentram usuários de drogas, por exemplo, na região de Santa Ifigênia denominada de Cracolândia na mídia. Tais fatos ocorrem também em outras áreas da cidade,[11] entretanto para reforçar a construção da necessidade de transformação da área em questão, essas ocorrências são maximizadas e exploradas a ponto de a ideia de perigo do Centro ser propagada e incorporada no senso comum sem questionamentos.

Construído o consenso de decadência, abandono e perigo, tem-se então a oportunidade, numa articulação entre o Estado e a iniciativa privada, de estrategicamente promover mudanças e transformações nessa área de forma a torná-la mais atrativa a novos investimentos, permitindo a realização e reprodução do capital. Embora pareça que se trate de um processo recente, segundo nossos estudos, essa área passa por grandes transformações, após o Plano de Avenidas de Prestes Maia, desde os anos 80 do século XX.

Mas não há como negar que é a partir da década de 90 (século XX), com as Operações Urbanas, que a intensidade e velocidade das transformações se ampliam.

As Operações Urbanas se apresentam com o caráter de excepcionalidade frente às normas urbanísticas existentes. A primeira posta em prática foi a Operação Urbana Vale do Anhangabaú,[12] que abria a possibilidade de construção acima do estabelecido por lei (até então o coeficiente de aproveitamento era 4), a partir da cobrança da outorga onerosa do direito de construir por meio do instrumento do solo criado (nesse caso o coeficiente de aproveitamento poderia, em alguns casos, chegar a 7), a fim de criar atrativos para a realização de investimentos privados.[13]

Embora o poder público demonstrasse interesse na transformação – investindo na requalificação do Vale do Anhangabaú a partir da remodelação deste, criando o Boulevard São João, remodelando o Vale com a construção de uma grande praça no local onde eram as pistas da Av. Prestes Maia (que passam a ser subterrâneas) – os 150.000m^2 de solo negociável não foram atrativos, naquele momento, aos investidores. Durante os três primeiros anos de vigência dessa Operação Urbana, apenas 13% foram utilizados.[14] Vale lembrar que ela entra em ação durante a gestão de Luisa Erundina (1989-1993), que tinha na sua proposta de Plano Diretor (embora não aprovado) o estabelecimento de Zona Especial de Interesse Social (ZEIS). A ideia era aproveitar parte do arrecadado com o solo criado, mediante a outorga onerosa, na promoção/recuperação de habitações inseridas nas ZEIS. A baixa adesão dos investidores acabou por não gerar recursos suficientes para o desenvolvimento de um programa habitacional nas ZEIS.

Ainda que se possa dizer que a Operação Urbana Vale do Anhangabaú não atingiu seus objetivos, na visão municipal, ela serviu como experiência para outras que, a partir daí passam a ocorrer em várias partes da cidade.

Se inicialmente, como no caso dessa Operação Urbana no Centro, o discurso reforçava a necessidade de requalificação de áreas tidas como degradadas, algumas outras operações são propostas e se realizam, sem nem mesmo essa preocupação com um discurso que promova consensos sociais. No caso da Operação Urbana Faria Lima, tão bem estudado por Carlos,[15] a intenção era muito clara: garantir a consolidação do eixo de desenvolvimento econômico do setor sudoeste da cidade. Nessa Operação se formaliza a outorga onerosa com a venda de CEPACs (Certificado de Potencial Adicional Construtivo), cujas arrecadações seriam gastas na própria Operação, não se constituindo enquanto possibilidade para minimizar os déficits habitacionais para as camadas de menor poder aquisitivo, ou seja, não havia sequer no projeto a possibilidade de se pensar em ZEIS nessa área valorizada da cidade ou em qualquer outra parte, já que os recursos arrecadados seriam gastos apenas na própria área onde se realizava a Operação Urbana.

Há, então, pelo menos duas formas de uso discursivo sobre as Operações Urbanas: uma que enfatiza a necessidade de requalificação de áreas tidas como degradadas e ou que sofreram um processo de desindustrialização e que se constrói o consenso da necessidade de renovação; outra que destaca a necessidade de manutenção da inovação para continuar competitiva. Ainda que com discursos diferentes, as propostas de intervenção são muito parecidas e tendem a reforçar e acirrar as segregações socioespaciais já existentes.

As segregações socioespaciais, segundo Carlos,[16] são um dos fundamentos da produção do espaço urbano e, ainda segundo a autora, seriam o negativo da cidade e da vida urbana. Negativo, pois segundo Lefebvre, a vida urbana poderia ter a potência do encontro/confronto/reconhecimento dos diferentes e, nesse sentido ser condição para um humanismo e democracia renovados.[17] As segregações urbanas são mais do que a separação dos diferentes sujeitos no espaço. Seu conteúdo inclui também, sem excluir a separação espacial, privações socioespaciais dos mais diferentes tipos, a saber: negação ou dificuldade de mobilidade física[18] pela precariedade do transporte público e, em muitos casos, pela impossibilidade de pagamento[19] do mesmo. Essa aparente imobilidade física corrobora com a imobilidade social, pois sem ter muitos recursos, o acesso à moradia, por exemplo, muitas vezes se dá no limite da sobrevivência. Como um dos conteúdos da produção do espaço urbano está pautado, ao menos no Brasil, na propriedade privada da terra/solo urbano, a impossibilidade de acesso às áreas com maiores riquezas sociais urbanas, como equipamentos públicos e de serviços (água encanada, tratada e com coleta de esgoto, acesso a energia elétrica, escolas públicas de qualidade, saúde pública de qualidade, áreas verdes, de lazer, cultura e esporte, serviços bancários e outros), obriga as pessoas a morarem em áreas sem esses bens e serviços, que em geral ficam distantes das centralidades já consolidadas, onde, além dessas riquezas sociais, também se concentram e há a possibilidade de empregos.

Até anos 80 do século XX, essas áreas que concentravam a população de menor ou nenhum poder aquisitivo eram denominadas periferias, e muitos estudos foram realizados procurando explicar a produção do espaço a partir da relação centro-periferia, esta estendida como o lugar da precariedade. Hoje é muito questionada a possibilidade de continuar a explicar a produção espacial a partir da relação centro-periferia. A nosso ver, ela continua sendo explicativa, mas hoje possui novos conteúdos. Ao longo do processo de produção/reprodução do espaço, as chamadas periferias de outrora adquiriram novos conteúdos, incluindo a constituição de centralidades nessas áreas. Claro que temos que discutir que a constituição de centralidades é um processo que faz parte da reprodução, ao mesmo tempo, do capital e da vida cotidiana. Ainda que essas diferentes dimensões do processo não se separem, a partir de cada uma delas temos o reforço de uma característica específica do processo. Procurando ser mais didática, destacaremos a característica de cada uma das dimensões, mas sempre alertando para a indissociabilidade das mesmas.

A constituição da centralidade enquanto um atributo do espaço sob a perspectiva da reprodução do capital em nossa sociedade, se dá, invariavelmente, de forma hierárquica e especializada. A centralidade é fragmentada na cidade e homogênea quanto à constituição de algumas formas. Essa tendência impõe mudanças na vida cotidiana das pessoas, a partir do grupo social do qual fazem parte.

Compreender a centralidade a partir da vida cotidiana nos leva às centralidades secundárias (se pensarmos a partir de uma hierarquia de centralidades). Discutiremos as centralidades que surgem nas chamadas periferias da cidade, que até anos 1980 eram desprovidas da maior parte das riquezas sociais produzidas na cidade, embora concentrassem uma grande população de trabalhadores de baixo poder aquisitivo e que viram nesses espaços periféricos a possibilidade de compra/posse/ocupação/construção de sua moradia. Não podemos nos esquecer que morar nesses espaços não constituiu uma opção para essa população. Foi a possibilidade articulada a partir das estratégias de especulação imobiliária que levaram a expansão da cidade/área metropolitana horizontalmente.

Esses espaços, até anos 1990, eram reconhecidos e denominados de periferias, áreas distantes do centro, com concentração de população de baixo poder aquisitivo e onde a vida era gerada pela precariedade de todos os bens e serviços sociais. Entretanto, ao longo do processo de produção/reprodução desses espaços, a centralidade entendida como a concentração de serviços/bens/comércio/população foi se estabelecendo pela necessidade da sobrevivência da própria população residente nesses espaços. Nas vias de maior circulação, onde havia pontos ou paradas de ônibus, moradores com algum recurso acabam por conseguir gerenciar um bar, uma quitanda, um bazar, um salão de beleza (em geral na própria casa da cabeleireira), um local de culto religioso, ou seja temos o início do processo de constituição de uma centralidade local, que passa a concentrar pessoas e atrair, nessa escala, mais empreendimentos locais e, assim, concentrando ainda mais população.

Por outro lado, temos também, a partir da década de 90 (século XX), um maior desenvolvimento tecnológico (principalmente no que diz respeito ao uso das comunicações e sistemas de informática), redemocratização do país, fortalecimento de movimentos populares e, já ao final dessa década e início dos 2000, algumas dessas áreas que concentravam grande população e possuíam um comércio local, passam a ser objeto de instalação de grandes lojas de departamento, agências bancárias e de serviços institucionais (muitos deles conseguidos a partir de pressões e reivindicações populares), caracterizando-se como uma centralidade da cidade, ainda que periférica.

Desse modo, aparentemente, a caracterização de periferia como lugar da precariedade e de centro como concentração e sinônimo de centralidade caía por terra. Apenas aparentemente, pois, se algumas áreas deixam de ter essa caracterização, outras vêm se constituindo enquanto periferias como lugar da precariedade. Isso significa que existe a produção de novas periferias no sentido mais tradicional da expressão, tratando-se de um processo fragmentado, descontínuo, porém permanente, de produção de periferias.[20]

Ao mesmo tempo, áreas tidas antes como periferias, a exemplo de Itaquera, Jardim Ângela, Artur Alvim, na cidade de São Paulo, tornaram-se centralidades, mesmo que periféricas. Elas concentram o essencial para a realização de boa parte das necessidades cotidianas, principalmente aquelas ligadas ao consumo[21] diário, com a chegada de investimentos de maior monta (lojas como Casas Bahia, Ponto Frio, entre outras do grupo Pão de Açúcar, por exemplo) nessa região. Entretanto, nessas áreas não temos um grande número de empregos, fazendo com que a população se desloque diariamente a outras regiões para trabalhar, e nem os serviços mais sofisticados ligados ao uso de tecnologia de ponta, informatização, computadorização (indo da produção de *software* e *hardware*, publicidade e serviços médicos computadorizados) e que exigem maior especialização de trabalho. Esse atributo de centralidade, por sua vez, acaba por favorecer o processo de aumento dos preços dos imóveis e aluguéis, fazendo com que parte dos moradores que aí residiam não consigam mais se manter nesses espaços, tendo que se deslocar para as novas periferias que se constituem nas bordas da metrópole.

Temos também a perspectiva da manutenção de centralidades com maior ênfase na reprodução do capital. Nas centralidades já constituídas e hierarquicamente tidas como Centros, a exemplo do Centro histórico da cidade de São Paulo, encontramos ações que buscam requalificar o espaço de modo que este possa ser atrativo a novos investimentos na área. Tendencialmente, os projetos de requalificação[22] levam à expulsão ou afastamento para outras áreas, dos moradores de baixa renda, transeuntes (os que usam o espaço apenas como passagem) e usuários do então comércio local, cuja predominância, ao menos antes das obras de requalificação, é voltada a um comércio popular[23] de baixa renda.

Mas que áreas são essas para as quais se deslocam os moradores que são afastados da área central, principalmente no que se refere à moradia? Muitos desses residiam em cortiços e viam nesse tipo de moradia a possibilidade de não só morar (no sentido de ter um abrigo), como também de ter melhor qualidade de vida na cidade, segundo depoimento de moradores,[24] já que morando em cortiços não necessitavam gastar nem tempo, nem dinheiro com transporte visto que, a maioria trabalhava[25] e ou sobrevivia no centro. Os moradores se questionavam de que adiantava ter casa própria em Cidade Tiradentes,[26] por exemplo, se o emprego ou as condições para a vida estavam como diziam eles, na cidade.[27] Não valia a pena passar diariamente mais de quatro horas no transporte e nem gastar com ele apenas para sobreviver mais sacrificadamente.

Mas esse tipo de morador, e ou usuário da área, aparece como um entrave à reprodução do capital, que em momentos de crise tem na transformação/reprodução do espaço uma saída possível para a crise de acumulação de capital.

O pouco investimento do Estado e da iniciativa privada na área central – já que a maior parte dos recursos (tanto públicos como privados) estava sendo investida no eixo sudoeste da cidade –, associado à falta de conservação de edifícios – principalmente dos ocupados por moradores sem muito poder aquisitivo – faz com que a paisagem que é divulgada do centro seja sempre associada a áreas tidas como degradadas.[28]

Constrói-se no cotidiano a ideia de perigo e abandono da área central que, tornada senso comum, permite que propostas para sua "requalificação" ou "revitalização" sejam vistas como necessárias para eliminar o perigo e garantir a segurança dos citadinos, nessa área em especial.

É com esse discurso que as Operações Urbanas (O. U.) realizadas no centro da cidade (O. U. Vale do Anhangabaú; O. U. Nova Luz) se apoiam agregando a esse a possibilidade de atração de investimentos e alçando essa parte da cidade no projeto de constituição da Cidade de São Paulo como uma cidade global, ainda que hierarquicamente abaixo de cidades como Nova York, Londres, a título de exemplificação.

Durante a vigência da Operação Nova Luz,[29] o discurso sobre a decadência e perigo tinha amparo na existência real de uma área que concentrava usuários de *crack* em suas ruas. Essa situação, insisto, real, mas colocada como única na região, fez com que a área passasse a ser conhecida como Cracolândia. Assim, a Operação Nova Luz aparecia, aos olhos da sociedade, como a possibilidade de eliminar tal situação.

Apesar de existirem, de fato,usuários de droga na região, esta também era ocupada por trabalhadores de baixa renda e que, em parte, viviam em cortiços na área. Como o divulgado era que existiam *apenas* usuários de drogas, a opção escolhida foi a de arrasar quarteirões,[30] limpando a área tanto das edificações degradadas quanto desses. Afinal, quem se oporia a destruir edificações abandonadas que foram ocupadas por usuários de droga? Acompanhando as notícias veiculadas na mídia, as imagens revelavam sempre a derrubada de diferentes edifícios. Não importando a rua, a legenda era sempre a seguinte:

> Funcionários da Prefeitura de São Paulo iniciam a demolição de casarões abandonados na rua Helvétia, no centro da capital paulista [...]. Os imóveis, localizados na região conhecida como Cracolândia, onde a polícia faz a operação, serviam de abrigo para usuários de drogas.[31]

É interessante observar que, no início do parágrafo, há a indicação de uma rua onde se realiza a ação, mas na sequência faz-se a generalização da situação, sugerindo que os imóveis dessa região onde se realiza a Operação urbana serviam de abrigo aos usuários de droga. A estratégia para a promoção de consensos estava dada.

Ainda que o processo de reprodução socioespacial tenda a estar sob a égide do capital, este não se dá sem conflitos, ou seja, sem a interferência das ações advindas da vida cotidiana da população que, muitas vezes, resiste, a partir de sua permanência no espaço.

No caso específico da Operação Nova Luz, embora sob a coordenação do município de São Paulo em parceria com a iniciativa privada, tal operação estava articulada[32] com outras ações na área, de responsabilidade do governo do Estado de São Paulo.[33] Caso fosse realizada conforme as proposições[34] do município/iniciativa privada, a operação levaria a grandes transformações morfológicas, sociais e econômicas. Quando iniciada, seu perímetro abrangia basicamente áreas com moradores de baixa renda, áreas com usuários de drogas, comércio popular e, de modo geral, as edificações que apresentavam baixo estado de conservação. O desenvolvimento do projeto, porém, levou a alterações e os comerciantes locais da rua Santa Ifigênia começaram a questionar a implementação da concessão urbanística que permitia que a iniciativa privada indicasse as áreas de interesse de desapropriação podendo, inclusive, alterar o Perímetro de Declaração de Utilidade Pública. Na visão dessas pessoas, o comércio tradicional da Santa Ifigênia estava ameaçado, e com isso grandes mudanças poderiam ocorrer na vida cotidiana de comerciantes e moradores locais.

O que surge a partir daí é uma série de ações que questionam o projeto como um todo: passeatas, ocupação e impedimento de realização de audiências públicas, que poderiam legitimar a exigida (por lei) participação popular no projeto. Associado a essas iniciativas populares tivemos também uma mudança na administração municipal que passa do DEM (até então aliado do PSDB) para um prefeito do PT. Em 2012 a Justiça suspende a Operação, reconhecendo que não houve a participação social necessária para a realização do Projeto.

Nesse sentido, embora as ações para a reprodução do capital tenham mais força na reprodução espacial, o processo é dialético e resistências e contraposições a essa reprodução estão presentes na vida urbana que, segundo Lefebvre,[35] "pressupõe encontros, confrontos de diferenças, conhecimentos e reconhecimentos recíprocos (inclusive no confronto ideológico e político) dos modos de viver, dos 'padrões' que coexistem na Cidade".

NOTAS

1 Lefebvre, 1986: 451.

2 A expressão *o centro da cidade* aparece pela primeira vez na geografia brasileira no trabalho de N. L. Müller, mais especificamente no artigo "A área central da cidade", na obra coordenada por A. de Azevedo intitulada *A cidade de São Paulo*, que foi publicada em quatro volumes pela AGB em 1958. Na mesma época, Milton Santos defende e tem publicada (1959) sua tese de doutorado, orientado por Michel Rocherfort.

3 Tomamos os anos 1970 como referência, pois é nesse momento que ocorre a grande expansão da periferia. Até anos 50, tínhamos os subúrbios que morfologicamente eram constituídos por terrenos que permitiam ter a casa e área com jardins ou árvores frutíferas, sendo o local da sobrevivência, mas com a possibilidade de ascensão social. Já as periferias morfologicamente se caracterizam por lotes pequenos (125 m^2 ou menores) sendo, na visão de Martins (Espaço & Debates, 2001), local da reprodução precária da vida.

4 Lefebvre,1978: 218.

5 Segundo Sposito (2013: 74-5), tendo como referencial Lefebvre, a multicentralidade refere-se à "conformação de mais de uma área de concentração comercial e de serviços nas cidades, influenciando a perda relativa do peso e da importância do centro principal". Já a policentralidade está ligada "a dinâmicas mais recentes, como o aparecimento de grandes superfícies comerciais e de serviços, que redefinem, de modo profundo, a estrutura espacial [...]".

6 Alguns autores (Müller, 1958; Huet, 2001) afirmam que houve, desde os anos 1950, um processo também de desvalorização social e moral. Essa é uma visão de classe com a qual não corroboramos.

7 É claro que há limites para essa afirmação. Impostos atrasados, renegociações, continuam exigindo a presença física e em locais específicos da cidade, em geral no Centro da Cidade de São Paulo.

8 Falamos em predominância, pois no centro continuam existindo comércio e serviços especializados, mas numericamente é muito superior a presença de estabelecimentos de comércio e serviço que atingem mais as camadas populares.

9 Esses dados estão disponíveis em GESP, 2010.

10 Chaui, 1989: 57.

11 As áreas mais violentas da cidade ficam no extremo sul da cidade.

12 Essa Operação Urbana foi criada a partir da Lei Municipal n. 11.090, de 16 set. 1991.

13 Alves, 2006.

14 São Paulo, 1996.

15 Carlos, 2001.

16 Carlos, 2013: 95.

17 Lefebvre, 2001: 7.

18 Região Metropolitana de São Paulo – viagens diárias por modo principal e renda familiar mensal
2007 números em milhares/ Valores em reais em out/2007

Modo	Até $760,00	De 760, a 1.520	De 1.520 a 3.040	De 3.040 a 5.700	Mais de 5.700	Total
Metrô	145	559	842	483	194	2.223
Trem	83	318	289	85	40	815
Ônibus	1.079	2.900	3.610	1.162	283	9.034
Fretado	39	112	219	118	26	514
Escolar	127	391	502	211	96	1.327
Auto	393	1.315	3.371	2.960	2.342	10.381
Táxi	5	14	23	87	24	721
A pé	2.063	4.680	4.199	1.232	449	12.623
Outros	3	20	20	14	4	61

Fonte: <http://www.metro.sp.gov.br/metro/arquivos/OD2007/sintese_od2007.pdf>.

Segundo a pesquisa Origem e Destino 2007 (São Paulo: 2008), a renda familiar é a principal variável no índice de mobilidade. Segundo os dados apresentados, a população com renda familiar em 2007 de até $760,00 era a que tinha o menos índice de mobilidade sendo que o maior índice era de viagens a pé e, em segundo lugar, o uso de transporte coletivo (mais especificamente o ônibus). Vale lembrar que, de acordo com a mesma pesquisa, as viagens a pé são consideradas quando o motivo da viagem é escola ou trabalho, independente da distância, ou com mais de 500 metros para outros motivos que não escola/trabalho.

19 Os trabalhos de Rocha (2000 e 2007) mostram que na periferia, quando, no final de século XX e primeira década do XXI, na região metropolitana de São Paulo, os trabalhadores recebiam a ajuda para o transporte em forma de vale, o vale transporte, muitos trabalhadores não utilizavam o ônibus, andando a pé, fazendo do vale transporte uma moeda de troca aceita principalmente pelos comerciantes da periferia na troca por vários tipos de produtos.

20 Em trabalho de campo realizado em 2012 na zonal sul de São Paulo, na região de Parelheiros, o sonho de uma moradora entrevistada era conseguir voltar a morar no Jardim Ângela.

21 Notícia publicada no Jornal *Folha de S.Paulo* do dia 10 ago. 2007 intitulada "Projeto é lançado para aumentar o espaço público e diminuir a violência", destaca como a abertura de uma unidade das Casas Bahia, loja de departamento de eletrodomésticos e utensílios do lar, ajuda a acelerar o desenvolvimento econômico da área e, ao nosso ver, acalma as ansiedades da população que passam a ter maior acesso ao consumo de bens de produtos. Disponível em: <http://www1.folha.uol.com.br/folha/dimenstein/cbn/m_sp_100807.shtml>. Acesso em: 13 abr. 2014.

22 Como já dissermos anteriormente, há uma série de termos para designar a necessidade de transformações. Em muitos dos documentos das Operações Urbanas, como o da Operação Urbana Vale do Anhangabaú, o termo mais usado é revitalização.

23 Trata-se, por exemplo, no caso de São Paulo, de lojas de roupas populares (Torra Torra, Scala, Marisa, entre outras), calçados, e mesmo lojas de departamento como a Lojas Americanas. Além disso, e justamente pelo grande número de pessoas de baixa renda, há um enorme número de camelôs que vendem os mais variados produtos.

24 Pereira, 2009: 26-7.

25 Muitos dos que residem no centro têm sua subsistência pautada no emprego formal ou informal ou autônomo, sem emprego mas subsistindo da coleta seletiva dos materiais em abundância existentes na região (desde papelão, passando por latinhas de alumínio e até mesmo lixo eletrônico) ou ainda a mendicância.

26 É um distrito da Cidade de São Paulo que concentra um grande número de conjuntos habitacionais, com mais de 40 mil unidades habitacionais, construídas na década de 1980, a maior parte pelo governo do Estado de São Paulo. Fica cerca de 35 km de distância do centro de São Paulo. Como a maior parte dos empregos está fora de sua área, forçando seus moradores a fazerem migrações pendulares diárias, é considerado um bairro dormitório.

[27] É emblemático que os moradores se refiram a essa região como a Cidade. Esta aparece como o lugar das possibilidades enquanto que as periferias como da precariedade da vida.

[28] Insistimos que esse é o termo mais divulgado que associa a área central como perigosa, abandonada, um lugar a ser evitado, segundo os meios de comunicação, pois teria sido ocupada por viciados e marginais.

[29] Em 2012 a Operação Urbana Nova Luz foi interrompida por determinação judicial que a suspendeu por compreender que não houve a participação popular em sua elaboração e realização. Com a suspensão foram atendidas as reivindicações dos moradores e comerciantes locais que se viam prejudicados com a realização de tal Operação Urbana.

[30] Consiste na derrubada de edificações sob o argumento que estariam abandonadas sendo refúgio de usuários de drogas, deixando lotes limpos e vazios para novas propostas de construções.

[31] Disponível em: <http://noticias.uol.com.br/cotidiano/ultimas-noticias/2012/01/19/prefeitura-de-sp-recolhe-2100-toneladas-de-entulho-na-nova-luz.htm> . Acesso em: 14 abr. 2014

[32] Durante duas gestões municipais, havia a articulação entre governo do Estado (PSDB) e municipal (PSDB/DEM).

[33] Reforma da Pinacoteca São Paulo, Criação do Museu da Língua Portuguesa, Reforma da Estação da Luz, Criação da Sala São Paulo.

[34] Sobre essa Operação, ver Pereira, 2009.

[35] Lefebvre, 2001: 22.

BIBLIOGRAFIA

Alves, G. da A. *O uso do centro da cidade de São Paulo e sua possibilidade de apropriação*. São Paulo: FFLCH/Labur, 2009. Disponível em: <http://www.fflch.usp.br/dg/gesp/baixar/Livro_gloria.pdf>. Acesso em: 17 maio 2013.

Carlos, A. F. A. *Espaço tempo na metrópole*. São Paulo: Contexto, 2001.

_____. A prática espacial urbana como segregação e o "direito à cidade" como horizonte utópico. In: Vasconcelos, P. de A.; Corrêa, R. L.; Pintaudi, S. M. (orgs.). *A cidade contemporânea, segregação espacial*. São Paulo: Contexto, 2013, pp. 95-110.

Chauí, Marilena. *Conformismo e resistência*. São Paulo: Brasiliense, 1989.

Espaço & Debates, 42, São Paulo: Neru, 2001, pp.75-99. (Depoimentos)

GESP. Cadernos de mapas: subsídios para a análise de São Paulo. In: *São Paulo*: a reprodução do espaço urbano como condição contraditória da reprodução do capital, FFLCH, 2010. Disponível em: <http://www.fflch.usp.br/dg/gesp/baixar/cadernof.pdf>. Acesso em: 15 maio 2013

Huet, Bernad et al. *Os centros das metrópoles*: reflexões e propostas para a cidade democrática do século XXI. São Paulo: Terceiro nome/Viva o Centro/Imprensa Oficial do Estado, 2001.

Lefebvre, Henri. *De lo rural a lo urbano*. Barcelona: Ed. 62, 1978.

_____. *O direito à cidade*. São Paulo: Centauro, 2001.

_____. Hors du centre, point de salut?. In: *EspacesTemps*, 33, Paris. Association EspacesTemps. 1986, pp. 15-19.

_____. *La production de l'espace*. Paris: Anthropos, 1986.

Müller, N. L. "A área central da cidade". In: Azevedo, A. (org.). *A cidade de São Paulo, São Paulo*. v. III, AGB. 1958.

Pereira, A. V. *O Projeto Nova Luz e a renovação urbana da região da Luz*: o espaço urbano como condição e produto da acumulação e como espaço da reprodução da vida. São Paulo, 2009. Dissertação (Mestrado em Geografia) – FFLCH, Universidade de São Paulo.

Rocha, A. S. *Centralidade e periferia na Grande São Paulo*: abordagem crítica sobre o morar na metrópole. São Paulo, 2000. Dissertação (Mestrado em Geografia) – FFLCH, Universidade de São Paulo.

_____. *Objetos, atos e situações no morar na periferia da metrópole: momentos e implicação*. São Paulo, 2007. Tese (Doutorado em Geografia) – FFLCH, Universidade de São Paulo.

Santos, M. *O centro da cidade de Salvador*. Salvador: Universidade da Bahia, 1959.

São Paulo (Cidade). *Dossiê São Paulo*. São Paulo: Sempla, 1996.

São Paulo (Estado). *Pesquisa Origem e destino 2007*. São Paulo: Metrô/Secretaria de Transportes Metropolitanos, 2008. Disponível em: < http://www.metro.sp.gov.br/metro/arquivos/OD2007/sintese_od2007.pdf>. Acesso em: 06 fev. 2014.

Souza, M. L. de. Semântica urbana e segregação: disputa simbólica e embates políticos na cidade "empresarialista". In: Vasconcelos, P. de A.; Corrêa, R. L.; Pintaudi, S. M. (orgs.). *A cidade contemporânea, segregação espacial*. São Paulo: Contexto, 2013, pp. 127-46.

Sposito, M. E. Segregação socioespacial e centralidade urbana. In: Vasconcelos, P. de A.; Corrêa, R. L.; Pintaudi, S. M. (orgs.). *A cidade contemporânea, segregação espacial*. São Paulo: Contexto, 2013, pp. 61-94.

Vasconcelos, P. de A.; Corrêa, R. L.; Pintaudi, S. M. (orgs.). *A cidade contemporânea, segregação espacial*. São Paulo: Contexto, 2013.

O CONFLITO ENTRE A PROPRIEDADE PRIVADA CAPITALISTA E O USO INDÍGENA NA METRÓPOLE

Camila Salles de Faria

Vive-se a globalização mercantil capitalista do mundo, na qual se privatiza e se vende desde as mercadorias produzidas pelo homem, incluindo o saber e o espaço, até os elementos da natureza, como seres vivos, a água, o ar e a terra. No entanto, tal globalização não é absoluta e muito menos homogênea,[1] pois, ao se realizar enquanto tendência, ela revela disputas e resistências. Nesse sentido, este capítulo[2] objetiva, a partir de uma leitura por meio da Geografia Crítica, desvelar o conflito de duas lógicas diferentes de ocupação na metrópole de São Paulo, em que seus sujeitos produzem espaços diferenciados, embora não se tratem de espaços isolados. Esse conflito se estabelece entre a lógica capitalista fundamentada na propriedade privada da terra e, com isso, no processo de mercantilização, lucro e acumulação das riquezas, e a lógica indígena, nesse caso particularmente do povo Guarani,[3] que se realiza no uso e apropriação de suas terras baseado em sua cultura.

Trata-se do conflito entre a propriedade privada capitalista da terra e o direito ao seu uso pelos Guarani,[4] expresso na relação "ter" e "usar". Isto porque o "ter", na lógica capitalista, apresenta-se como condição para o "usar", ou seja, o uso se condicionou à relação de mercadoria (compra e venda) e, dessa forma, à propriedade privada capitalista. De fato, pode acontecer de um sujeito que a tenha não a use e, mesmo assim, enriqueça através da venda, por exemplo. Mas também há a exclusividade do uso, uma vez que do que um se apropria, o outro não usa.

Assim, com a propriedade privada capitalista da terra, o uso só pode ser traduzido em termos monetários, de modo que o acesso à terra aparece restrito a quem pode ou não pagar. Em detrimento do uso enquanto gratuidade, a troca se antepõe. Dessa forma, todo o processo social se traduz em valor de troca, fazendo com que a propriedade privada seja um elemento estruturante da sociedade, capaz de indicar o lugar social dos indivíduos e, com isso, produzindo espaços desiguais.

Na lógica capitalista, a terra pertence ao proprietário que a comprou ou dela se apossou privadamente, e na lógica indígena pertence a sua divindade (Nhanderu), conforme a cosmologia dos Guarani, que a criou e fez para que esses vivessem sobre ela.

Na metrópole de São Paulo, esse conflito se apresenta historicamente através dos processos de expropriação e de "cercamento" dos espaços indígenas, agravado pela especificidade dos conteúdos da raridade do espaço urbano e acrescidos pela continuidade do processo de periferização. A periferização é caracterizada pela fragmentação da terra, resultado de sua transformação de rural para urbana, permitindo a sua valorização e a especulação imobiliária.

Atualmente, esse conflito se revela na metrópole por meio da presença de seis aldeias indígenas Guarani, formadas por aproximadamente 1.400 indígenas (dados da Sesai de 2013) e duas localizadas na região noroeste (Tekoa Ytu e Tekoa Pyau) e quatro na porção sul do município, ultrapassando seu limite para São Bernardo do Campo (Tekoa Tenondé Porã, Tekoa Krukutu, Tekoa Eucaliptal e Tekoa Guyrapaju), nas áreas correspondentes aos distritos do Jaraguá e Parelheiros.

O PROCESSO DE EXPROPRIAÇÃO INDÍGENA GUARANI EM SÃO PAULO NOS SÉCULOS XX E XXI

O processo de expropriação se apresenta historicamente combinado com o processo de exploração, e imbuído inerentemente de violência, que se expressa "não exatamente pelos meios e métodos empregados, mas por todos os danos sociais, políticos e econômicos [deles] decorrentes".[5]

Martins discorreu sobre o processo de expropriação do camponês no Brasil:

> A expropriação do trabalhador pelo capital cria as condições sociais para que esse mesmo capital passe ao segundo turno, à outra face, do seu processo de reprodução capitalista, que é a exploração do mesmo trabalhador que já foi expropriado. Ele terá agora que vender a sua força de trabalho ao capitalista, segundo regras de mercado.[6]

Harvey analisou, a partir da leitura de Marx, o desdobramento de vários processos no ato da acumulação primitiva, na qual destacou o papel do Estado, sendo que esta se reatualiza e permanece até os dias de hoje.

> Estão aí a mercadificação e a privatização da terra e a expulsão violenta de populações camponesas; a conversão de várias formas de direito de propriedade, comum, coletiva, do Estado, etc em direitos exclusivos de propriedade privada; a supressão dos direitos dos camponeses à terra comum (partilhadas); a mercadificação da força de trabalho e a supressão de formas alternativas (autóctones) de produção e

> de consumo; processos coloniais, neocoloniais e imperiais de apropriação de ativos (inclusive de recursos naturais); a monetização da troca e a taxação, particularmente da terra; o comércio de escravos; e a usura, a dívida nacional e em última análise o sistema de crédito como meios radicais de acumulação primitiva.[7]

Os conteúdos dos processos – expropriação, principalmente, acompanhando pelo de exploração e violência – têm semelhanças ao ocorrido com os indígenas, uma vez que também priva o sujeito de suas terras, base que constitui todo o processo mesmo diante das especificidades de cada lugar e em diferentes momentos históricos.[8] Assim, a leitura do processo de expropriação se desvela por meio da privatização da terra, ou seja, da constituição da propriedade privada capitalista da terra. Sendo que no Brasil, e especificamente em São Paulo, se dá através da apropriação privada das terras públicas, como será discutido posteriormente.

Assim, houve sua expulsão da terra – meio de produção e de sobrevivência –, promovendo a "chamada limpeza das propriedades, o qual consiste em varrer desta os seres humanos", banir o seu uso, obrigando-o a se tornar vendedor de si mesmo, ou melhor, da única coisa que possui que é sua força de trabalho para garantir sua existência. Ao mesmo tempo, os poucos usurpadores realizam a terra em propriedade privada e como detentores de seu domínio a transformam em "negócio capitalista".[9]

No entanto, há diferença no processo de expropriação em relação ao camponês, supracitado. Isso porque para os Guarani a terra não é somente o meio de produção, mas parte integrante do próprio indígena, expressa na relação homem-natureza fundamentada em sua cultura. Considerando que, não interessa "qualquer terra", ou "qualquer lugar", mas sim aquela pertencente ao seu povo, ou seja, onde já viveram ou vivem ou mesmo aquela revelada em um sonho.

Além disso, ressalta-se que o processo de expropriação dos indígenas não resultou apenas na exploração de sua mão de obra de imediato, como no caso dos camponeses. Quando expulsos de suas terras, em sua maioria, os Guarani ocuparam outras terras e em muitos casos sujeitados novamente ao processo se mudavam repetidamente. Tal situação causou uma redução exacerbada de suas terras e os obrigaram – em outro momento histórico – a trocar ou vender sua mão de obra para sua sobrevivência.

Nesse primeiro momento, também no século XX, seu trabalho nas lavouras dos não indígenas era trocado por proteção de suas terras, ou mesmo por um pedaço de terra para viver. Tal fato também ocorreu com os Guarani em São Paulo em alguns momentos diferenciados.

Quando sr. Joaquim e a família, fundadores da aldeia Tekoa Ytu, localizada no noroeste de município, foram trabalhar como caseiros em Itapecerica da Serra, fizeram-no "sem jamais terem sido remunerados, pois o proprietário dizia que lhes estava fazendo um favor por abrigá-los." Ou mesmo na década de 1970, na aldeia Eucaliptal, situada na zona sul do município, quando o sr. Gumercindo (já falecido) e sua família "trabalhavam no plantio de eucalipto para um branco que reivindicava a posse da área (chamado Paulo), em troca da proteção para que residissem no local".

Ou, ainda, no mesmo período, durante a formação da aldeia Barragem (também intitulada de Morro da Saudade e atualmente *Tenondé Porã*), também localizada na zona sul, quando algumas famílias Guarani estavam morando sob a ponte do Socorro, na região de Santo Amaro, e foram convidadas por Yasuico Kugo (denominados por eles por japonês) para morar em uma área em Parelheiros, a qual os Guarani utilizavam como importante ligação com as aldeias Guarani no litoral. Era para esse "japonês" que os Guarani trabalhavam na lavoura de legumes e verduras, porém não recebiam salário e muito menos algum dinheiro, somente outras mercadorias (gêneros alimentícios, como feijão, arroz, etc). No entanto, contam os indígenas que esse japonês voltou para o seu país de origem e deixou com eles o documento da terra, o que lhes garantiu o seu uso e os protegeu da pressão exercida por não indígenas que apareciam se dizendo proprietários da área e solicitando a retirada deles.

No entanto, a exploração da mão de obra indígena Guarani também se reatualiza, ganha o conteúdo da remuneração, o que atualmente se realiza por meio de diárias ou pela implantação dos cargos no interior da aldeia decorrentes de políticas públicas.

Dessa forma, tornou-se comum a prática de não indígenas se apresentarem como pretensos "donos" de áreas de ocupação Guarani, e assim "permitirem" aos indígenas seu uso, visando posteriormente adquirir a documentação com a posse efetivada e então posteriormente retirá-los do local.

> Ao invés de se indisporem com os índios, os especuladores passariam, nas décadas de 40 e 50, a propor-lhes aliança e proteção em troca de serem reconhecidos como senhores das terras ocupadas por eles. Durante muitos anos esse acordo perdurou: aos Guarani o título de propriedade nada significava, uma vez que, a seu modo, usufruíam com exclusividade; as matas da Serra do Mar – até então ricas em fauna e flora. Para os pretensos proprietários, cujo interesse maior era a obtenção de títulos de domínio para posterior especulação, a situação parecia mais vantajosa ainda, pois os índios exerceriam, para esses 'proprietários', a posse dessas terras. A partir da década de 40, todas as terras Guarani serão objeto desse tipo de acordo.[10]

Esse processo revela indícios da constituição da propriedade privada capitalista, que se fez pela privatização das terras públicas. Só que nesses casos, os indígenas tinham o uso da terra, e com isso, garantiram a posse e, posteriormente, o domínio – ou seja, o título e a propriedade privada de fato – para quem não usa a mesma. O conflito ocorria, porém, quando esse "pretenso proprietário", já diante da titulação ou requerendo a posse, ameaçava os Guarani. Acrescida a isso, há a ação dos grileiros, mais de um deles aparecendo na mesma terra e se dizendo dono dela.

O mesmo fato ocorreu na zona sul do município, tanto na aldeia Barragem como na aldeia Krukutu, como conta o indígena Manequinho:

> A região na época era distribuição de área no tempo dos colonos. Então aqueles que conseguiram ficar com as terras e titularam, ficaram. Umas partes ficavam com dois, três donos. Era complicado. Então não se sabe quem era de fato o dono. O japonês dizia que era corretor de imóveis, mas como muita gente dizia que era dono, não se sabia de fato.[11]

Da mesma forma, no Jaraguá, onde se encontra o Tekoa Pyau, era utilizado pelos indígenas do Tekoa Ytu para plantio. A princípio o proprietário consentia o uso dos Guarani, o que começou a mudar no fim da década de 1980, com a regularização das terras ocupadas pelos Guarani e sua transformação em Terra Indígena,[12] já que com a demarcação como Terra Indígena apenas são indenizadas as benfeitorias e não a terra em si.

Assim aconteceu na aldeia M'boi Mirim, também na zona sul do município, quando na década 1960, algumas famílias Guarani se mudaram para a área a convite do padre José Seskewicius, para uma propriedade da Arquidiocese de São Paulo. Segundo os indígenas, o padre afirmou ser aquela uma "área do Guarani", em que os indígenas já haviam morado. Desse modo, algumas famílias saíram das outras aldeias da zona sul e foram para a área, onde iniciaram o plantio de espécies por eles utilizadas. Depois de 20 anos, porém, com a chegada do padre Vitor, esse religioso passou a discordar das ações de seu antecessor, sendo que reafirmou o direito de propriedade da terra e anunciou a expropriação daqueles que faziam o uso da mesma. Destaca-se que os Guarani recusaram as propostas de mudanças do local. No entanto, em 1986 a expulsão se concretizou, tendo como pretexto "uma briga entre o filho do cacique e um morador branco da região", e uma possível represália por parte dos não indígenas. Padre Vitor, "com surpreendente prontidão promoveu a mudança dos Guarani para a aldeia do Jaraguá, levando inclusive as telhas da casa onde moravam".[13] Embora almejasse uma mudança definitiva dos indígenas, isso não ocorreu. Retornaram à aldeia, só que novamente foram levados pelo padre para outra, mais distante, no litoral, a aldeia Silveira. Assim, a aldeia do M'boi Mirim não foi demarcada com as demais do Estado de São Paulo na década de 1980, mesmo com a vontade dos indígenas de permanecer na aldeia, sentimento que permanece até hoje nas conversas com os mais velhos.

Da mesma maneira, ocorreu anteriormente, na década de 1950, quando André Samuel dos Santos e sua família quando fundaram uma aldeia no Jaraguá, e também foram convidados por não indígenas a se mudaram para o local. Após alguns anos, sob a pressão do conflito com os não indígenas, saíram da área, e foram para outra aldeia Guarani. Como relatou Guaíra, filho de André Samuel:

> A terra lá era de muitos donos, tinham uns três ou quatro donos, todo mundo queria ser dono, só sei que era uma área de problema e um dos rapazes que dizia que era dono levou a gente pra lá. Aí só depois que a gente foi pra lá é que foi saber que tinha esses problemas.[14]

De modo geral, historicamente os Guarani não lutavam para ficar na terra, saiam e retornavam quando possível. Assim, também ocorreu nesse local do Jaraguá, em 2003 quando outras famílias Guarani foram morar ali, o que resultou em processo de reintegração de posse e retirada dos indígenas.

No entanto, a partir da década de 1980, há uma mudança nesse contexto e a regularização de suas terras se tornou uma luta, a qual surge para assegurar seus direitos, tendo a demarcação como a possibilidade do uso de suas terras fundamentado na sua cultura. Concomitantemente, aumentam as ameaças, seja na ocorrência dela de fato ou através da insegurança trazida pelas ações de reintegração de posse.

Conforme ocorreu na história do Tekoa Pyau, no noroeste do município, em que os indígenas sofreram constantes tentativas de expropriação, por meio dos processos judiciais de reintegração de posse que perduram até os dias atuais. Ressaltando que o local era utilizado para roça dos Guarani do Tekoa Ytu e, após sua demarcação física, em 1990, teve início o processo judicial para a expulsão dos indígenas. Antes disso, um homem que alegava ser o proprietário da terra foi ao local e exigiu a retirada dos indígenas, conforme relatou José Fernandes, fundador da aldeia.

> chegou esse finado velho [...] Pereira Leite, [que disse]"não, isso aqui é meu; agora temos que fazer tudo, vamos lá pra delegacia". Aí eu falei "não, não vou". Aí ele falou assim "tem o papel da terra que comprou aqui?". Eu falei "não, não tenho mas também sou grande, viu". Aí mostrei o meu documento de cacique. Aí ele foi embora.[15]

As intimidações continuaram. Após alguns meses, Pereira Leite enviou um advogado com o mesmo intuito de retirar os Guarani da área, o que depois se configurou na ação de reintegração de posse.

> [...] em 1996, Pereira Leite entrou com ação de reintegração de posse e, acompanhado pela Polícia Militar do Estado de São Paulo tentou a retirada dos moradores indígenas da área. Tendo sido avisado, o Ministério Público Federal em São Paulo acionou a Polícia Federal, que fez a retirada da Polícia Militar da área e iniciou o processo contra Pereira Leite.[16]

Pereira Leite, em seu depoimento em 1999, declarou que desconhecia a existência de aldeia indígena demarcada naquela região, apesar de circunvizinha e separada apenas por uma rua. Novamente, em 2003, ele entra com nova ação de reintegração de posse. Concomitantemente, em 2002, Manuel Fernandes Rodrigues e sua esposa, entraram com ação de reintegração de posse, e asseguravam serem donos do mesmo local.

Ressalta-se que nem todas aldeias existentes na metrópole de São Paulo sofreram processo de expropriação, algumas foram desocupadas em decorrência do modo de viver Guarani, ou seja, caracterizado pela mobilidade e pelas relações com as demais aldeias.

Outro conteúdo da expropriação do indígena presente no século XX se mascarou pelo discurso da transferência em prol do Guarani, tendo como exemplo a remoção e as várias tentativas de mudanças forçadas dos indígenas das aldeias da capital para as aldeias litorâneas, alegando o "risco" com a proximidade da cidade.

Estratégia semelhante utilizada desde a formação dos aldeamentos em São Paulo no século XVI, quando colonos e jesuítas ocuparam, diretamente, as terras dos índios, assim como os deslocaram forçadamente, através do apresamento regido pelos bandeirantes, para ocupações denominadas de aldeamentos. No entanto, esse processo recriou o indígena que continuou a viver em agrupamentos familiares em constante fuga na mata existente e/ou enquanto trabalhador nas terras dos não indígenas e que posteriormente, passou a lutar, enquanto direito, novamente por parte de suas terras.

Tal estratégia prosseguiu no início do século XX, com a criação do SPI (Serviço de Proteção Indígena) e formação dos Postos Indígenas, onde "juntaram os indígenas", enquanto os não indígenas se apossavam e privatizavam as terras ocupadas tradicionalmente pelos Guarani. Posteriormente, na década de 1980, houve novamente essa estratégia por parte de técnicos da Funai que caracterizaram que os locais habitados na capital eram importantes pontos de parada para os Guarani que transitavam, para visitar seus parentes, entre o interior (Rio Grande do Sul e Paraná, sobretudo) e o litoral, e com isso sugeriram que fossem regularizadas apenas aldeias do litoral, promovendo políticas de atração e "conscientização das vantagens" de desocuparem suas aldeias na capital (Barragem, Krukutu, Jaraguá e M'boi Mirim) e mudarem para as aldeias litorâneas. Fato que não ocorreu e se criou, posteriormente, o convênio Funai/Sudelpa.

No entanto, o que se observa é que o sentimento de liberdade se dissipa, pois comumente se escuta dos mais velhos frases como "antes éramos livres, agora não mais", referindo-se às cercas e placas de "proibido a entrada, propriedade particular" em terras que sempre utilizaram para coleta e caça, por exemplo. Há uma expansão da propriedade privada capitalista, fundamentada na ideia de que "o arame farpado vai cercando tudo".[17] Neste processo, não somente as cercas, mas os muros, principalmente, se destacam na paisagem da metrópole, e protegem e restringem tanto o acesso como o contato dos de dentro com os de fora. E, baseado nessa lógica, se cerca tudo, até mesmo as terras indígenas.

Essa situação se agravou à medida que o processo de periferização se intensificou na metrópole paulistana e as terras foram sendo fragmentadas e comercializadas em lotes, restando aos indígenas o "cercamento" de suas aldeias pela periferia ou mesmo na expulsão para a comercialização de suas terras. Esse processo é caracterizado tanto pelo adensamento populacional como pela expansão do tecido urbano. No entanto, o processo de periferização não findou, ou seja, há atualmente glebas de uso indígena, ainda não regularizadas (homologadas), e passíveis de fragmentação. Há, portanto, a tendência da expropriação dos indígenas pelo processo de periferização.

Além disso, há o processo de "cercamento" dos espaços indígenas o que revela uma justaposição de lógicas diferentes na periferia, revelando que a periferia na metrópole não é homogênea, uma vez que os indígenas não se isolam e, contraditoriamente, "vivem" a periferia. Nesse sentido, há uma somatória nas relações sociais presentes, mas,[18] ao mesmo tempo, pode exaurir o potencial físico-natural de fora para dentro da terra indígena.[19]

No entanto, como todo processo de expropriação está alicerçado na propriedade privada capitalista da terra, tornam-se necessários alguns apontamentos sobre esse fundamento.

A CONSTITUIÇÃO DA PROPRIEDADE PRIVADA CAPITALISTA DA TERRA EM SÃO PAULO

A constituição da propriedade privada capitalista em São Paulo ocorreu por duas formas: através das concessões de terras urbanas das câmaras municipais e através das sesmarias, as quais hoje equivalem à periferia da cidade. Ambas eram pertencentes à Coroa Portuguesa, e, por isso, eram regidas por legislações e regulamentações específicas, que impuseram à Colônia uma tentativa de reimplantação dos moldes do sistema português, o qual

> tomou posse do território brasileiro por aquisição, isto é, por direito de conquista. Por essa razão, todas as terras "descobertas" passaram a ser consideradas como terra virgem sem qualquer senhorio ou cultivo anterior, que permitiu que a Coroa pudesse traspassá-las a terceiros, visando com isso assegurar a colonização.[20]

Assim, a Coroa Portuguesa distribuiu as terras do território brasileiro como se estivessem "vazias", tendo como o foco o processo de colonização e, com isso, ocorreu a expropriação dos indígenas, que desconheciam o sistema de propriedade a ser implantado.

"A moderna colonização europeia criou, nesse sentido, a disponibilidade das terras para o capital mercantil, mesmo quando para isso foi necessário expulsar, matar ou subjugar os indígenas que se encontravam nelas", conforme relata Silva.[21] As terras urbanas, denominadas como "chão de datas" ou "datas da terra", eram divididas, cedidas ou vendidas a particulares pela Câmara Municipal por meio de cartas de datas. Da mesma forma ocorreu com o rocio (ou *rossio,* como consta em documentos da época), que tinha em sua origem o objetivo do uso comum dos habitantes e a expansão urbana, o qual eram terras inalienáveis e usadas para pastagem, lavoura, extração de madeira, coleta de lenha, ou seja, destinavam-se à "serventia do povo" ou para "utilidade pública e proveito comum".[22] Essas terras de uso comum, porém, foram sendo apropriadas privadamente e indevidamente utilizadas, como por exemplo, através dos muros construídos que impediam passagens e caminhos.[23] Acrescido a isso, há o fato de que não havia uma demarcação clara do rocio até meados do século XVIII em São Paulo, o que sobrepunha muitas vezes com as terras de sesmarias.[24]

A Lei de Terras, n. 601, de 1850, que embora se configurasse como o marco da formalização da propriedade privada capitalista, com o fim das concessões por sesmarias e das posses das terras devolutas e a absolutização da compra e venda como forma de obtenção de título, apresentou para as terras urbanas tratamento diferenciado. De fato, as terras urbanas não seriam vendidas em hasta pública, continuava o processo de concessão só que por meio da enfiteuse e arrendamento, e o domínio direto das terras se manteve com o Conselho Municipal e a Igreja. No entanto, o domínio útil, garantido pela enfiteuse (aforamento de caráter perpétuo), poderia ser vendido, mediante o pagamento do laudêmio. Continuou, assim, a "concentração do poder de decisão sobre as condições de transferência de terras do domínio público ao privado e a preservação de logradouros públicos, em mão de alguns poucos indivíduos". Colabora para a privatização das terras a imprecisão das normas e os acordos pautados em interesses particulares.

A concessão por Carta de Data perdurou até 1893, sendo que nesse período, segundo Brito, houve intensas denúncias sobre grilagem de terras do patrimônio municipal, envolvendo "figuras estritamente relacionadas com os poderes públicos", e que se tornaram demanda jurídica por longos anos enquanto iam sendo "parceladas, vendidas, sem títulos legítimos de propriedade, pelos pretensos concessionários".[25] O "sistema adotado de modo formal pela Câmara para a realização de concessões, foi o mesmo adotado pelos grileiros, inclusive porque os maiores deles estavam estreitamente vinculados às instâncias de poder".[26]

Enquanto isso, para as terras rurais em São Paulo, atuais periferias, a forma de concessão se deu por meio das sesmarias, as quais ganharam conteúdos diferenciados e legislações específicas do modelo português. Assim, no Brasil, o sistema fundamentou a estrutura latifundialista, pautado na grande propriedade sem necessariamente haver produção ou posse de fato. Havia, ainda, a dificuldade em demarcar as sesmarias, devido à imprecisão quanto ao tamanho e a localização, o que permitiu que esse sistema não se absolutizasse, corroborando para a ocupação de pequenos lavradores de terras devolutas e de agrupamentos indígenas.

Outra característica do sistema foi a comercialização, que ocorreu desde sua origem, acrescido ao fato de que até o século XVII a legislação permitia a concessão de mais de uma sesmaria por pessoa.

Entretanto, é importante observar que entre 1822, suspensão da concessão de sesmarias e a implantação do Império, até 1850 (quando surge a Lei de Terra) houve um vácuo jurídico do ponto de vista da apropriação legal da terra, período denominado por alguns juristas como "regime de posses" ou "fase áurea do posseiro", caracterizado pelas grandes posses. Reforçando esse processo, há ação dos grileiros que falsificam os títulos com a data de 1878. Ambos, posseiros e grileiros, respaldados pela política local, garantiram a legitimação da apropriação das terras em São Paulo, até 1929.[27]

Segundo a autora, os posseiros registravam grandes extensões de terras com o objetivo de "retalhá-las e vende-las". "Os posseiros vendiam as possessões como se fossem legítimos proprietários, com escritura passada de mão. Depois de algum tempo, se o comprador descobria a falcatrua, alegava boa-fé e a justiça muitas vezes lhe era favorável".[28]

Em suma, até o século XX o município não detinha o controle de suas terras devolutas, situadas em seu tecido urbano, e apropriação privada das terras públicas continuou, como revelou Monaco,

> A somatória do patrimônio devoluto paulistano transferido, através do instituto da legitimação da posse, representou 2.672.860, 24 m^2. Uma parcela correspondente a 40% dessa superfície, se refere a lotes menores, com área máxima de 500 m2, portanto não propícios à incorporação e representa 90% dos pedidos protocolados e processos administrativos. Foram beneficiadas, desta forma, 5.748 famílias [...]. Ao mesmo tempo, 50% da superfície total transferida, ou seja, cerca de 130 hectares de lotes com superfície superior a 1 mil m^2, portanto favoráveis à incorporação, foram destinados a pouco mais de duas centenas de requerentes, num processo explicitamente relacionado à especulação imobiliária. Entre estes, 10% dos requerentes receberam glebas com superfície superior a um hectare que somadas, correspondem a 30% do total de terras devolutas paulistanas transferidas para a propriedade particular.[29]

Dessa forma, a propriedade privada da terra em São Paulo se revela como uma das dimensões de uma ordem social historicamente fundamentada na desigualdade institucionalizada e formalmente reconhecida.[30] A acumulação primitiva se deu a partir da apropriação privadas das terras públicas, a qual foi prenhe de privilégios, caracterizada pela troca de favores, através de um processo clientelista[31] e com isso revelando sua concentração. Isto quer dizer que a história da apropriação privada de São Paulo também é marcada pela grilagem. Ao entender que a grilagem não é apenas um papel (título falso),[32] mas que "toda ação ilegal visando transferir terra pública para bens de terceiros constitui grilagem ou grilo",[33] verifica-se que posteriormente essa prática foi sendo legalizada.

Revela, assim, a formação da propriedade privada da terra como parte constitutiva do desenvolvimento capitalista moderno no Brasil, compreendido como sendo desigual e contraditório, e baseado desde sua origem em seu caráter rentista. E entre suas principais contradições encontram-se as diferentes formas da apropriação privada da terra e, consequentemente, a atuação da concentração da propriedade privada capitalista da terra como processo de concentração da riqueza e de capital.[34]

Segundo Carlos,

> [a] propriedade como fundamento revela em sua origem uma desigualdade que se realiza enquanto relação de poder, isto é, pela separação e diferenciação dos grupos e classes, baseadas no lugar que estes ocupam no processo de produção da riqueza social. Da mesma forma, ela delimita o lugar destes na distribuição da própria riqueza, iluminando as condições de propriedade que sustentam as relações de dominação e apropriação do mundo humano.[35]

Para Marx,[36] "em cada época histórica a propriedade tem se desenvolvido diferente e numa série de relações sociais inteiramente diversas". Nesse sentido, o autor discorreu sobre as diferentes formas de propriedade da terra – dentre elas, a tribal e a moderna –, expôs as relações sociais de cada momento e identificou que, anteriormente, a propriedade era móvel, ou seja, era entendida como a propriedade de animais e mesmo do escravo.

No entanto, o que se pode observar é que a constituição da propriedade privada capitalista no Brasil incorporou os conteúdos da propriedade até então existente, marcados pela desigualdade e pela concentração da riqueza.

Marx também revelou o cerceamento do uso pela propriedade privada, através da legislação florestal em meados do século XIX, na Prússia, que proibia a coleta de madeira em áreas de outros proprietários, tornando-a um roubo, um delito.

> Trata-se de sancionar a apropriação ilegal de madeira e outros produtos florestais por camponeses massivamente pauperizados, na medida em que essa apropriação não visa somente ao consumo imediato de madeira, mas sua venda como mercadoria (a madeira de aquecer, a lenha, sendo então uma matéria-prima muito procurada).[37]

A madeira (ou mesmo a lenha, a madeira caída), ao ser inserida no processo de mercantilização, também vira propriedade privada, e com isso o seu uso (como de costume ocorria para retirada de lenha, por exemplo) se restringe ao seu proprietário. Além disso, esclarece o autor que todo esse processo foi regulamentado pelo Estado.

Marx mostrou a contradição da propriedade privada, que, ao se constituir, produz ao mesmo tempo o proprietário e o não proprietário. No entanto, "para abafar o escândalo desta monstruosa apropriação privada de riquezas naturais e sociais, o discurso dominante promete a todos torná-los proprietários",[38] o que mascara o conflito, a violência e principalmente o processo de expropriação.

No entanto, o que se observa é que, muitas vezes, o processo de expropriação não se realiza de forma integral, mas traz sua negação, a resistência. Segundo Martins, "o nível de expropriação foi tão longe que acabou produzindo um fato político que é a resistência".[39]

A RESISTÊNCIA GUARANI NOS SÉCULOS XX E XXI EM SÃO PAULO

O processo de resistência indígena revela conteúdos e estratégias diferenciadas no conflito da luta pela terra, com isso questionando a tendência de homogeneização da lógica especificamente capitalista de produção do espaço, que busca destruir as particularidades. Diante desse processo, há possibilidade da diferença. Cabe ressaltar, porém, que a resistência não é um momento "claro", "limpo" e sem contradições dentro do processo de análise.

Ela pode ser entendida como

> um ato de conservação, a defesa voraz de uma integridade ameaçada pela destruição. É também um ato de insubordinação. [...] Não se render. Não ceder. [...] Não é por resignação, mas por obstinação, em uma espécie de recusa não negociável.[40]

Pode ser entendida, ainda, como um misto entre conversação e invenção, de negação e afirmação, que não se resume a uma visão passadista e vitimista dos sujeitos.[41]

Um dos conteúdos da resistência é a persistência, pois "cada momento envolve momentos ou elementos vindos de seu passado",[42] mas não se trata de um passado cristalizado, ele incorpora novos conteúdos.

A resistência, lida como permanência, revela a sobrevivência dos indígenas diante do contínuo processo de expropriação de suas terras, pautada na sua existência e no aumento da população Guarani presente em São Paulo no período de análise.

Outro conteúdo do processo de resistência é decorrente do uso e da apropriação das terras ocupadas pelos indígenas. Assim, o uso abriga dimensões da existência, os sentidos da vida, e por isso é fruto direto da materialização de sua cultura, baseada inicialmente em rituais e na leitura do mundo através do mito. Nessa perspectiva, destaca-se a relação de mobilidade e imediaticidade com a natureza, revelando, assim, a resistência como negação da lógica capitalista hegemônica de ocupação.

A mobilidade é expressa pelas relações sociais que as comunidades mantêm com as demais aldeias Guarani, que envolvem atividades de agricultura, coleta, caça, casamentos e outros rituais, ou mesmo pela busca da Terra Sem Mal. Tal fato significa que as aldeias Guarani de São Paulo, por exemplo, não podem ser pensadas de forma isolada, visto que a população mantém uma rede de relações sociais entre elas e com as demais aldeias Guarani tanto do sul quanto do litoral ou do interior, mantendo um circuito de troca, muitas vezes permeado pelo sistema de parentesco, em que se destacam as visitas, que podem durar meses ou até mesmo anos.

A mobilidade dos indígenas pode ser entendida através da formulação do líder espiritual José Fernandes, segundo o qual "o Guarani não é pedra para ficar parado". Assim, muda-se dentro da própria aldeia ou mesmo a posição das coisas na casa, segundo Paulina: "meu pai disse que temos que mudar a cama toda semana de lugar senão temos que ir embora".

Na relação entre as aldeias se conserva, segundo Ladeira,[43] uma relação simbólica e prática do que chamam de "mundo original". Assim, a concepção de território Guarani, denominado pelos indígenas de Yvyrupa, envolve a distribuição das aldeias em regiões no Paraguai, na Argentina, no Uruguai e no Brasil, constituindo-se o mar como seu limite, além desse território envolver um sentido cosmológico, em que o mar se torna o obstáculo, que, quando transposto, dá acesso à "terra sem mal" (*Yvy marãey*). Como localidade, a Terra Sem Mal situar-se-ia no meio do oceano ou depois da travessia ao oceano, o que levou às migrações dos Mbya em sua procura, definindo hoje o território Guarani e a concentração das aldeias próximas ao mar.

> A marcha dos Guarani para o leste não se deveu à pressão de tribos inimigas, tampouco à esperança de encontrar melhores condições de vida do outro lado do Paraná; ou ainda ao desejo de unir mais intimamente à civilização — mas exclusivamente ao medo da destruição do mundo e à esperança de ingressar na 'Terra sem Mal'.[44]

Pode-se afirmar, inicialmente, que o momento de resistência pode ser lido através da permanência de momentos da vida orientados pela cultura Guarani. Seja pela existência dos rituais e mitos, ou seja, do que chamam de *nhandereko*, que pode ser entendido como "conforme os nossos costumes", "nosso modo de ser" e que envolve a terra, a cultura, a tradição e a língua.

A relação do indígena com a natureza se apresenta como um conteúdo da resistência dos indígenas, como momento de uso e apropriação de suas terras. Isso porque ela (a natureza) é base material imprescindível para a sua reprodução social, ou seja, o sustento e a sobrevivência. Trata-se de uma relação de pertencimento, em que a natureza faz parte da vida do indígena, ou seja, faz parte de seu mundo, de seu cosmos, e por isso o homem a ela pertence. Não existe o pressuposto da superioridade de um com relação ao outro, o que existe é uma profunda convivência e um respeito, expresso no ato da reza ao ir pescar, caçar e coletar. Dessa forma, o modo de se relacionar com a natureza das populações indígenas contém, simultânea e intrinsecamente, sua conservação. Não se separa a natureza da vida, porque é dela que retira a sobrevivência da comunidade. É por isso que esses povos, de maneira geral, precisam de maiores extensões de terra para realizar o processo social de suas reproduções.

Há, portanto, uma profunda diferenciação na relação dos não indígenas com a natureza, que a encaram como algo exterior, para dominá-la ou até mesmo negá-la. Nesse sentido, o homem "armado" da técnica nega a natureza, a domina e a destrói, mas, no entanto, utiliza-se do destruído, produz o "recurso natural" e o privatiza. Agora já lhe pertence enquanto propriedade privada, o que limita seu uso e sua apropriação. Assim, a natureza, atravessada pela lógica do capitalismo, deixa de ser natureza e transforma-se em recurso natural, passível de ser comercializado, ou seja, uma mercadoria.

Nesse sentido, decorrente da importância de suas terras, se desvela uma forma de luta, expressa na resistência dos Guarani e no processo de retomada de suas terras, outrora expropriadas pela lógica capitalista de produção do espaço.

A retomada aparece como produto da luta pela terra, diante da nova condição de existência do indígena, de sua transformação que traz novas relações e não apenas a transposição das antigas. Ela (retomada) é a possibilidade do reencontro do uso indígena da terra para sua reprodução física e cultural. Assim, ela é a negação da lógica mercantil imposta pela propriedade privada capitalista, que pode ser lida através da reocupação de suas terras, por meio da formação de novas aldeias e do processo de demarcação das T.I.S. Mas ao mesmo tempo, como traz as contradições em seu processo, esse uso pode ser garantido pela aquisição das terras decorrentes das indenizações das grandes obras de infraestrutura (sendo o Rodoanel Mário Covas a principal na metrópole) que afetaram as aldeias, e com isso o modo de viver do indígena.

A leitura sob a perspectiva da Geografia Crítica, portanto, revela uma análise do processo de luta pela terra por meio da tríade expropriação, resistência e retomada.

Esse caminho de análise do processo de luta pela terra se realiza em "três termos e não dois. Uma relação a dois termos reduz-se a uma oposição, a um contraste, a uma contrariedade".[45] É preciso considerar que os termos – expropriação, resistência e retomada – são momentos do processo, em que o segundo termo nega o primeiro, mas também se realiza nele – isso porque "a negação não coincide com a supressão, com a abolição pura e simples, com a liquidação"[46] –, e, nesse sentido, o terceiro termo une e supera a contradição existente nos dois anteriores. Isto é, "o terceiro termo se volta ao primeiro negando o segundo, por tanto negando a negação, negando a limitação do primeiro termo".[47] Nesse sentido, ele guarda tanto o *devir* como as ações práticas,[48] o que orienta um projeto capaz de manter vivos os elementos que sustentam a luta dos indígenas pela terra.

Portanto, não se trata de isolar ou mesmo absolutizar cada momento – contudo, aqui se apresentaram de forma separada –, uma vez que os momentos precisam ser lidos enquanto processo, os quais são prenhes de contradições.

NOTAS

1 Bensaid, 2004.

2 Este capítulo é parte da pesquisa de doutorado, financiada pelo CNPq e orientada por Ariovaldo U. de Oliveira, a qual supera (no sentido marxista – *aufheben*) elevando os conteúdos dos antigos trabalhos de pesquisa e técnicos, através de sua incorporação, ao guardar antigas discussões e apresentar novos debates de conteúdos atuais.

3 Destaca-se que o povo Guarani não é o único povo indígena presente na metrópole. O último Censo de 2010 revelou o município de São Paulo como o quarto maior com população absoluta autodeclarada indígena. Em 1991, eram 4.690 indígenas, passando para 18.692 em 2000, e 12.977 em 2010.

4 Segundo convenção internacional, os nomes de povos indígenas não recebem marca de plural e se iniciam em letra maiúscula.

5 Sampaio, 2011: 52.

6 1980: 56.

7 Harvey, 2004:121.

8 Marx, 2006.

9 Idem.

10 Ladeira e Azanha, 1988: 7.

11 Pimentel, et al., 2010: 139.

12 No final da década se firmou o convênio entre Funai e Sudelpa (Superintendência de Desenvolvimento do Litoral Paulista) do governo de São Paulo (Franco Montoro/PMDB) para demarcação das Terras Indígenas no Estado de São Paulo. Silveira, Boa Vista (em Ubatuba), Rio Branco (em Itanhaém), Itariri (em Itariri), Jaraguá, Barragem ou Morro da Saudade e Krukutu, (no município de São Paulo).

13 Ladeira e Azanha, 1988: 36.

14 Pimentel et al, 2012: 111.

15 Silva, 2008:57.

16 Idem: 39.

17 Esta ideia fundamenta a questão do "cercamento das terras indígenas" presente em *Não há terra para plantar neste verão*, de Martins.

18 Vide o voto do Ministro Ayres Britto no Julgamento Raposa Serra do Sol. Disponível em: :<http://www.conjur.com.br/dl/Voto_Britto_Pet3388.pdf>. Acesso em: 7 nov. 2014.

19 Castro de Oliveira, 2006: 92.

20 Abreu, 2011: 543.

21 1996: 27.

22 Abreu, 2011.

23 Glezer, 1992.

24 Ribeiro, 2011.

25 Brito, 2006: 105.

26 Idem: 106.

[27] Silva, 1996.
[28] Idem: 206.
[29] Monaco, 2004: 133.
[30] Brito, 2006.
[31] Monaco, 2004.
[32] O termo *grilagem* inicialmente vem de uma prática de falsificar por envelhecimento os documentos. Estes, recém-elaborados, eram colocados em caixa fechada com grilos. Semanas depois, os falsos documentos apresentavam manchas com as fezes dos insetos, além da presença de pequenos orifícios na superfície e bordas corroídas. Tudo isso para supostamente indicar a ação do tempo e tornar o documento apto à legitimação da posse.
[33] MPFDA, 2000.
[34] Fundamento teórico que vem sendo desenvolvido nas pesquisas conjuntas com Ariovaldo de Oliveira.
[35] 2011: 47.
[36] S/d: 132.
[37] Bensaid, 2007: 15. [A tradução é fruto da leitura e debate em conjunto com Sávio Augusto de Freitas Miele].
[38] Bensaid, 2007: 59.
[39] Martins, 1980: 31.
[40] Bensaid, 2001: 29.
[41] Proust, 1997.
[42] Lefebvre: 1988: 117.
[43] 2008.
[44] Ladeira, 1988: 19.
[45] Lefebvre, 2000.
[46] Lefebvre, 1981: 243
[47] Lefebvre, 1988: 34.
[48] Para Lefebvre (1988: 113), "o terceiro termo é a solução prática dos problemas projetados pela vida, aos conflitos e contradições nascidos da prática e experimentados praticamente. A superação se situa no movimento da ação, não no tempo puro do espírito filosófico".

BIBLIOGRAFIA

ABREU, M. "A apropriação do território no Brasil Colonial". In: *Revista Cidades*. Presidente Prudente: Grupo de Estudos Urbanos, 2011, v. 8, n. 14, pp. 539-68.

BENSAID, D. *Les dépossédes*: Karl Marx, les voleurs de bois et le droit des pauvres. Paris: La Fabrique éditions, 2007.

_____. *Cambiar el mundo*. Madrid: Catarata, 2004.

_____. *Resistências*: ensayo de topologia general. Barcelona: Ediciones de Intervención Cultural/El Viejo Topo, 2001.

BRITO, M. S. *Modernização e tradição*: urbanização, propriedade da terra e crédito hipotecário em São Paulo, na segunda metade do século XIX. São Paulo, 2006. Tese (Doutorado em Geografia) – FFLCH – Universidade de São Paulo.

CARLOS, A. F. A. *A condição espacial*. São Paulo: Contexto, 2011.

CASTRO DE OLIVEIRA, B. "Nhandekuery – nossa gente: o tempo da aldeia no espaço da metrópole". In: CARLOS, A. F. A. e OLIVEIRA, A. U. (orgs.). *Geografias das metrópoles*. São Paulo: Contexto, 2006, pp. 91-132.

GLEZER, R. *Chão de terra*: um estudo sobre São Paulo colonial. São Paulo, 1992. Tese (Doutorado em História) – FFLCH – Universidade de São Paulo.

HARVEY, D. *O novo imperialismo*. São Paulo: Loyola, 2004.

LADEIRA, M. I. *Espaço geográfico Guarani Mbya*: significado, constituição e uso. São Paulo: Edusp. 2008.

_____.; AZANHA, G. *Os índios da Serra do Mar*. São Paulo: Nova Stella, 1988.

LEFEBVRE, H. *O fim da história*. Lisboa: Dom Quixote, 1981.

_____. *El materialismo dialectico*. Buenos Aires: Editorial la Pleyade, 1988.

_____. *La production de l'espace*. 4. ed. Paris: Éditions Anthropos, 2000.

MARTINS, J. de S. *Não há terra para plantar neste verão*: o cerco das terras indígenas e das terras de trabalho no renascimento político do campo. São Paulo: Vozes, 1988.

_____. *Expropriação e violência*: a questão política no campo. São Paulo: Hucitec, 1980.

MARX, K. "A acumulação primitiva". In: *O Capital*: crítica da economia política. 21. ed., Rio de Janeiro: Civilização Brasileira, v. II, pp. 827-77.

MINISTÉRIO DA POLÍTICA FUNDIÁRIA E DO DESENVOLVIMENTO AGRÁRIA/INSTITUTO NACIONAL DE COLONIZAÇÃO E REFORMA AGRÁRIA. *O livro branco da grilagem de terra no brasil*. 2000. Disponível em: <http://www.incra.gov.br/index.php/servicos/publicacoes/livros-revistas-e-cartilhas/file/485-livro-branco-da-grilagem-de-terras>. Acesso em: jul. 2013.

MONACO, R. *A apropriação e distribuição das terras devolutas municipais e a formação espacial da cidade de São Paulo, a partir de 1930*. São Paulo, 2004. Tese (Doutorado em Arquitetura) – FAU – Universidade de São Paulo.

PIMENTEL, S. K.; *et al. Relatório de identificação e delimitação da Terra Indígena Tenondé Porã*. Brasília: CGID/DPT/Funai, 2010.

_____. *Relatório de identificação e delimitação da Terra Indígena Jaraguá*. Brasília: CGID/DPT/Funai, 2012.

PROUST, F. *De la résistance*. Paris: Les éditions du Cerf, 1997.

RIBEIRO, F. A terra urbana colonial: o exemplo da vila de São Paulo. In: *Anais do xxvi Simpósio Nacional de História*. anpuh: São Paulo, jul. 2011. Disponível em: <http://www.snh2011.anpuh.org/resources/anais/14/1300038545_ARQUIVO_FernandoRibeiroANPUH2011.pdf>. Acesso em: mar. 2014.

SAMPAIO, R. A. *Da noção de violência urbana à compreensão da violência do processo de urbanização*: apontamentos para uma inversão analítica a partir da Geografia Urbana. São Paulo, 2012. Dissertação (Mestrado em Geografia) – FFLCH – Universidade de São Paulo.

SILVA, F. de O. *Elementos de etnografia Mbya*: lideranças e grupos familiares na aldeia Tekoá Pyaú (Jaraguá – São Paulo, SP). São Paulo, 2008. Dissertação (Mestrado em Antropologia) – FFLCH – Universidade de São Paulo.

SILVA, L. O. *Terras devolutas e latifúndio*: efeitos da Lei de 1850. Campinas: Ed. Unicamp, 1996.

SIMONI, L. N. A Planta da Cidade de São Paulo de 1897: uma cartografia da cidade existente ou da cidade futura? In: *Anais do III Simpósio Luso-Brasileiro de Cartografia Histórica*. UFMG: Ouro Preto, 2009. Disponível em: https://www.ufmg.br/rededemuseus/crch/simoni_a-planta-da-cidade-de-sao-paulo-de-1897.pdf. Acesso em: mar. 2014.

PRODUÇÃO CONTRADITÓRIA DO ESPAÇO URBANO E RESISTÊNCIAS

Fabiana Valdoski Ribeiro

O processo de urbanização contemporâneo nos coloca diante de um desafio teórico e prático em relação à compreensão dos recentes conteúdos da problemática urbana, destacadamente a de um país da periferia do capitalismo. Um deles se refere às formas de resistência intrínsecas às expropriações decorrentes dos processos hegemônicos para acumulação, que no desenvolver das estratégias de domínio do espaço pelo capital acarretam a generalização da segregação socioespacial.[1]

Na urbanização brasileira, o vínculo entre segregação socioespacial e resistência no espaço urbano adquire nuances diferenciadas ao compará-la a outros países, justamente pelas especificidades da formação histórica, social e política de nossa sociedade. Dentre as especificidades que queremos destacar, temos a desigualdade levada a cabo, principalmente, pela formação da propriedade privada da terra e a construção de uma sociabilidade que se reproduz sob a égide de relações autoritárias. Elas compõem um núcleo de reprodução de uma sociedade que naturaliza[2] as explorações, as expropriações, as hierarquizações, a pobreza, a espoliação, e que claramente está expressa na paisagem atual das cidades. Estes conteúdos produziram um espaço urbano que se transformou em um continente vantajoso para o avanço de estratégias mundiais do capital ao produzir, contraditoriamente, uma íntima relação entre o arcaico e o moderno.

Ao considerarmos esta particularidade da sociedade brasileira em relação ao movimento de acumulação e às estratégias para superação das contradições do próprio capital no século XX, afirmamos que a produção do espaço aprofunda a desigualdade e se expressa na generalização da segregação socioespacial como condição e produto da reprodução do capital.

É num espaço urbano marcado por esta desigualdade que mais de 80% da população brasileira[3] reside. Esse conjunto de habitantes está subordinado a normas de controle de usos do espaço apregoadas por sujeitos que exercem um domínio sobre ele e que, assentados na propriedade privada da riqueza, reduzem ou impedem a apropriação do espaço à maioria dos citadinos. Diante de tais determinações, nos indagamos sobre como podemos encontrar as resistências numa sociedade de cunho autoritário, na qual a expropriação é naturalizada e a apropriação do espaço pelos citadinos é cada vez mais reduzida? É esta questão que pretende ser desenvolvida ao longo do capítulo, como um caminho possível de se pensar a relação entre a produção do espaço urbano e a resistência. Para tanto, fizemos uma aproximação sobre a formação da propriedade privada da terra no Brasil, a generalização da segregação socioespacial, o surgimento das resistências e a transformação das reivindicações dos movimentos sociais urbanos em políticas públicas.

Inicialmente, sugerimos dois pressupostos. Primeiro: como aponta Lefebvre,[4] as estratégias hegemônicas tendem ao emprego da forma lógica como instrumento do planejamento e ação, com encadeamentos e representações oriundas de uma necessidade de coerência para superar barreiras e contradições, mas são estas últimas que evidenciam uma relação dialética na qual o círculo lógico não se encerra e as fissuras permanecem. Ali reside o negativo, ali estão as resistências. Segundo: ao compreendermos que há um conflito entre estratégias de sujeitos na produção do espaço e se produzem contradições, desenvolvemos a ideia de que há uma relação de poder. Como trata Foucault,[5] essa relação de poder não se coloca em posição de exterioridade com as demais (propriedade, econômica, conhecimento etc.), mas, sim, a coloca como intrínseca a elas. Como nela estão contidos lutas e afrontamentos incessantes, significa dizer que a resistência como um dos termos irredutíveis da relação de poder, visível ou não, está presente como constituinte das relações de modo geral, seja em transgressões cotidianas, em grupos e organizações ou em acontecimentos que abalam práticas e pensamentos. No entanto, ela não é pura, se por um lado ela coloca as contradições espaciais em outro patamar, por outro pode ratificar fundamentos da produção capitalista do espaço.

Desse modo, entendemos que a resistência, como parte das fissuras e intrínseca à relação de poder, é uma prática socioespacial permanente na cidade capitalista e nos cabe apontar alguns dos possíveis conteúdos dela na produção contraditória do espaço urbano no Brasil e, ao mesmo tempo, contribuir teoricamente na construção dessa noção à luz da geografia.

Com esse objetivo, focamos a reflexão no período (anos 2000) em que parte das reivindicações dos movimentos sociais urbanos e apresentadas no documento do Fórum Nacional da Reforma Urbana se transforma em políticas públicas. Aprofundamo-nos no tema com a transformação da reivindicação da segurança da posse em uma política de regularização fundiária de interesse social numa favela localizada na zona sul do município de São Paulo – Nova Guarapiranga. Este quadro está marcado pela promulgação do Estatuto da Cidade (2001) e pela implementação do Ministério das Cidades (2003).

Nesse momento, as estratégias de resistência mudam e as reivindicações que as sustentavam igualmente se transformam com o aparecimento de novos conflitos no espaço urbano. Mesmo que contradições espaciais como a apropriação e dominação do espaço ganhem traços de maior profundidade, concomitantemente surgem aquelas envolvidas nos marcos da institucionalização das reivindicações, perpetuando, assim, algumas das determinações da produção capitalista do espaço.

A conquista da segurança da posse por meio de uma política pública sinaliza como as resistências no espaço urbano elevam as contradições a outro patamar, como elas não se realizam de forma pura e, contraditoriamente, podem carregar fundamentos que legitimam uma expropriação futura. Por outro lado, elas são imprescindíveis para o questionamento da urbanização atual, na medida em que produzem um espaço de conflito no qual há a reunião dos sujeitos envolvidos, criando a oportunidade do encontro e de um novo processo de consciência.

SEGREGAÇÃO SOCIOESPACIAL E RESISTÊNCIAS NO BRASIL: O PAPEL DA PROPRIEDADE PRIVADA DA TERRA

Chegamos ao século XXI com as cidades brasileiras estampando a desigualdade que marca a história de nossa urbanização. Por um lado, temos centralidades de riquezas interligadas com as mais dinâmicas economias mundiais e, por outro, morfologias que revelam a plena exploração dos moradores das cidades. Em 2010, o IBGE – Instituto Brasileiro de Geografia e Estatística – apontava que 6% da população do país estava vivendo em favelas, isto é, mais de 11 milhões de pessoas ocupavam áreas que juridicamente não lhes pertenciam e viviam em condições precárias. Esse dado sinaliza a constante relação entre a impossibilidade de acesso ao solo urbano e o ato cotidiano da transgressão para (sobre)viver por meio da posse da terra.

Desde a aceleração da produção do tecido urbano nas décadas de 1960 e 1970 e o rápido aumento de morfologias precárias como as favelas, as transgressões diárias vão se somando. Aparecem os movimentos sociais urbanos ligados à luta pela moradia, pelo transporte público, por centros de saúde e demais equipamentos públicos e que engendram novas formas de resistência à violenta expropriação e espoliação dos moradores. Também expressavam de forma contundente uma resistência ao autoritarismo político vigente não apenas nas relações do Estado Militar, mas nos demais níveis de sociabilidade, denunciando as relações de favores, de assistência e ausência de direitos. Como formulado por Martins,[6]

> O que une riqueza extrema e miséria extrema, neste país, é o fato de que a riqueza de poucos tem sido produzida pela exploração sem limites e pela expropriação violenta de muitos, desprotegidos, que nem mesmo têm possibilidade de exigir o cumprimento legal dos poucos direito sociais e individuais reconhecidos em lei.

Neste contexto, os movimentos sociais urbanos, as entidades de classe e apoiadores das lutas urbanas reúnem as reivindicações em um documento. Ele se transforma no marco de atuação para as décadas seguintes dos sujeitos que reiteradamente denunciavam a desigualdade e exigiam a Reforma Urbana. Pautada nas múltiplas lutas que surgiam, essa reforma possuía como pilar das reivindicações o acesso ao solo urbano.

No Brasil, as resistências, seja no rural ou no urbano, estiveram denunciando a formação da propriedade privada da terra como fundamento da desigualdade, principalmente pelas constantes expulsões daqueles que não podiam arcar com novos custos da moradia. Um número cada dia maior de pessoas tornava-se objeto de remoções quando o lugar se inseria nas recentes centralidades econômicas que despontavam. São Paulo, num ritmo de crescimento intenso decorrente da industrialização e em pleno desenvolvimento do setor imobiliário, promove uma história marcada por muitas remoções capitaneadas pelo poder público local. Como imprescindível para a valorização do espaço, o surgimento de novas infraestruturas levava a cabo a desaparição de bairros, cortiços e favelas nos lugares estratégicos para a metrópole.

Notadamente para os moradores das favelas, os instrumentos de defesa da propriedade privada da terra eram usados com toda a força jurídica, transformando a questão da moradia em assunto policial ou de assistência social. Dessa maneira, manifestava a exacerbação das relações autoritárias de um poder que reproduzia a desigualdade e também se gestava as formas de resistência dos moradores, como a luta pela segurança da posse.

Enquanto luta possível para não serem expulsos, a segurança da posse afrontava o núcleo de um capitalismo rentista[7] ao tentar assegurar a permanência dos habitantes no lugar e, assim, configurando um conflito fundiário recorrente nas cidades brasileiras. Esse conflito revela como na história da formação da propriedade privada, esta se configurou como instrumento de dominação sobre o espaço.

Não é novo o debate sobre a propriedade privada da terra no Brasil, mas retomamos alguns aspectos para desenvolver a hipótese de que ela é o fundamento do processo de segregação socioespacial, expressão objetiva da desigualdade espacial. Como é próprio do movimento do capitalismo para produzir o trabalhador livre, a sociedade brasileira, em seu processo histórico, foi dissolvendo as diversas formas de propriedade existentes até o ponto de a riqueza pertencer a um grupo social restrito. Um dos cerceamentos ocasionados por esse processo é aquele em torno da terra, cuja aquisição apenas se faria a partir da compra e venda[8] e, desse modo, acompanhava o movimento mundial de expansão do capital. Portanto, a terra, como condição objetiva de reprodução do trabalhador, se insere no circuito da acumulação e, sobretudo, transforma-se em fundamento da reprodução capitalista no país por meio da renda da terra.

O marco de transformação da terra em mercadoria é o ano de 1850, com a promulgação da Lei de Terras. Esse processo, porém, não constitui uma ruptura imediata, pois já estava sendo gestado ao longo das décadas precedentes com garantias do direito de propriedade e de resguardo creditício. O que ocorre em 1850 é apenas uma ruptura formal instaurando sua representação jurídica e, assim, a terra deixa de ser acessada por meio da doação para que fossem instalados os mecanismos de compra e venda.

Nesse cenário, foram sendo elaboradas as formas de impedimento ao uso da terra, ao mesmo tempo que esta era transformada em negócio rentável, tanto no campo quanto na cidade. A posse da terra por parte de camponeses, moradores dos arrabaldes das cidades ou ex-escravos não foi reconhecida. Essa situação garantiu um dos mais centrais meios de produção – a terra – nas mãos de uma pequena parcela de fazendeiros, transformando-a em atributo econômico de relevância. Essa conjuntura inseria o país na tendência de mundialização ao acenar para os primeiros passos de inserção do espaço ao conjunto dos objetos para reprodução do capital. Mas, além da transferência de riqueza, era necessário montar uma teia que, ao impedir o acesso ao meio de produção "terra", também subjugava o trabalhador, que agora se apresentava como proprietário da força de trabalho, portanto, livre neste estatuto recente. Como resume Martins,[9] a "renda capitalizada no escravo transformava-se em renda territorial capitalizada: *num regime de terras livres, o trabalho tinha que ser cativo; num regime de trabalho livre, a terra tinha que ser cativa.*"

Como próprio do movimento da propriedade privada, a transformação da renda territorial levou à subordinação do trabalho em relação ao capital no processo de integração à economia. Na medida em que se construiu dessa forma, o capitalismo se consolidou tendo a propriedade territorial como base de sua expansão. Houve a continuidade da legislação sobre a terra ao serem dadas as garantias de negociação com ela. A consequência desses fatos é o impedimento do acesso à terra aos trabalhadores sem recursos, gestando e normatizando as formas de usos. Vigora-se, assim, um domínio sobre o espaço que determina diferenças quanto à possibilidade de apropriação.

A propriedade territorial, ao se capitalizar, se transforma em propriedade privada. Isso resultou na raiz da desigualdade brasileira e que, atualmente, se expressa através da generalização da segregação socioespacial. Brito afirma essa condição institucional da desigualdade dada pela ação jurídica no momento de instituição da propriedade privada ao dizer que

> A propriedade da terra revela-se, portanto, como uma das dimensões mais significativas de uma ordem social historicamente fundamentada na desigualdade institucionalizada e formalmente reconhecida, cuja persistência, no Brasil, ultrapassou os limites da sociedade escravista.
> Desigualdade institucionalizada porque no Brasil colonial, os direitos civis estavam, inclusive no plano jurídico, restritos à minoria branca, de origem europeia.[10]

Conforme o país se urbanizava, foram sendo transpostas as relações de propriedade, permitindo que os fazendeiros loteassem grandes glebas, aparecendo um novo negócio muito rentável e lucrativo e perpetuando a desigualdade. Na não possibilidade de uso da terra, seja para trabalho ou moradia, esse estatuto impediu o acesso a outras formas de riqueza pela subordinação do trabalhador a esta primeira condição.

A finalidade inicial da força de trabalho do homem, voltada para a realização de suas necessidades imediatas e para a fruição, se esvai com a expropriação através da introdução da propriedade privada. Esse caráter da propriedade no Brasil se afirma como grande recurso para a reprodução da manutenção das relações de produção, pelo poder absoluto dado aos proprietários. Brito afirma que,[11]

> O papel político assumido pela propriedade da terra, juntamente com o estatuto da força de trabalho, configuram-se como núcleo histórico dessa persistência, como motor das contradições que definem a modernização em nossa sociedade, na qual o processo de expansão capitalista, seja quanto o urbano, seja quanto o rural, tem permitido "o transformismo brasileiro", forma de modernização conservadora, ou de, uma revolução produtiva sem revolução burguesa.

Como exposto, nesse movimento, o espaço entra no circuito da mercadoria e da troca como propriedade daqueles que possuem os meios de produção, transformando-se pela troca, em um instrumento de subordinação dos homens que possuem somente sua força de trabalho como equivalente para se introduzirem no mundo do consumo. O espaço se torna objeto de acumulação da reprodução capitalista e possibilidade de mitigação das contradições desta própria acumulação. Transforma-se, portanto, no lugar privilegiado das ações estratégicas da manutenção da reprodução das relações de produção.[12]

Diante dessas determinações, muitos conflitos também se estabeleceram entre proprietários e não proprietários. A resistência aparecia como necessidade ao mínimo de sobrevivência, como um ato de conservação[13] no qual a propriedade da terra era o motor do embate. O conflito se generaliza e, com o avanço da urbanização, novos mecanismos formais (jurídicos) foram elaborados para tentar defender os proprietários e alguns outros poucos para minimizar o confronto, como o instrumento da usucapião no Código Civil do século XX recorrentemente usado nas lutas pela reforma agrária.

Na objetividade desse processo, a paisagem das cidades se conformava de maneira desigual e os conflitos fundiários, tanto no campo como nas cidades, se aprofundavam. A sociedade brasileira se desenvolvia sob essa marca conflitiva, tendo o espaço também como força de subordinação do trabalho.

Essa realidade, portanto, conformará resistências no espaço urbano, apresentada para a sociedade entre o conflito da propriedade privada da terra e a sua posse. A posse seria o ato do uso, da apropriação do espaço para a realização da vida, mesmo que configure condições de precariedade extrema. Ela se transforma no afrontamento à propriedade privada, logo, ao fundamento que legitima as expropriações, impedimento de acesso à riqueza produzida, àquela que se transformou em poder para submeter o trabalho.

Portanto, lutar pela posse da terra no Brasil comporta um caráter diferenciado de outros países devido ao tipo de formação da propriedade fundiária e que ainda hoje é o alicerce para os processos mais avançados da acumulação. Tal condição produz uma quantidade significativa de não proprietários que ergueram as "formas do possível", como as favelas e seus mais de 11 milhões de moradores.[14] É essa luta pela posse que se apresenta como resistência e perpassa toda a história recente da urbanização. Dentro dela, apreendemos formas de transgressões, como na ocupação de terras ou prédios por famílias, até a resistência capitaneada por organizações, como nos movimentos por moradia. Percebemos também a plasticidade da resistência frente às estratégias que continuamente se reproduzem para garantir a propriedade, com ambiguidades, contradições, limites e desafios, mas que constroem as oportunidades de um espaço de conflito marcado pela possibilidade do encontro para um reconhecimento coletivo no processo de conscientização.

Ao partirmos da ideia de que a propriedade privada é o fundamento da reprodução do capital, damos destaque ao papel do bem terra, já que ela, por inúmeros mecanismos, subordina os habitantes da cidade e garante a reprodução da relação de desigualdade. Por outro lado, também percebemos que o cerne de nossa sociedade é a separação/cisão do trabalhador e o produto de seu trabalho, considerado não apenas no aspecto sensível, material, mas também em todas as relações conquistadas ao longo da história, como as de caráter subjetivo. Essa cisão traz consequências a todos os planos da vida, principalmente àquele que gesta os processos de resistência: o reconhecimento no outro pela identidade dada através da apropriação do espaço.

Do ponto de vista do processo de produção do espaço urbano, essa separação necessária ao capital e imposta por uma fragmentação aparece como segregação socioespacial, em que se impõe um modo de vida alicerçado no reconhecimento de identidades abstratas em detrimento das relações mais próximas. Em um determinado nível, a segregação se efetiva pelos estratos de riqueza que cada família ou moradores possuem. Em outro patamar, de acordo com os instrumentos de representação, dos signos de cada sociedade, se constroem uma identidade abstrata com a negação do outro. Por isso, é preciso uma reflexão crítica a respeito desse processo, apresentando as implicações decorrentes de sua generalização.

Sabemos que as estratégias de classe vão compondo um mosaico de segregações, não somente dos não proprietários, mas, sobretudo, dos diferentes estratos de renda, generalizando esse processo na cidade. As implicações decorrentes são muitas porque, no limite último, é a negação da cidade que esse processo traz em seu bojo. Como afirma Botelho:

> A segregação socioespacial se faz cada vez mais presente através dos processos de valorização imobiliária e da fragmentação, homogeneização e hierarquização do espaço urbano. Os habitantes das cidades não somente são expulsos das suas áreas mais valorizadas, mas sim da própria cidade e do que Henri Lefebvre chamou de "positividades do urbano".[15]

A segregação socioespacial se transforma em processo importante para a reprodução em todos os níveis e dimensões da sociedade porque é necessário cindir, separar, impedir o uso, romper os laços de sociabilidade improdutiva, para integrar e, posteriormente, reproduzir as relações especificamente capitalistas. A segregação toca o econômico ao expulsar aqueles que são considerados barreiras à homogeneização do espaço; ao nível político, a segregação fragmenta para dominar, ao impedir o encontro e a produção de um espaço de sociabilidade para as experiências de politização e, socialmente, empobrece a vida material e imaterial dos habitantes da cidade integrando-os precariamente e impondo ao vivido uma sociabilidade baseada na lógica determinada pela propriedade privada e do consumo.

A segregação socioespacial, a separação, a fragmentação é o "roubo" do tempo e dos espaços dos citadinos das oportunidades de politização.

> A segregação seria, portanto, uma forma estrategicamente elaborada pelo saber e realizada na prática pelo poder político para dominar o espaço, e desse modo, tenta impedir as contestações, as ações organizadas da população, e por conseguinte, possui um caráter político que reforça a centralização exercida pelo centro de decisões.[16]

O sentido da segregação, O sentido da segregação, antes de tudo, está calcado na separação das práticas socioespaciais, que podemos considerar como uma forma política de segregação que impede a sociabilidade para a construção de resistências ao processo de miserabilidade dos trabalhadores urbanos.

> Assim o conteúdo histórico revela a cidade enquanto segregação como estratégia de classe e do poder que ao realizar-se separa e faz a cidade implodir como centro de sociabilidade. Assim a segregação tem um sentido estratégico: a separação das práticas socioespaciais na cidade, visando à reprodução social que ao delimitar um lugar para cada um escamoteia o conflito.[17]

No entanto, a segregação contém o negativo como algo intrínseco a um jogo de relações no qual estão presentes estratégias. A segregação, por sua vez, carrega o negativo no irredutível do viver. A relação dialética entre segregação e resistência se descobre no momento mesmo em que o conflito emerge.

Logo, no Brasil, os movimentos sociais urbanos surgidos como o irredutível da tendência lógica da produção do espaço colocam no centro da resistência a questão do acesso ao solo urbano, primeiro questionando as reiteradas expulsões dos moradores das porções da cidade que se integravam ao circuito produtivo e, posteriormente, exigindo do Estado uma política de moradia. Essas reivindicações vão sendo rechaçadas constantemente pelo poder público, porém, algumas outras vão pouco a pouco sendo introduzidas a partir dos anos 1980.

A pressão dos grupos organizados, o aumento da pobreza e um novo momento da economia global levam a uma fase de reorientação das estratégias espaciais. Inicia-se a transformação das reivindicações em políticas públicas, fato que trouxe novas contradições. Por um lado, começa a gestão da pobreza dirigida por instituições mundiais, as quais utilizam as reivindicações elaboradas no processo de resistência para compor discursos e legitimar ações com finalidades opostas às apregoadas pela própria resistência. Por outro, os sujeitos envolvidos nos processos de resistência iniciam a descoberta das recentes estratégias a partir dos resultados da aplicação das políticas demandadas, seja pela impossibilidade da manutenção da conquista, seja pela não aplicabilidade da política pública elaborada. Esse é o pano de fundo do contexto contraditório que revela a resistência como algo permanente na cidade capitalista, num constante processo de recriação de estratégias para não sucumbir às novas matizes de domínio sobre o espaço.

Especificamente, a luta pela segurança da posse continua a pleno vapor, mesmo com a obtenção dos marcos regulatórios da regularização fundiária de interesse social. As remoções frequentes se reatualizaram sob a égide de discursos espaciais, que jogam com a valorização do espaço a partir dos termos da crise urbana que vivemos. São discursos que vão desde o plano econômico, como a remoção para dar lugar ao circuito internacional de eventos, ou aqueles relacionados ao meio ambiente e escassez de lazer. Assim, surge um conteúdo novo na contradição da apropriação e dominação do espaço: o uso dos elementos que geraram ou compõem as resistências no urbano (com a qualidade da apropriação) são o núcleo para a elaboração de uma legitimidade a favor de uma estratégia de domínio.

Esses discursos espaciais renovam os mecanismos de defesa da propriedade privada, ao mesmo tempo que, no plano do real, aprofundam a segregação socioespacial. As estratégias de resistências, por sua vez, vão se reelaborando.

A PERMANENTE RESISTÊNCIA NO ESPAÇO URBANO: EXPERIÊNCIAS DA FAVELA NOVA GUARAPIRANGA

A resistência na favela Nova Guarapiranga, localizada às margens da represa de mesmo nome na Zona Sul de São Paulo, nos permite desenvolver a reflexão do movimento apresentado anteriormente. Como produto do processo de segregação socioespacial pela profunda expropriação dos moradores no final da década de 1970, surgem os "balões mágicos",[18] uma primeira forma de resistência.

Essa parte da cidade possui uma especificidade relacionada à questão dos recursos hídricos e ambientais, por isso, será objeto de intervenções do Estado orientado por políticas globais.

Também os movimentos sociais urbanos e as transgressões estiveram, e ainda continuam, perpassados pelo tema ambiental, destacadamente. Antes se justificava uma falta de atendimento da população justamente por estarem vivendo em uma área de mananciais, e hoje essa condição, utilizada de outras maneiras, legitima a expulsão dos habitantes que já possuem mais de 30 anos de moradia nos bairros.

Do ponto de vista da totalidade da metrópole, a área das represas, e especificamente a da Guarapiranga, é considerada como extensão do eixo de maior valorização de São Paulo – o vetor sudoeste. Com uma particularidade muito atraente para a tendência de incorporação a um novo momento de valorização, a área possui elementos raros para a cidade, como uma ampla área verde e de lazer, uma porção de loteamentos de alto padrão, uma via de circulação importante, todos herdados de um projeto falido dos anos 1920 (Loteamento Guarapiranga e seus complexos de lazer). Na reatualização dos mecanismos de valorização do espaço, tais quesitos transformam as margens da Guarapiranga em objeto cobiçado para negócios que envolvem o espaço. Paralelamente às estratégias para esse intento, os moradores iniciam outra fase de resistência ao avanço do processo de segregação, na medida em que tal avanço revela como as conquistas ao longo dos anos podem esboroar-se.

Durante a crise do abastecimento de água nos anos 1990 é introduzida uma política de melhorias da Represa Guarapiranga com recursos do Banco Mundial (Programa Guarapiranga), que objetivava a melhoria da qualidade das águas com a promoção da mitigação do tipo de ocupação do solo urbano. Estavam previstas melhorias infraestruturais nos núcleos de favelas existentes (*urbanização de favelas*), bem como a regularização fundiária de parte delas. Tais subprojetos foram contemplados a partir das inúmeras mobilizações que os moradores e movimentos sociais de moradia na região sul realizavam desde os anos 1970, rechaçando as investidas de remoção constantes. Como integrantes das lutas urbanas, os moradores de Nova Guarapiranga participaram do projeto, um dos modelos de intervenção do programa de saneamento, obtendo melhorias infraestruturais que solucionaram parte das precariedades materiais.

Mesmo que a melhoria conquistada surgisse sob uma política de espaço com as implicações de uma valorização, ainda assim os moradores permaneciam no lugar. No entanto, o instrumento considerado como eficaz contra uma possível remoção e que garantia a segurança da posse era um título da terra onde moravam. Esse título – título de concessão de terra pública[19] – apenas foi concedido no ano de 2008, por meio da política de regularização fundiária de interesse social.

Nos anos 2000, com a promulgação do Estatuto da Cidade e a Medida Provisória 2220/2001, algumas gestões mais articuladas aos movimentos sociais começam a se utilizar dos dispositivos legais para concretizar determinadas reivindicações, como a segurança da posse. O poder municipal de São Paulo é um deles, regularizando em 2003 um grupo de favelas que, em sua maioria, estava ameaçado de despejo. Mesmo com muitas mudanças na continuidade da aplicação desta política no governo seguinte – Gilberto Kassab – mais um número de favelas é titulada no ano de 2008 e entre elas estava Nova Guarapiranga.

A titulação representava mais uma conquista para os moradores, porém possuía um peso bem maior que as anteriores, por representar um reconhecimento legal da posse. O efeito da titulação levava à dissolução da imagem dos moradores como invasores e os colocavam como iguais. Apesar dos limites da igualdade conferida juridicamente por um título de concessão e as consequências para a manutenção da vida a partir dele, as famílias puderam sentir, por um breve momento, uma tranquilidade face às reiteradas expulsões. No entanto, como viver na cidade é um permanente processo de resistência, há o desafio da manutenção da reprodução da vida diante do movimento geral de produção do espaço, ora para manter-se arcando com os pagamentos para ser um morador legal, ora para fazer frente às novas integrações de porções do espaço às últimas estratégias de valorização.

Assim, os moradores de Nova Guarapiranga ficaram diante de novas possibilidades de expropriação. Após a regularização da favela, um novo fato ocorre, demonstrando os processos de segregação na produção do espaço quando uma porção da cidade entra nas tramas de interesses da valorização imobiliária, mesmo num lugar que passou por uma política de regularização fundiária.

Logo depois da regularização fundiária, a Secretaria do Verde e Meio Ambiente do município propõe um projeto de proteção ambiental e de lazer composto por um grande parque linear na extensão da orla da represa Guarapiranga, formado por um complexo de sete parques e interligados por uma ciclovia. De acordo com informativo da Prefeitura, a concepção do projeto seria ideia de "anexar novas áreas a esses parques para que, unidos, sejam transformados em um único parque que circunde toda essa porção da represa, formando então a chamada 'Praia de São Paulo'".

Inserido como uma ação integrada e intitulada Operação Defesa das Águas,[20] o projeto é iniciado no ano de 2007. Mas será em 2008 que se formula o desenho dos parques lineares, que se transformaram em uma das estratégias para impedir a ocupação irregular nas margens da represa, numa política de espaço que se chama "Revitalização da Orla da Guarapiranga".

O poder público inicia a implantação dessa política de espaço sobre vários terrenos que estão localizados na avenida Robert Kennedy, atualmente rebatizada de avenida Atlântica, por meio de ações de desapropriação,[21] concessão de uso para licenciamento do parque num de convênio com a EMAE e incorporação de áreas já pertencentes à

Prefeitura. Sua estratégia se constrói fundamentalmente na composição de um discurso espacial assentado em um aspecto crítico do processo de produção do espaço urbano e que, atualmente, configura uma das raridades produzidas pelo processo de urbanização contemporâneo, a questão ambiental e a escassez de áreas de lazer.

Essa política transforma o meio ambiente em um álibi para legitimar a prática de desapropriação de áreas com propriedade privada especificamente capitalista, como os bairros constituídos há décadas, bem como justifica a reintegração de posse dos terrenos pertencentes à prefeitura onde se localizam os moradores de baixa renda e titulados. A prioridade, como apresentada no excerto do Diário Oficial, é de atividades comerciais "compatíveis" com a "sustentabilidade", mas claramente mediada pelas relações mercantis, como os comércios e clubes associados à paisagem da represa.

Tal empreendimento do poder público reatualizou as formas de segregação socioespacial abarcando não somente os moradores beneficiados pela regularização fundiária, mas também imóveis particulares e áreas de clubes antigos, ao substituir essa morfologia pelo complexo de parques.

Podemos, porém, considerar que as consequências dessas ações se realizam ainda mais perversamente àqueles que lutaram por continuar em uma área mais valorizada como essa parte da represa Guarapiranga, já que os esforços contínuos e o enfrentamento da representação do espaço da favela foram constantes ao longo da vida daqueles moradores.

Emergem, no processo, o "conformismo e resistência" dos moradores do lugar. A resistência está permeada por ambiguidades inscritas na fala da liderança da favela que, ao mesmo tempo que concorda com o projeto de revitalização da orla da Guarapiranga, faz uma crítica profunda a essa política de espaço.

A titulação do lugar representou para os moradores o momento no qual culminaram as lutas pela moradia por um período de quase três décadas. Ter a urbanização e a regularização da favela, vistas como melhorias no lugar de morada, praticamente criava uma satisfação por permitir usufruir do trabalho empregado na casa e da prática da resistência que permeou a maior parte dos moradores; significava a possibilidade de viver em um bairro com maior infraestrutura. Seria a ocasião na qual não ficariam mais apreensivos pela expulsão a que sempre estiveram ameaçados, como também pela oportunidade de ampliar os usos que se faziam da casa. Esse conflito revela a casa como valor de uso para seu habitante e a expulsão dela significou uma perda da apropriação da moradia tão duramente conquistada.

Considerado uma estratégia de valorização do espaço, legitimado e justificado pelo discurso espacial do meio ambiente e lazer, o espaço é homogeneizado, atribuindo-lhe as condições que o recolocam no circuito da produção. Simultaneamente, ao recobrar uma determinada unidade da propriedade fragmentada para a realização da política de espaço, chega-se à fragmentação do espaço social e que, na produção do lugar, foi tecida ao longo das práticas realizadas no entrelaçamento do vivido daqueles moradores. Conforma-se nessa experiência um exemplo da crise urbana como impossibilidade da apropriação do lugar produzido.

É o título de concessão de uso que atualmente não permite a efetivação do Parque Atlântica, um dos parques do complexo. Ele se transformou no instrumento para as negociações em torno da solução habitacional, porém, na articulação de forças entre os sujeitos envolvidos no conflito, em outubro de 2011, os moradores atingidos não estavam mais em busca de uma unidade habitacional. Agora negociavam um valor de indenização para os imóveis e uma alternativa àqueles que possuíam mais de uma família nas residências.

Assim, Nova Guarapiranga nos aparece na reflexão como um processo em que se revela a permanente luta das pessoas para se manterem habitando a cidade. A permanência no lugar implica a todo o momento transgressões e resistências, pois os mecanismos de expropriação são inerentes à produção do espaço capitalista. Portanto, a situação do lugar em relação à cidade está intimamente ligada à realização/manutenção efetiva de uma reivindicação. Estar localizado na continuidade do eixo de valorização é um desafio, porque as estratégias de metamorfose da morfologia para integrá-la a circuitos avançados dos negócios urbanos estão constantemente sendo reelaboradas.

Por isso, no plano do lugar, do imediato, aquele da prática socioespacial, base real e material de realização dos espaços-tempos, revelam-se as ações das instituições que compõem uma ordem distante (mundial). Essa prática socioespacial revela o conteúdo da vida em seu conformismo, transgressões e resistência. Portanto, a prática socioespacial é constantemente permeada pela ação transgressora. A transgressão, compreendida nos termos apresentados por Henri Lefebvre, é considerada um elemento revelador das imposições e expropriações sobre os moradores, que necessitam, a todo o momento, desta para manterem a reprodução de suas vidas. A resistência se fará sob aspectos distintos em cada país, conforme sua formação histórica. Os mecanismos de expropriação, exploração e espoliação produzem uma prática socioespacial distinta na luta social e política pelo espaço. Como proposto por Lefebvre, "'Mudar a vida', 'mudar a sociedade', isso não quer dizer nada se não há produção de um espaço apropriado".[22]

Por isso, afirmamos que, ao se realizar o processo de segregação socioespacial, a resistência a ela está presente como processo negativo, formando uma unidade contraditória em que as estratégias de cada sujeito se constroem de modo implicadas uma na outra. A resistência dos moradores, que possui como finalidade o uso improdutivo da cidade, se confronta com as estratégias de classe (de capitalistas e do Estado), a qual objetiva transformar o espaço em produtivo, delineando desse modo, a *contradição entre a dominação e apropriação do espaço.*

A resistência como luta pelo espaço transmuta-se em confronto à tendência lógica de produção do espaço urbano especificamente capitalista. Isto é, ela carrega questionamentos sobre a contínua homogeneidade que se pretende impor ao espaço por meio de novas morfologias que pretendem reproduzir uma sociabilidade pautada na fragmentação e na distribuição desigual da riqueza e de poder.

O conteúdo das contradições sociais (apropriação/dominação) desdobra-se em contradições espaciais devido à importância que a produção do espaço adquire atualmente. As concepções dos projetos para serem implantados nas cidades contêm um propósito e estão envolvidas nos jogos dos sujeitos que tentam garantir seus interesses. Por outro lado, no lugar, essas concepções se chocam com o plano do vivido na luta para permanecerem no espaço da vida por meio de transgressões e resistências.

Nessa perspectiva, partimos da ideia de que a resistência é uma relação social e espacial. Ela surge como unidade contraditória em relação ao processo de segregação socioespacial. Em vista disso, pressupõe, pelo menos, o conflito de sujeitos e finalidades distintas para a apropriação do espaço, além de necessariamente estar vinculado a um lugar específico.

Esse conflito resulta em processos de resistência dos moradores que ora são atingidos por tais estratégias. Como as estratégias de dominação do espaço são múltiplas e a resistência é uma prática construída em torno do conflito, ressaltamos que a qualidade da resistência contém uma plasticidade e mobilidade adquirida dos contextos diferenciados dos confrontos realizados, devido à relação imbricada com as ações dos sujeitos implicados. Nessa direção, a resistência é movimento, é uma prática socioespacial, é uma ação ativa. Assim, compreendemos que ela se realiza com especificidades em cada lugar, de acordo com as relações das centralidades constituídas nos lugares da cidade, das práticas vividas neste nível, das diferenças dadas pela constituição da identidade concreta dos sujeitos envolvidos nas tramas das resistências.

HIPÓTESES SOBRE A RELAÇÃO ENTRE RESISTÊNCIA E PRODUÇÃO DO ESPAÇO

Ao exercer um domínio sobre o espaço através das determinações da propriedade privada da terra e do emprego das relações autoritárias da formação brasileira, as formas de expropriação produziram cidades imersas na generalização da segregação socioespacial. No entanto, esse fato não representou uma ausência de conflitos e resistências na contínua reprodução do espaço, mas significou dizer que as resistências que irromperam (e irrompem) estão determinadas por essas relações e, sobretudo, imersas em múltiplas ambiguidades e contradições. A experiência da Nova Guarapiranga nos abre uma via possível de refletir sobre a força da propriedade privada da terra na subordinação daquele que mora na cidade, bem como a provisoriedade de conquistas de um longo processo de resistência. Essa perspectiva nos coloca diante de como a resistência é uma parte obrigatória da prática socioespacial daqueles que vivem na cidade capitalista.

Diante do exposto e a partir da prática de luta pela segurança da posse, tentamos contribuir com algumas hipóteses sobre a relação entre a resistência e produção capitalista do espaço:

- A resistência sempre está presente como intrínseca aos processos de embate de estratégias. Na cidade capitalista, pelo modo como se produz o espaço no qual a segregação socioespacial é condição para a reprodução da manutenção das relações de produção, a resistência é ato obrigatório;

- As práticas de resistência são múltiplas e se conformam de acordo com os conflitos existentes. Pode constituir-se pelo simples ato de transgredir leis e normas ou até na participação em organizações mais amplas;
- A resistência está permeada por ambiguidades e contradições, pois está relacionada ao processo de consciência. Este último não é linear e se constrói por meio das relações estabelecidas entre os sujeitos envolvidos nos conflitos que carregam igualmente contradições. Essas condições se estabelecem a partir da historicidade de um país ou de uma nação. David Harvey, em seu livro *Espaços da esperança*, nos alerta para o fato de que

> A tarefa da política ativa, ao ver de Marx, é buscar transformações das relações sociais no pleno reconhecimento de que o ponto de partida da ação política depende das condições histórico-geográficas alcançadas.[23]

- A ação da resistência exige uma mobilidade na cidade para o encontro. Ela pode ser uma prática espacial que promova, naquele momento, a experiência de saída das amarras opressivas que os "prendem" ao lugar. Por afrontar políticas advindas de uma ordem distante e que não apenas se realizam no lugar, a necessidade de conhecer a experiência do outro se torna fundamental para compor os contra-argumentos. Essa prática espacial é bem diferente daquela mobilidade dada pelas relações de trabalho (trabalho-casa), na qual está implícita a subordinação. Há um processo de conhecimento e reconhecimento que movimenta a consciência do conflito e das condições de desigualdade. As reivindicações constituintes da resistência os fazem defrontar-se com o Estado e, desse modo, podem reconhecer as instituições e seu funcionamento. A resistência, como prática socioespacial, põe as contradições da sociedade em outro patamar;
- A resistência carrega questionamentos sobre a contínua homogeneidade que se pretende impor ao espaço por meio de novas morfologias que pretendem reproduzir uma sociabilidade pautada na fragmentação e na distribuição desigual da riqueza e de poder. A resistência como luta pela apropriação do espaço denuncia a hierarquização dos lugares na cidade;
- É a ação da resistência dos moradores que produz o espaço de conflito, muitas vezes nebuloso por estar atravessado pelas relações de alienação e fetichização do espaço. Mas é apenas e tão somente pela resistência à expropriação, exploração e espoliação que se constroem os momentos de experiências dos moradores, em que o confronto se transforma em momento de compreensão da desigualdade e construção de estratégias renovadas de resistência. Como salienta Bensaid,

> a partir da decisão e do inicio de sua realização, toda resistência de reativa se converte em declarativa e afirmativa. Inventa as respostas. Explora as saídas.

> Transforma a vítima de uma injustiça ou de uma ofensa em atriz de seu próprio drama. De puro objeto de compaixão, se converte em agente de sua própria luta.[24]

- A resistência realizada pelos moradores da cidade está profundamente atrelada ao vivido, e será através desta vida social politizada que as possibilidades de consciência dos processos de produção do espaço e a desconstrução das representações sobre ele poderão ocorrer. A prática cotidiana de lutar pelo espaço denuncia as camadas de expropriações que impedem a apropriação. Como Bensaid expõe ao citar Françoise Proust, apenas se descobre por que se resiste com a prática da resistência. A resistência empreendida pelos sujeitos sociais carrega em si as potencialidades da capacidade criadora e transformadora, que pode ou não se realizar.

Na medida em que se constrói uma reflexão na qual se intenta desvelar as contradições espaciais, abrimos as possibilidades de revelar as estratégias que reproduzem e mantêm as relações de produção sob as amarras da propriedade privada. Ao mesmo tempo, queremos repor a ênfase das possibilidades de transformação das relações que produzem o espaço nos processos sociais por meio das oportunidades que a prática da resistência repõe para a sociedade. A resistência é uma prática obrigatória na cidade capitalista e que carrega em si relações que no subterrâneo vão engendrando outras. Elas, muitas vezes, não estão ao alcance de nossos olhares.

NOTAS

[1] Este capítulo é parte da pesquisa de doutorado defendida em dezembro de 2012 e financiada pela Fundação de Amparo à Pesquisa do Estado de São Paulo (Fapesp).
[2] Telles, 2001.
[3] IBGE – Censo Demográfico 2010. Disponível em: <www.ibge.gov.br>. Acesso em: fev. 2014.
[4] Lefebvre, 1973: 16.
[5] Martins, 1990: 89.
[6] Foucault, 1994:160.
[7] Martins, 1998.
[8] "Trabalhadores livres ou potencialmente livres – se confrontam todas as condições objetivas de produção como propriedade alheia, como sua não-propriedade mas, ao mesmo tempo, como algo intercambiável como valor e, portanto, até certo ponto, apropriada pelo trabalho vivo." (Karl Marx, *Formaciones económicas precapitalistas*. México: Siglo, 2004, p. 98)
[9] Martins, 1998: 32, grifo nosso.
[10] Brito, 2006: 30.
[11] Idem.
[12] Lefebvre, 1973.
[13] Bensaid, 2006: 29
[14] IBGE, 2010.
[15] Botelho, 2005: 13.
[16] Ribeiro, 2007: 18.
[17] Carlos, 2006: 56.
[18] Trata-se de um formato de barracos que os ocupantes faziam para resistir às permanentes remoções que a prefeitura efetuava. Um dos relatos dos primeiros moradores dá conta de que essa era a forma de ocupação encontrada para não serem expulsos por invasão de propriedade. Ao construírem de rapidamente um barraco de madeira e colocarem os objetos básicos que representam uma casa, eles transformavam a situação de ilegalidade com conotação criminal em uma questão social. Isso impedia a retirada dos moradores pela guarda municipal.
[19] Os títulos concedidos eram CUEM – Concessão de Uso Especial para Fins de Moradia e CDRU – Concessão de Direito Real de Uso.

[20] PMSP, Diário Oficial, 06 abr. 2010: "Com o intuito de revitalizar a orla da Guarapiranga, a Prefeitura de São Paulo e o Governo do Estado criaram a Operação Defesa das Águas no fim de 2007, quando o poder público deu início à retomada de terrenos invadidos e à remoção de loteamentos clandestinos que ocupavam áreas de preservação ambiental."

[21] Segundo a Prefeitura, "A área foi desapropriada para ampliar os parques municipais que fazem parte do Programa de Revitalização da Orla da Guarapiranga, uma parceria entre Estado e Prefeitura que vem implantando parques, ciclovias, grades de proteção e calçadões ao longo da orla da represa de Guarapiranga. Ela se soma a outros 700 mil m2 de áreas verdes que foram desapropriados e conveniados pela Empresa Metropolitana de Água e Energia (EMAE) à Prefeitura de São Paulo para a implantação dos parques de defesa da Guarapiranga". Prefeitura desapropria terreno às margens da represa Guarapiranga. Disponível em:<http://www.sampaonline.com.br/reportagens/golfcenter2010nov28.php.>. Acesso em: 20 jun. 2010.

[22] Lefebvre, 2006: 49.

[23] Harvey, 2004:164.

[24] Bensaid, 2000: 35.

BIBLIOGRAFIA

BAITZ, R. *Uma aventura pelos elementos formais da Propriedade*: nas tramas da relativização, mobilidade e abstração, à procura da contra-propriedade. São Paulo, 2012. Tese (Doutorado em Geografia) – FFLCH – Universidade de São Paulo.

BOTELHO, A. *O financiamento e a financeirização do setor imobiliário*: uma análise da produção do espaço e da segregação socioespacial através do estudo do mercado da moradia na cidade de São Paulo. São Paulo, 2005. Tese (Doutorado em Geografia) – FFLCH – Universidade de São Paulo.

BENSAID, D. *Resistencias*: ensayo de topología general. España: El Viejo Topo, 2001.

BRITO, M. S. *Modernização e tradição*: urbanização, propriedade da terra e credito hipotecário em São Paulo na segunda metade do século XIX. São Paulo, 2006. Tese (Doutorado em Geografia) – FFLCH – Universidade de São Paulo.

CABANES, R., GEORGES, I., RIZEK, C. S. et al. (orgs.). *Saídas de emergência: ganhar/perder a vida na periferia de São Paulo*. São Paulo: Boitempo, 2011.

CARLOS, A. F. A. *A condição espacial*. São Paulo: Contexto, 2011.

_____. *Espaço-tempo na metrópole*: a fragmentação da vida cotidiana. São Paulo: Contexto, 2001.

_____. *A (re)produção do espaço urbano*. São Paulo: Edusp, 2008.

_____. A segregação como fundamento da crise urbana. In: SILVA, J. B., LIMA, L. C., DANTAS, E. W. C. (orgs.). *Panorama da Geografia Brasileira* nº 02. São Paulo: Annablume, 2006.

COHRE. Especial sobre la tenencia de la tierra. *Boletín Derecho a La Vivienda e en la Ciudad en la America Latina*, 2009.

ENGELS, F. *A origem da família, da propriedade privada e do Estado*. Rio de Janeiro: Bertrand Brasil, 2002.

FARIA, C. S. de. *A integração precária e a resistência indígena na periferia da Metrópole*. São Paulo, 2008. Dissertação (Mestrado em Geografia) – FFLCH – Universidade de São Paulo.

FERNANDES, E. *Políticas de regularização fundiária*: confrontando o processo de crescimento informal das cidades latino-americanas. Disponível em: <http://cinder.artisoftware.com/wpcontent/uploads/file/DocumentosFortaleza/Fernandes.pdf>. Acesso em: fev. 2014.

FOUCAULT, M. *A história da sexualidade I*: vontade de saber. São Paulo: Graal, 2009.

HARVEY, D. *Espaço de esperança*. São Paulo: Loyola, 2004.

IMPARATO, E. A possibilidade de regularização fundiária na área da reserva do Guarapiranga: o caso de Nova Guarapiranga I e II. In: *Revista Magister de Direito Ambiental e Urbanístico*, n. 20, out./nov. 2008.

KOWARICK, L. *Escritos urbanos*. Rio de Janeiro: Paz e Terra, 1993.

_____. *A espoliação urbana*. Rio de Janeiro: Paz e Terra, 1979.

_____. *As lutas sociais e a cidade*. São Paulo: Paz e Terra, 1994.

LEFEBVRE, H. *O direito à cidade*. São Paulo: Moraes, 1991.

_____. *Espaço e política*. Belo Horizonte: Ed. UFMG, 2008.

_____. *A produção do espaço*. Trad. Grupo "As (im)possibilidades do urbano na metrópole contemporânea" do Núcleo de Geografia Urbana da UFMG. Belo Horizonte. Mimeo, 2006.

_____. *A revolução urbana*. Belo Horizonte: Ed. UFMG, 1999.

_____. *La survie du capitalisme*: la re-production des rapports de production. Paris: Éditions Anthropos, 1973.

MARTINS, José de Souza. *O cativeiro da terra*. São Paulo: Hucitec, 1998.

_____. *O poder do atraso*: ensaios de sociologia da história lenta. São Paulo: Hucitec, 1994.

MARX, K. *Formaciones económicas precapitalistas*. México: Siglo, 2004.

RIBEIRO, F. V. *A produção do lugar na metrópole paulistana*. São Paulo: Labur Edições/GESP/USP, 2007. Disponível em: <http://www.gesp.fflch.usp.br>. Acesso em: fev. 2014.

_____. *A luta pelo espaço:* Da segurança da posse à política de regularização fundiária de interesse social em São Paulo. São Paulo, 2012. Tese (Doutorado em Geografia) – FFLCH – Universidade de São Paulo.

TELLES, V. da S. *Pobreza e cidadania*. São Paulo: Editora 34, 2001.

A ORGANIZADORA

Ana Fani Alessandri Carlos é professora titular em Geografia do Departamento de Geografia da Faculdade de Filosofia, Letras e Ciências Humanas da Universidade de São Paulo (FFLCH-USP), onde se graduou e obteve os títulos de mestre, doutora e livre-docente em Geografia Humana. Pós-doutorada na Universidade de Paris VII e na Universidade de Paris I. Publicou vários livros, dentre eles *Espaço-tempo na metrópole* (menção honrosa do prêmio Jabuti em Ciências Sociais de 2002), *O espaço urbano: novos escritos sobre a cidade – a condição espacial.* Organizou vários livros, como *Urbanização e mundialização: estudos sobre a metrópole*, e foi coautora de livros como *A cidade contemporânea*. Coordenou os intercâmbios internacionais Capes/MECD e Capes/Cofecub. É membro da rede *La somme et le reste*, sediada em Paris e no Brasil, do Grupo de Estudos Urbanos – GEU. Coordenadora do GESP – grupo de Geografia Urbana Crítica Radical da FFLCH-USP – e membro do Núcleo de Apoio a Pesquisa NAP/USP (urbanização e mundialização). Bolsista 1A do CNPq.

OS AUTORES

Camila Salles de Faria é doutoranda pelo Programa de Geografia Humana da Universidade de São Paulo, onde se graduou, se licenciou e obteve o título de mestre, com pesquisas financiadas pelo CNPq. Atualmente desenvolve trabalhos sobre a constituição da propriedade privada capitalista no Brasil e a questão indígena e é membro do GESP - DG/USP e do núcleo de pesquisas NAPurb Urbanização e Mundialização/USP.

César Simoni Santos é professor do Departamento de Geografia da USP, possui graduação em Geografia pela Universidade de São Paulo, concluiu o mestrado em Geografia Humana também pela Universidade de São Paulo e obteve o título de doutor em Geografia nesta mesma instituição, realizando parte de seu trabalho de pesquisa vinculado à Université Paris 3 – Sorbonne Nouvelle. É membro do Grupo de Estudos de Geografia Urbana Crítica Radical (GESP) e pesquisador associado do Núcleo de Apoio à Pesquisa em Urbanização e Mundialização (NAPurb).

Danilo Volochko é professor doutor em Geografia do Departamento de Geografia do Instituto de Ciências Humanas e Sociais da Universidade Federal de Mato Grosso (UFMT/campus Cuiabá). Graduou-se em Geografia na Universidade de São Paulo e obteve os títulos de mestre e doutor em Geografia Humana também na Universidade de São Paulo, com Estágio de Doutorado na Universitat de Barcelona. Menção honrosa pela USP em sua pesquisa de iniciação científica. Possui capítulos em livros e artigos em revistas científicas nacionais e internacionais. É professor colaborador no Programa de Pós-Graduação em Geografia (nível Mestrado) na UFMT, pesquisador do GESP com participação em projetos de pesquisa na USP (NAP/USP Urbanização e Mundialização). Coordena projeto de pesquisa na UFMT (com alunos bolsistas de iniciação científica/PIBIC) e integra projetos de pesquisa e de extensão (Curso de Especialização INCRA-Pronera/UFMT/CNPq).

Fabiana Valdoski Ribeiro é pós-doutoranda do Departamento de Geografia Humana da Universitat de Barcelona – Capes. Graduou-se em Geografia (bacharelado e licenciatura) na Universidade de São Paulo, onde também obteve os títulos de mestre e doutora pelo Programa de Pós-Graduação em Geografia Humana do Departamento de Geografia com pesquisas financiadas pela Fundação de Amparo à Pesquisa de São Paulo – Fapesp. Publicou a pesquisa de mestrado no livro eletrônico FFLCH Edições do Grupo de Geografia Urbana Crítica e Radical (GESP) intitulado *A produção do lugar na periferia paulistana*. É pesquisadora do GESP – DG/USP, do núcleo de pesquisas NAPurb Urbanização e Mundialização – USP e do projeto Margens et Villes – Universitat de Barcelona/coord. Université de Tours.

Glória Alves é docente do Departamento de Geografia da Faculdade de Filosofia, Letras e Ciências Humanas da Universidade de São Paulo, USP, onde se graduou, fez licenciatura e obteve os títulos de mestre e doutora em Geografia Humana. Professora do Programa de Pós-Graduação em Geografia Humana da FFLCH-USP. É membro da AGB, do Laboratório de Geografia Urbana (Labur) do Departamento de Geografia, onde também participa do GESP (Grupo de Geografia Urbana Crítica Radical). É coordenadora da Semana de Geografia. Fez estágio pós-doutoral em Barcelona na Universitat de Barcelona e em Paris, no Centre de Recherche et Documentation sur l'Amerique Latina. Participa do GEU (Grupo de Estudos Urbanos) e do NAP-USP- NAPurb Urbanização e Mundialização.

Rafael Faleiros de Padua é professor doutor do Departamento de Geografia do Instituto de Ciências Humanas e Sociais da Universidade Federal de Mato Grosso (UFMT/*campus* Cuiabá). Graduou-se em Geografia na Universidade de São Paulo; é mestre e doutor em Geografia Humana também pela Universidade de São Paulo, com estágio de doutorado sanduíche no Institut des Hautes Études de l'Amerique Latine, da Université de Paris III. Publicou capítulos em livros e artigos em revistas nacionais e internacionais. É professor do Programa de Pós-Graduação em Geografia (nível Mestrado) da UFMT, pesquisador do GESP e pesquisador colaborador do Núcleo de Pesquisa Urbanização e Mundialização (NAPurb-USP). Coordena projeto de pesquisa sobre a urbanização no centro-norte mato-grossense (Propeq/UFMT), com alunos bolsistas de iniciação científica (PIBIC) e integra projetos de pesquisa e de extensão (Curso de Especialização INCRA-Pronera/UFMT/CNPq).

Renata Alves Sampaio é bacharel e licenciada em Geografia pela Universidade de São Paulo. Mestre em Geografia Humana pela mesma universidade, com a pesquisa "Da noção de violência urbana à compreensão da violência do processo de urbanização: apontamentos para uma inversão analítica a partir da Geografia Urbana", sob financiamento da Fundação de Amparo à Pesquisa do Estado de São Paulo (Fapesp). É pesquisadora do GESP (Grupo de Geografia Urbana Crítica e Radical) do Laboratório de Geografia Urbana, do Departamento de Geografia da USP.

Simone Scifoni é docente do Departamento de Geografia da Faculdade de Filosofia, Letras e Ciências Humanas da Universidade de São Paulo, USP, onde se graduou e obteve os títulos de mestre e doutora. Em 2006, o doutorado intitulado *A construção do patrimônio natural* recebeu o Prêmio Capes de Teses, na área de Geografia. Autora de artigos e livros sobre a temática patrimônio cultural. Membro dos seguintes núcleos de pesquisa: GESP/USP (Grupo de Geografia Urbana Crítica Radical); Grupo de Pesquisa CNPq Lugares de Memória Consciência; Núcleo de Pesquisa/USP – NAPsp: Cidade Espaço Memória.

GRÁFICA PAYM
Tel. [11] 4392-3344
paym@graficapaym.com.br